科学技术政策译丛

美国战后的研究政策
无尽的前沿的政治学

Politics on the Endless Frontier: Postwar Research Policy in the United States

〔美〕丹尼尔·李·克莱因曼 (Daniel Lee Kleinman) 著

龚 旭 李正风 译

北京大学出版社
PEKING UNIVERSITY PRESS

著作权合同登记号：图字 01-2012-7364
图书在版编目(CIP)数据

美国战后的研究政策：无尽的前沿的政治学/(美)丹尼尔·李·克莱因曼(Daniel Lee Kleinman)著；龚旭，李正风译.—北京：北京大学出版社，2023.10
ISBN 978-7-301-34403-3

Ⅰ.①美… Ⅱ.①丹… ②龚… ③李… Ⅲ.①科技政策—研究—美国 Ⅳ.①G327.120

中国国家版本馆 CIP 数据核字(2023)第 187118 号

POLITICS ON THE ENDLESS FRONTIER, by Daniel Lee Kleinman
ⓒ 1995 by Duke University Press
Chinese simplified translation rights ⓒ 2023 by Peking University Press
《无尽的前沿的政治学》 丹尼尔·李·克莱因曼著
英文版ⓒ1995 年 杜克大学出版社
简体中文版ⓒ2023 年 北京大学出版社

书　　　名	美国战后的研究政策——无尽的前沿的政治学 MEIGUO ZHANHOU DE YANJIU ZHENGCE ——WUJIN DE QIANYAN DE ZHENGZHIXUE
著作责任者	〔美〕丹尼尔·李·克莱因曼（Daniel Lee Kleinman） 著 龚　旭　李正风 译
责任编辑	班文静
标准书号	ISBN 978-7-301-34403-3
出版发行	北京大学出版社
地　　　址	北京市海淀区成府路 205 号　100871
网　　　址	http://www.pup.cn　新浪微博：@北京大学出版社
电子邮箱	zpup@pup.cn
电　　　话	邮购部 010-62752015　发行部 010-62750672　编辑部 010-62754271
印 刷 者	北京鑫海金澳胶印有限公司
经 销 者	新华书店 730 毫米×1020 毫米　16 开本　13.25 印张　260 千字 2023 年 10 月第 1 版　2023 年 10 月第 1 次印刷
定　　　价	58.00 元

未经许可，不得以任何方式复制或抄袭本书之部分或全部内容。
版权所有，侵权必究
举报电话：010-62752024　电子邮箱：fd@pup.cn
图书如有印装质量问题，请与出版部联系，电话：010-62756370

科学技术政策译丛

学术指导委员会

主任：孙家广　方　新

成员：（按汉语拼音排序）

曹　聪　韩　宇　柳卸林　梅永红　穆荣平
潘教峰　任定成　沈小白　汪前进　王春法
王作跃　薛　澜　曾国屏　赵万里

编辑工作委员会

主任：刘细文

成员：龚　旭　李正风　李　宁　樊春良　杨　舰
　　　陈小红

总　序

当代科学技术发展的一个重要特征,就是国家广泛而深入地参与,推动科学技术走向规模化,支持成果实现产业化。科学技术政策作为国家重要的公共政策的一部分,是科学技术飞速发展的助推器,它包括两个方面的重要内容:一是以发展科学技术本身为目标的政策,二是以科学技术为基础支持相关领域发展(如医疗卫生、环境保护、网络社会、国土安全、产业结构转型等)的政策。在20世纪上半叶以及此前相当长的一段时间,科学技术活动基本上属于科学家、工程师以及科研机构、大学和企业的自主行为,在国家层面尚缺乏有关科学技术发展的整体政策考虑和系统战略设想以及相关体制机制建设。20世纪60年代以来,随着一些国家政府对科学技术投入的不断加大,不仅发展科学技术本身的政策得到政府的重视,利用科学技术成果促进经济增长和社会进步等更广泛的社会目标也成为国家科学技术政策的重要组成部分。

西方科学技术政策研究经历了萌芽、发展和成熟阶段,现在已经演变成为一个涵盖多学科的前沿领域,产生了众多影响深远的研究成果和学术著作。科学技术政策涉及了政府管理、教育政策、税收政策、贸易政策、人才政策、信息政策、环境保护政策等,还与产业发展战略、区域发展战略、国家竞争战略等密切相关。随着数字化和网络化发展,当代科学研究活动还呈现出"E"化(电子化或虚拟化)的特点,建立在数字模拟基础上的科学研究活动已经凸现;同时,科学数据的开放使用进一步实现了科研仪器、科研工具、试验数据的共享,改变了传统科研的手段乃至研究范式;网络化还推动了科研活动成为社会公众关注的"透明性"工作,进而扩大了公众参与科学技术政策制定的广度与深度。无论是新的科研范式的出现还是公众参与政策制定程度的提高,都必将促进科学技术本身以及科学技术政策的转型。

曾经在古代创造出灿烂文明的中国,之所以在近代落后于西方,固然有其政治、经济、文化等方面的多种原因,但在"闭关锁国"的环境里未能赶上近代世界科学技术和产业革命迅猛发展的浪潮,无疑也是一个重要的原因。新中国建立以来,党和国家历代领导人都认识到大力发展科学技术的重要性,毛泽东同志发出了"向科学进军"的号召,邓小平同志提出了"科学技术是第一生产力"的著名论断,江泽民同志确立了科教兴国和可持续发展的战略思想,胡锦涛同志提出了提高自主创新能力、建设创新型国家的宏伟目标,并通过实施相应的政策措施来促进我国科学技术的发展。

在新中国60多年的历史中,科学技术政策研究以及制定经历了从无到有、从自我完善到与国际接轨、从简单一维到综合集成、从跟踪模仿到自主创新的过程,并伴随我国改革开放与经济社会发展的历程而变化演进,当今正迈向以面向未来经济社会结构转型与核心竞争力提升为目标、服务于创新型国家建设的新时代。我国在21世纪要实现建设创新型国家的战略目标,制定和实施面向自主创新的科学技术政策,不仅需要系统认识科学技术自身的发展规律,还需要深入研究科学技术与经济发展、社会进步、生态文明之间的关系问题,而借鉴和学习发达国家的经验无疑是不可或缺的。

20世纪90年代"冷战"结束以来,西方科学技术政策领域发生了很大变化;网络化和全球化的趋势,不仅改变着传统科学研究的模式,而且促进了公众与科学技术人员以及政策制定者的互动,进而推动政策研究前沿的进一步发展。这些新特点和新进展需要我们及时了解和掌握。

改革开放以来,科学技术政策领域的译介对我国相关政策研究和实践的发展起到了巨大的推动作用。为了全面及时地了解国外科学技术政策相关领域的新进展,进一步拓展我国科学技术和创新领域政策的研究视野,为了满足新世纪我国科学技术的快速发展以及国家经济社会转型对科学技术政策提出的新的要求,为了改进科学技术决策的体制机制,提升科学技术在我国自主创新能力建设中的重要作用,国家自然科学基金委员会和中国科学院于2008年研究决定,共同组织翻译出版《科学技术政策译丛》(以下简称《译丛》)。经商议决定,遴选近年来在科学技术的社会研究、科学技术和创新政策、科学技术政策史等领域的代表性论著,组织中青年优秀学者进行翻译。书目遴选的原则共有四项:一是经典性,选择在科学技术政策及相关领域有影响的著述,以经典著作为主;二是基础性,选择科学技术政策及相关领域的基础性研究专著;三是时效性,选择20世纪90年代以来的著作;

四是不重复性,选择国内尚未翻译出版的著作。

为了保证《译丛》的学术权威性,特设立学术指导委员会,由我国科学技术管理部门的政策调研与制定者、活跃在政策研究及相关领域一线的年富力强的中青年学者以及在相关领域具有一定学术影响的部分海外华人学者组成,负责书目遴选和学术把关。为保证《译丛》翻译和出版工作的顺利进行,还设立了编辑工作委员会,具体负责翻译出版的组织工作。

衷心感谢国家自然科学基金委员会和中国科学院领导的大力支持,同时也感谢《译丛》学术指导委员会、编辑工作委员会、译者以及北京大学出版社等的辛勤劳动。期望《译丛》能够在理论和实践两个方面对提升我国科学技术政策的研究水平具有指导作用。

孙家广
方　新
2011年1月于北京

献给激发我奇思妙想的弗洛拉，
　以及给予我批评、启发的苏珊

致　谢

本书的完成要归功于许多人。我在书里所追求的完整、连贯和令人信服,是对杰克·克洛彭堡(Jack Kloppenburg)的致敬。自从我们1985年相识以来,杰克一直是我坚定的支持者,他的热情富有感染力,他的建议更是经过了深思熟虑。他是一位非凡的师长,一位有远见卓识且精力充沛的同事,还是一位忠诚不渝的朋友。

我与查尔斯·卡米克(Charles Camic)的对话为本书注入了更有力的观点,也使行文更流畅。马克·施奈贝格(Marc Schneiberg)花费了不少时间来帮我梳理本书的叙事逻辑,拉里·科恩(Larry Cohen)和苏珊·伯恩斯坦(Susan Bernstein)倾听我的想法,阅读我的书稿,并为我提供了重要的情感支持。我所在大学的制度便利对我开设的研究生课程,以及我与利昂·林德伯格(Leon Lindberg)的讨论大有裨益。我在寻求如何扩展所探索的学术空间时,马克·古尔德(Mark Gould)向我介绍了社会学。

好几位朋友在读过本书的部分内容后都留下了评论。他们是莉萨·布拉什(Lisa Brush)、沃伦·哈格斯特朗(Warren Hagstrom)、艾伦·亨特(Allen Hunter)、莱恩·肯沃西(Lane Kenworthy)、安·奥尔洛夫(Ann Orloff)、马克·索罗韦(Mark Solovey)和大卫·范柯伦(David vanKeuren)。

在休斯顿大学清湖分校的一年,我完成了本书的大部分修改工作。这一年的时间既快乐又丰产,这在很大程度上得益于三位同事的大力支持。他们是芭芭拉·巴特勒(Barbara Butler)、帕梅拉·加纳(Pamela Garner)和道格拉斯·霍姆斯(Douglas Holmes)。

除了朋友和同事的支持之外,如果没有图书馆工作人员的帮助和支持,我要完成本书的写作也是不可能的。哈格利博物馆与图书馆、国会图书馆、富兰克林·德拉诺·罗斯福图书馆、威斯康星州史学会图书馆,以及威斯康星大学麦迪逊分校图书馆的工作人员给我的帮助最大。哈格利博物馆与图书馆的米凯尔·纳什(Michael Nash)所提供的专业帮助令我受益匪浅。

在杜克大学出版社,劳伦斯·马利(Lawrence Malley)最先对我的书稿表示感兴趣。雷诺兹·史密斯(Reynolds Smith)的编辑工作使我的书稿增色不少。出版社的两位匿名评审专家对全书提出了翔实且有益的批评,我相信正是这些批评使得本书的观点更能站得住脚。

承蒙万尼瓦尔·布什(Vannevar Bush)的两位前助手约翰·康纳(John Connor)和劳埃德·卡特勒(Lloyd Cutler)的慨然应允,我得以了解他们参与国家科学基金会(NSF)成立的相关工作。华盛顿的几位政策制定者和"意见领袖"也同意了我的访谈请求,谈论了他们对最近一些研究政策的意见。这几位访谈对象包括丹尼尔·伯顿(Daniel Burton)、威廉·坎宁安(William Cunningham)、威廉·克里斯特(William Krist)、丹尼丝·米歇尔(Denise Michel)、皮埃尔·佩罗尔(Pierre Perrolle)、马克·谢弗(Mark Schaefer)、威廉·斯泰尔斯(William Stiles)、阿尔·泰奇(Al Teich)、詹姆斯·特纳(James Turner),以及伦纳德·韦斯(Leonard Weiss)。

还要感谢来自威斯康星大学麦迪逊分校、国家科学基金会,以及哈格利博物馆与图书馆的资助,使我的研究和本书最初的写作轻松了不少。

在本书成稿的最后阶段,我还得到了凯西·米凯利斯(Kathy Michaelis)的帮助,以及佐治亚理工学院历史、技术与社会学院的经费支持,特致谢忱!

目　录

CONTENTS

第一章　关于科学政治学与科学政策的思考 …………………………………… 1
　　"回到"未来 …………………………………………………………………… 5
　　选题的学术背景和研究方法 ………………………………………………… 6
　　科学与社会 …………………………………………………………………… 7
　　科学与政府的历史 …………………………………………………………… 10
　　国家与社会 …………………………………………………………………… 11
　　政策制定与非正式网络 ……………………………………………………… 13
　　本研究的结构 ………………………………………………………………… 14
　　本书的写作计划 ……………………………………………………………… 20

第二章　勾勒科学体制：美国的科学场域（1850—1940） ……………………… 21
　　科学与学术界 ………………………………………………………………… 23
　　基金会对科学的资助 ………………………………………………………… 29
　　科学与产业界 ………………………………………………………………… 33
　　科学与/为国家 ………………………………………………………………… 38
　　结论 …………………………………………………………………………… 42

第三章　科学家的战争：制度性优势、社会关系和信誉 ………………………… 44
　　科学先锋队与科学家的集体地位提升 ……………………………………… 45
　　让科学家发挥重要作用：国防研究委员会的诞生 ………………………… 50

从国防研究委员会到科学研发局：科学精英上升为组织权力 …… 55
　　科学研发局的技术成就和科学地位 …… 59
　　结论 …… 61

第四章　寄予厚望：为战后研究政策争夺议程设定权 …… 63
　　哈利·基尔戈与研究新政 …… 64
　　《科学——无尽的前沿》：布什与最好的科学 …… 77
　　结论 …… 82

第五章　尘埃落定：国家体制构建与国家科学基金会成立 …… 84
　　立法争论的背景：国家与公民社会的结构 …… 86
　　科学家、工商界与军方 …… 90
　　布什和基尔戈在国家体制中的地位 …… 98
　　耍弄与欺骗：成立国家科学基金会的早期立法努力 …… 100
　　从党内争端到体制内冲突 …… 108
　　屡败屡战：国家科学基金会成立 …… 114
　　为国家科学立法的曲折历程 …… 119

第六章　从大愿景到小伙伴：分权体制与美国研究政策拼盘 …… 123
　　填补军事相关研发的空白 …… 124
　　国家科学基金会缺席下的医学研究 …… 127
　　早期的国家科学基金会 …… 128
　　宏大愿景的失败：一项比较研究 …… 133
　　结论 …… 141

第七章　可能性与前景：新制度分歧下的研究政策 …… 143
　　组织创新和冷战 …… 145
　　20世纪80年代的机构变迁法案 …… 148
　　从老布什到克林顿政府的技术转移政策 …… 152

科学技术政策的变与不变 ································· 156

结论 ·· 161

参考文献 ·· 162

馆藏档案来源 ·· 187

索引 ·· 188

译后记 ·· 195

第一章 关于科学政治学与科学政策的思考

> 科学界不懂政治。我们是否正处在国家财富的掌控者掀起的经济热潮之中？他们想方设法地给科学和研究设置障碍……待人们长久遗忘现有的政党时，科学却将长存于世……切勿绞尽脑汁地运用政治手段来干扰伟大的科学工作。
>
> ——纽约市市长菲奥雷洛·拉瓜迪亚（Fiorello La Guardia，1934—1941年在任）

> 在这个"纯粹"的世界上，即使是"最纯粹"的科学，也与其他社会场域一样，内部存在着权力分配与垄断、斗争与策略、利益与利润……
>
> ——皮埃尔·布尔迪厄（Pierre Bourdieu），1975 年

在第二次世界大战（简称二战）结束后的最初几年，人们普遍认为，科研成果是挽救社会和经济、提升国民福利并改善个人生活的手段。农业生产的大幅度增长得益于农业化学和作物育种领域的科研工作；新药开发和医疗技术发展业已控制、消除了许多疾病；核能为满足战后新兴能源的需求提供了价格低廉的解决方案；化学公司承诺"化学让生活更美好"。在这种情形下，关于开展科学政治学[①]研究的想法听起来似乎有些荒诞不经。

二战后，科学看似取得了奇迹般的成就。科学家的活动与其他活动不同，似乎多少有点游离于社会之外。在科学领域中，权力与偏见无关紧要，博学多才的科学家们探求真理，寻求社会进步的方法（Jones，1975）。公众几乎很少关注控制科学领

[①] 与此项研究的理论暗流相一致，我认为**科学**涉及基于经验"知识"的生产所需的所有活动，包括**研究**（即通过试验、观察等构成的探索活动）和其他相关活动，例如，优先领域制定与资助活动、同行评议，以及教育与培训等（原著注释一并置于正文之后，且每章注释单独编号排序；译著将注释转至页下，但每章注释仍单独编号排序。——译者注）。

域的统治者。科研成果足以向多数人表明,科学和科学家皆为人类做出贡献。科学家普遍秉持这样一种信念:科学实践曾经且应遗世独立,科学界仅应对其自身负责(Merton,1973;Polanyi,1951,1962)。这种信念与当时的形势尤为契合。

当战后全世界弥漫着乐观情绪时,科学和技术②对环境、社会和经济造成了显著的负面影响,这引发了公众对科学的担忧,科学家的自主权随之面临挑战。在核能、生物技术与艾滋病研究的广泛领域内,激进人士和公民总是提出这样一个问题:科学家是否有权做出影响人们生活的决定?同时,大科学(即资本密集型研究)也遭遇资金瓶颈。在经济危机、预算紧缩频发的时代背景下,政府官员和心存忧虑的人们提出这样的疑问:国家对科研(例如,超导超级对撞机和空间站)的大规模投资能否真正赢取收益?

科学界的领袖意识到,公众流露出不满情绪,政府面临经济危机,这都对科研所需的资源和自主权构成威胁。二战后,万尼瓦尔·布什等科学精英在题为《科学——无尽的前沿》的报告(亦称为布什报告。——译者注)中做出这样的承诺:若政府对科研鼎力相助,有效并科学地分配研究资源,经济与社会便会走向繁荣。近半个世纪之后,即将离任的美国科学促进会(AAAS,简称美国科促会)主席利昂·莱德曼(Leon Lederman)在其报告中质疑美国是否已到达"科学前沿的尽头"(1991)。与布什一样,他认为,国家繁荣取决于政府能否为科研提供强力支持,且科学家是否享有自主权。他指出,虽然通过研究兑现国家福利的承诺所需的科学资源日益增加,但是可用资源却难以为继。③

在科学正步入不断接受监督和审查的年代,美国经济也面临着所谓的竞争力危机。造成这一危机的原因是多方面的。在国际方面,全球经济较往年增速放缓(Greenhouse,1987:1)。就美国而言,其制造业产能已经萎缩(Cohen and Zysman,1988)。一些分析人士将吸纳潜在投资的联邦政府预算赤字视为核心问题(Baumol,1989)。政策专家则将组织方式视为问题的主要源头,即工业生产的组织方式不适应当前的经济形势(Cohen and Zysman,1988)。另有其他意见领袖

---

② 在纯技术的与纯社会的活动之间能否划出明确的界限,这是个存疑的问题。从某个方面看,技术的核心是社会性的。至少关于是什么构成了"技术"上不足的问题,必须被视为社会过程的产物。这里,我之所以将"技术"一词打上引号,是因为我希望指出这个问题是严格意义上的技术现象;同时,我还希望将划定技术,以及技术领域与社会领域之间界限的议题囊括在整个问题里。关于近来技术社会学的研究路径,请参见比吉克(Bijker)等的研究成果(1989),以及拉图尔(Latour)的研究成果(1987)。

③ 莱德曼的报告招来了一些严厉的批评。克莱普纳(Kleppner)(1991)对这些批评进行了总结和回应。

声称,技术发展速度本身才是问题的根源(*Business Week*,1982:126—130)。的确如此,美国商务部在其1990年的一项研究中发现,美国正与日本在12项新兴技术的研发方面相互较量,就这些技术的实际生产应用而言,日本已在多个领域拔得头筹,而且正在其他领域奋起直追(*Science*,1990:1185)。④

研究当前经济形势的高级分析师米凯尔·皮奥里(Michael Piore)与查尔斯·萨贝尔(Charles Sabel)(1984)指出,我们正处在**第二次产业分工**时代。批量生产给我们带来了巨额国家财富,但已达到极限。我们需要一套新的生产体系,即不断创新的体系,不仅要有新的组织方式,还要有新的技术和新的配套政策。

由于经济危机,以及无法满足国民探究科学的愿望,科学政策与现有的政策制定机制一直饱受严厉批评。在财政紧张和经济乏力的情况下,是否需要协调和规划科学技术政策,是否需要为联邦政府支持的基础研究和技术研究制定优先课题,这些议题一直争论不休。1988年,美国国会的一个特别工作组得出结论,即"我们缺乏足够的以未来发展与繁荣为导向的长期且协调一致的政府政策"(U. S. House Task Force on Science Policy, 1988:4)。该工作组呼吁成立一个新的政府机构,该机构能够根据企业和劳动力需求,"对高技术计划和技术进行优先度排序"(12)。1991年,为回应该工作组的关切,一个由多家高技术贸易团体和企业组成的联盟要求白宫与该工作组共同"打造若干正式机制,允许私营部门参与决定联邦政府优先研究课题",从而为联邦政府实现研发投资收益最大化。⑤ 克林顿(Clinton)总统也赞同这个大方向。

二战促使人们达成了一个共识:基础研究是经济繁荣的基石,理应得到政府支持。这个观点在二战结束后得到了工商界精英的广泛认可,但如今高技术产业界的关注点却是政府支持关键技术研究,而非基础研究。虽然有些科学家对战后初期的那套观念念不忘(Lederman,1991),但不是所有人都抱有乌托邦式的期望:政府增加经费,却不附带任何条件。面对联邦政府资源紧缩的局面,一些科学家正在根据研究领域选定自己的优先课题,以维护其自主权,避免在选题时受到外界干预。

但是,关于科学家是否应当制定本学科或科学界的研究议程,人们尚未达成共

---

④ 过去几年,美国在一些关键技术领域的竞争地位似乎得以改善(Council on Competitiveness,1994)。
⑤ 见美国电子商联会主席 J. 理查德·艾弗森(J. Richard Iverson)和其他 6 个贸易团体负责人约翰·苏努努(John Sununu)的信,后者是美国乔治·布什(George Bush,常称为老布什)总统团队的负责人。此信现存于美国电子商联会。

识。国会技术评估办公室(OTA)在其 1991 年的一项研究中指出:科学家可能并非决定优先研究课题的最佳人选。该研究报告表示:科学家缺乏合理的组织安排来评估跨学科研究项目。此外,该办公室还认为,如果对项目的及时性,以及各类项目的社会效益和经济效益等问题进行评估,科学家可能也不是最佳人选(1991)。该报告建议,国会应每两年举行一次听证会,了解科研体系的发展现状,以便确定联邦政府研究的"整体计划"是否失衡。

国家科学院在 1993 年的一篇报告中提出了自己设想的国家层面的优先研究领域框架。该报告同意由民选官员决定哪些领域最为重要,但也提出了决定研究经费的依据,即需要考虑美国在**所有**重大科研领域的领先地位,并建议由专家组来确定美国在各领域的相对优势和劣势。

除了选定具体的优先研究领域之外,一些激进人士支持提高科学政策制定中"草根"的参与度。激进派学者多萝西·内尔金(Dorothy Nelkin)表示,"民主理想意味着科学政策应当接受更广泛的公众监督,以及政治控制"(1984:36)。从艾滋病研究协议的签署到大学研究议程的制定,各领域都能听到扩大民主参与的呼声。

大量社会科学研究表明,"危机"是制度变迁的机会。通常情况下,组织结构或制度是稳定的,仅仅是渐进式变化(Hall, 1986:266)。但在危机期间(例如,战争、经济萧条或大范围社会冲突),就可能出现制度创新或根本性的变迁与重组。的确如此,当前在美国,科学技术政策的性质(而非组织)正在经历若干变化。

科学政策的指代相当宽泛,包括为政府所资助的研究确定优先课题,以及对技术研发的潜在负面影响进行规制(B. L. R. Smith, 1990:6)。本书关注的是前者,我称之为**研究政策**,因为我认为如何选定优先研究课题,以及优先研究课题是什么,这不仅对社会面貌有显著影响,而且还能充分体现社会更广泛的价值观和各项事务的轻重缓急。

我在本章开头引用了纽约市市长菲奥雷洛·拉瓜迪亚的话,他坚称"科学界不懂政治"。恰恰相反,我相信科学界非常明确地(虽然是随历史变化的)懂得政治。在本书中,我会探究某个具体背景下的政治本质:战后科学精英的兴起和联邦政府研究政策制定体制的创建。我将挖掘战后科学家集体地位提升计划背后的价值观,并解释研究政策制定体制如何体现这些价值观。我还会深究促成联邦政府研究政策制定体制创建的各种因素,并借此对 1900 年左右至 1950 年期间,美国科学领域的重要组成部分进行理论概括和特征总结。

不过，本书的分析并没有止步于 1950 年，而是还包括当前人们对重组战后联邦政府研究政策制定体制所付出的艰苦努力。然而，这些努力受到了过去半个世纪以来遗留制度和话语体系的限制。其可能出现的结果会在多大程度上受到限制，以及形势变化会在多大程度上影响这些结果，我都会在书中做出评估。

"回到"未来

近来关于优先研究领域组织方式的争论，特别是关于如何在国家经济福利和科学研究之间建立关联的争论，令人回想起从 20 世纪 40 年代初至 1950 年的激烈争论。无论从哪方面看，我们都倾向于将目前的状况视为历史之必然，或不可避免的历史产物，但现在又是由人们过去在关键历史节点上所做的重大选择与决定而形成的（Ikenberry，1988：224；Kloppenburg，1988；Noble，1984；Piore and Sabel，1984）。尽管这些选择受到制度约束，但也并非事先给定的。当我们展望美国优先研究领域的重组时，明智之举是去回顾战后对研究政策制定体制产生决定性作用的那些争论，正是战后体制决定着我们今天联邦政府所支持的研究重点。

今天，产业界和政界人士的观点并不新鲜，即一个**集中化**的研究政策制定组织也许会改善国家的经济福利。他们认为这样一个组织能发挥协调与规划的作用。事实上，在美国加入二战前的近十年，国会和科学界就常常争论是否应当成立一个新的研究政策制定组织。由于担心工业垄断，以及担心技术创新能否达成经济增长和改革的目标，人们呼吁成立一个单独的、**权力集中**的，且在政治上对上述担心进行回应的组织，以**指导**和有意识地**规划**科学与技术的发展。然而，许多科学家和大企业的代表偏爱更加分散的、自由放任的研发体系。

自 1942 年开始，参议员哈利·基尔戈（Harley Kilgore）（来自西弗吉尼亚州的民主党人）提出了大量立法建议，推动成立一个单独的、权力集中的组织，作为联邦政府的主要机构**协调**科研工作，努力推动经济发展。基尔戈希望该组织采取**民主的方式**，并提议该组织不能仅由科学家管理，而是应由各社会利益群体的代表来管理。他认为，从政府所资助的研究中产生的专利应当属于联邦政府的财产，只有联邦政府才有权许可。

基尔戈有不少盟友，特别是支持新政的自由派，以及罗斯福政府和杜鲁门政府中的重要人物，但也遭到科学精英、军界领袖、政治保守派，以及某些工商界人士的反对。反对派的代表人物是万尼瓦尔·布什——战时的科学研究与发展局（OSRD，简称科学研发局）局长，曾任麻省理工学院（MIT）副校长。他们赞成成立一个由科学家主导的组织，它将推动基础研究，但不一定与经济密切相关。最终，在这场战斗中，基尔戈及其盟友失败了。这场战斗的结果是：国家科学基金会于1950年成立，一个由互不相连的任务导向型机构组成的科研体制得以保留。

在人们刚开始争论是否要创建一个新的研究政策制定体制时，"体制"这一说法确实指的是一个单独的机构。尤其是基尔戈，他认定这就是一个单独的**中央**机构，这与布什及其盟友的想法有点类似。虽然我在说围绕着这一单独机构展开的争论，但其实我分析的是一个更宽泛的体制。我要表明的是，从很大程度上来说，正是由于成立一个单独机构的立法建议受阻（该机构曾被冠以不同的名称，例如，科学技术动员局、国家研究基金会（NRF）和国家科学基金会），才形成了一个碎片化的研究政策制定体制——由新成立的和已有的若干政府机构组成。⑥ 人们从未为这样一个研究政策制定体制争论过。曾经发生的几场争论，要么是围绕着公共卫生署的职责扩张，要么是探讨成立原子能委员会。但是，对于打造战后联邦政府研究政策制定体制的整体框架而言，关于是否要成立上述机构（最后命名为国家科学基金会）的争论才是关键所在。

在分析战后联邦政府研究政策制定体制形成的过程中，我的分析将在围绕着三个问题而产生的冲突之间来回切换，即关于成立研究政策制定机构、建立研究政策制定体制和成立国家科学基金会的冲突。在这三个问题中，我认为争论大同小异，关键问题只有一个，即国家科学基金会到底是个怎样的机构。

选题的学术背景和研究方法

在研究过程中，我或明确或隐晦地借鉴并回应了不同但相关的文献。我认为这是一项以科学政策为对象的政治社会学研究。因此我的分析将基于政治社会学和科学社会学的最新发展情况。此外，我还仰仗科学政策史方面的研究。这些文献令我获益良多，我利用和引申这些文献来解释战后联邦政府研究政策制定机构——由联邦政府指定和/或新建的研究政策制定机构——的组织配置。

---

⑥ 系统危机通常是指系统的碎片化（支持者称之为多元化）。我采用"碎片化"一词，是因其与近来社会科学中关于国家和国家能力的研究文献中的表述相一致，请参见参考文献（Evans et al.，1985；Hall，1986）。

接下来,我会对每一类文献条分缕析,并做简要小结。然后,我将按照每一类文献的理路,解释战后形成的联邦政府研究政策制定机构的组织配置。对每一类文献进行讨论后,我都会给出结论,这主要是考虑到每一类解释一定会有所遗漏。最后,我将在下一节给出我自己对所研究的现象进行解释的框架。这一框架下的详细内容将在后面几章展开。

科学与社会

早期的科学社会学家与二战刚结束时的普通公众一样,都认为科学和其他社会领域截然不同。罗伯特·默顿(Robert Merton)(1973)及其同事提出科学不同于其他社会领域——这些领域的决策基于行动者的固有特征,基于一些行动者相对于他人所拥有的权力(其权力与个人品行无关)。他们宣称,科学界的治理依循的是普遍主义规范,通常是任人唯才的。鉴于科学具备这样的特点,一个顺理成章的结论就是只有科学家才能做出有关科学的决策。一般说来,公众干预被视为不适宜的(Polanyi,1951:53,1962:67,72)。

近来的科学社会学研究成功地挑战了默顿学派的主张(科学与其他社会领域存在根本区别)。"科学是一个由精英主导的完全孤立的领域"这一观点已被"科学类似于其他任何场域"的观点所取代(Bourdieu,1975:19)。正如布尔迪厄所说的,"科学内部存在着权力分配与垄断、斗争与策略、利益与利润"(19)。⑦

对许多人而言,挑战科学的特殊性就是在表明所谓的自然界本身就是社会建构的,知识并非明确地反映某种外部实在,而是社会过程的产物(Barnes,1974;Bloor,1976)。从指明科学知识的社会建构性特征出发,科学社会学研究转向了理解社会过程,正是在社会过程中,"我们称之为知识的东西是被构造和接受的"(Knorr-Cetina,1983:116;Latour and Woolgar,1979)。

科学社会学中的这种"建构论"是对以往研究相当大的推进,但也受到几个重要方面相关不足的困扰。总体说来,对知识或事实建构的关切,将分析引至实验室层面,侧重微观层面(即实验室)的政治。最典型的是,很少有人关注实验室与经

---

⑦ "科学类似于其他任何场域"这一观点仅构成了布尔迪厄观点的一部分,他进而认为,这些与其他场域共享的特点,即权力分配、斗争、利益等,在科学中采取了一种特殊的方式存在。此外,尽管他的阐述不太清晰,但他似乎认为,科学与其他场域不同,具有被理性统治的潜势。请参见参考文献(Bourdieu,1975,1991)。

济、国家之间的关联。科学技术史方面的研究已经清楚地表明,有必要了解更宏观的层面,以便理解研究议程是如何制定的,进而理解事实与人为因素是如何建构的(Forman,1987;Kloppenburg,1988;Kohler,1979;Leslie,1993;Noble,1984)。

有人已经进行了将宏观层面与微观层面研究相结合的努力。拉图尔曾与史蒂夫·伍尔加(Steve Woolgar)合著了一本关于科学事实建构的书(1979),主要聚焦于实验室研究。根据拉图尔的描述可知,成功的研究成果是科学家为其事业招募行动者(包括人类和非人类行动者,也包括有生命和无生命行动者)的产物(1987)。在拉图尔看来,科学的成功有赖于在实验室之外发展强大的联盟或网络。这些网络不仅包括利益攸关的人类行动者,也包括拉图尔所说的非人类行动者——微生物、电子、疾病和动物等。但拉图尔从未说明,科学家为其事业招募行动者的能力从何而来。总体说来,他从未解释这些联盟为何能够奏效,以及其他人为何不能就事实建构而与之抗争的原因。具体而言,拉图尔并没有考虑这些联盟是如何通过行动者之间的权力关系而构成的,以及这些关系在成功建构事实的过程中发挥什么作用。正如阿姆斯特丹姆斯卡(Amsterdamska)所指出的,"不区分不同类型的人类和非人类行动者所受的控制类型,也不区分对不同类型的人类和非人类行动者所采用的控制方式"的话,我们可能无法了解为什么某些行动者能够在科学中大获全胜,而另一些行动者却以失败告终(1990:501)。

在过去十年的大部分时间里,建构论方法和实验室研究主导了科学社会学。然而,人们对于在实验室与其他社会领域之间建立关联的兴趣与日俱增(Cozzens and Gieryn,1990)。诚然,这方面的代表性工作并不集中于解释科学政策结果和国家体制构建。当然,也有例外。康布罗西奥(Cambrosio)、利摩日(Limoges)和普罗诺弗斯特(Pronovost)(1990)已试图利用拉图尔等人的方法,从实验室研究转向探究科学政策的建构。⑧ 康布罗西奥及其同事试图解释生物技术案卷的设立是如何成为加拿大魁北克省政府科学政策的组成部分的。这的确是一项类别建构研究,即对分类过程的研究。这几位作者追踪了整个过程,从一项行动计划的起草,到其最终获得省政府的批准。在康布罗西奥等人的研究中,最终导致文件批准的这个过程绝非完全清楚,但其中却隐含着他们的解释。他们认为类型是"通过在集体行动中招募外部行动者的方式"来建构的(1990:213)。因此类型建构(以及政策建构)

---

⑧ 对于科学论领域有关科学政策的其他研究,请参见参考文献(Kwa,1987;MacKenzie and Spinardi,1988a,1988b)。

之争的获胜者是最具招募盟友能力的行动者,包括支持建构行动的人类和非人类行动者。对于能够在政策建构中获胜的另一方面的解释,似乎是获胜者通过将一套文件彼此连接起来而建立起文本际网络,这一网络的建立可以为新文件的合法性奠定基础。⑨

如何运用这样一个分析框架来解释围绕着战后美国应建立怎样的研究政策制定机制而展开的立法争论呢?我认为可以从两个文本出发:参议员哈利·基尔戈于1942年提出的最初法案,以及万尼瓦尔·布什及其同事于1945年发布的另一个文本。最终的立法(《1950年国家科学基金会法》)在很大程度上体现了布什及其同事的文本。这一事实说明,布什及其同事比基尔戈及其支持者在招募盟友来回应自己的主张方面做得更好。当然,布什在政界、产业界和科学界拥有广泛的盟友,他的目标可能也是从文本际网络的某种形式中获益,这种形式强化了最终得以通过的立法文本的思想基础。在最终的立法中,布什团队向基尔戈及其支持者做出一个重大妥协,即把国家科学基金会主管的任命权交给了总统,这一妥协也可以看作削弱基尔戈联盟的一种方式,使参议员基尔戈联盟中的人,以及基尔戈本人向布什联盟做出让步。胜利是广泛且强有力的联盟网络(包括人和文本)的产物。

正如康布罗西奥及其同事所指出的那样,我相信,我们必须考虑话语在立法争论的结果形成中所起的作用。尽管康布罗西奥等人强调利用权威文本的重要性,但如果他们能够指出其所看重的文本的权威性基础的话,其解释会更加有力。就本研究个案而言,布什及其在科学研发局的同事利用了科学在建构其立法建议的过程中所具有的广泛的社会权威性。我要说明的是,这一权威性部分源于二战中科学在军事上获得的成功,部分源于科学权力所体现的更普遍的信念。文本的权威性不是凭空产生的,而是具有坚实的社会基础和历史传统的。

将关注点放在康布罗西奥及其同事提供的框架中关于招募盟友的讨论,并没有,也的确不可能使我们理解为什么布什有可能招募行动者而基尔戈却不能。这种方法无助于我们理解这个问题。如果获胜在很大程度上取决于盟友招募的话,那么为什么最终成功组成这个联盟花了约八年时间?各种联盟显然是理解美国战后研究政策制定体制形成的关键所在,但我要说的是,联盟的特征是以若干重要途径,

---

⑨ 在本章对康布罗西奥及其同事研究工作的讨论中,我引用了有关他们研究的评论。有关对康布罗西奥等人论文(1991)的进一步批评,请参见参考文献(Kleinman, 1991)。我与康布罗西奥及其同事的分歧,引发了关于何谓科学政策分析的最佳方法的争论,请参见参考文献(Abraham, 1994; Cambrosio et al., 1991; Wynne, 1992)。

通过国家与社会之间的关系而形成的。反过来,这一特征又在很大程度上取决于每个联盟的结构。最后,要理解各联盟的特征,就需要理解行动者的利益或计划,而康布罗西奥及其同事对这些问题关注甚少。⑩

科学与政府的历史

在科学史领域,有大量文献是研究科学与联邦政府之间关系的。我们不必简单地推测该领域的研究人员可能会怎样解释战后联邦政府研究政策制定联盟的产生,或更具体地解释国家科学基金会是怎样逐渐被人们所接受的,因为有许多著作、学术论文和博士论文都在探讨国家科学基金会的成立(England,1982;Kevles,1977,1987;Maddox,1981;McCune,1971;Pursell,1976,1979a,1979b;Rowan,1985)。

研究政府与科学的历史学家倾向于将研究重点放在某些重要人物身上。最直接地探讨针对国家科学基金会成立而展开的立法争论的此类工作,将立法争论描绘为在很大程度上发生于两个人(即哈利·基尔戈和万尼瓦尔·布什)之间的较量,而且最终将基尔戈法案的失败归结为国会投票这一单一因素。关于国家科学基金会成立之争的最好研究,已经意识到行动者的利益是由其社会地位所决定的(Kevles,1977,1987),但我相信,通过考察在立法争论的结果中起决定性作用的各种政治联盟的角色、权力关系,以及组织约束等因素,一定会丰富已有的研究工作。

我的工作极大地受惠于美国科学政策史的研究(England,1982;Kevles,1977,1987;Maddox,1981;McCune,1971;Pursell,1971,1976,1979b;Rowan,1985;Schaffter,1969)。我的研究考虑到行动者采取行动的**社会结构环境**,以及这些结构的演变历史如何塑造各种利益并定义各种可能性。例如,现有文献没有过多关注美国的党派政治,而我将探究美国政党制度——植根于19世纪的恩庇政治(Shefter,1977;Skowronek,1982)——如何塑造了围绕着科学政策组织方式的两种

---

⑩ 为了部分回应康布罗西奥、利摩日和普罗诺弗斯特(1991)对我的立场的反应,以及考虑到会招致支持行动者网络理路的学者更广泛的批评,在此我要说明的是,我关于这一理路局限性的看法,实际并非要回归可能被其视为还原论的"经典"社会学。我无意于主张各种结构(或其特征与效果)是能够被假设为先验的,这些特征与效果需要从历史角度予以研究,而历史研究又必须以每个特殊的个案为对象。然而,结构有其自身的历史,而且处在特定的时间点上。由于不应假设各种结构的先验效果,因此我们的研究就必须以历史上已经确立起来的结构特征为起点,这是我们从一开始就认为是十分重要的。从结构的重要性来看,我们也许是错误的,但分析一旦开始,就只能沿着确定的方向进行下去了。

相互竞争的思想理念(体现在布什和基尔戈之间的较量)之间的斗争结果。

现有历史文献是我研究工作的重要出发点,但正如伊肯伯里(Ikenberry)指出的那样:

> 简单地探讨社会的、政府的和跨国的各行动者之间围绕着政策制定而发生的直接争论是不够的。政策制定过程当然很重要,但这个过程本身在很大程度上取决于影响、指导、重新引导、放大和吸纳政策争论的结构。结果是,我们需要更好地理解政策环境(或制度环境)在政策制定中的促进与约束作用,以及形成这一制度环境的历史动力。(1988:222)

基于伊肯伯里的上述观点,我要探究的是围绕着成立国家科学基金会的立法争论所发生的制度环境。

国家与社会

近年来,致力于所谓国家中心论传统的研究人员一直主导着关于国家性质的社会学争论。采用该理路的学者向新马克思主义国家理论的霸主地位发起了有力挑战,⑪他们拒绝后者关于资产阶级全知全能,以及国家总是具有资本主义关系再生产功能的隐含主张(Skocpol, 1980)。此外,斯考切波(Skocpol)和其他学者还批评新马克思主义在国家研究中对"不同国家的结构和跨国活动,以及……各历史时期的差异与变化"关注不够(Skocpol, 1985:5;Campbell, 1988:11)。⑫

是否要成立一个单独的中央机构来制定联邦政府的研究政策,该问题曾在战后引发了立法争论,斯考切波及其同事首先指出这场立法争论不仅仅关乎资本积累。⑬

---

⑪ 对于新马克思主义关于国家研究的评论,请参见参考文献(Carnoy, 1984;Gold et al., 1975; Jessop, 1982)。

⑫ 我相信,通过了解美国这个个案与其他国家案例的不同,有助于理解美国国家体制的具体特征。由于正式的比较研究超出了本研究的范围,因此我的研究将"根据他人的研究进行比较"(Evans et al., 1985:349)。借鉴大量有关社会政策与经济政策的比较研究,我认识到美国国家与社会之具体制度维度的重要性。在第六章,我还要开展一项比较性考察,以支撑我贯穿于整个研究进行分析的这个反事实案例。

⑬ 尽管本研究并非旨在展示美国国家体制在促进资本积累中的作用,但很显然,我在此所追溯的关于战后研究政策的立法争论,针对的确是有关资本积累的关键性问题;事实上,我针对的是国家将以何种方式来促进资本积累。在最终导致国家科学基金会于1950年成立的立法争论中,产业界认识到了这一点,并寻求有利于其自身积累优势的立法结果。产业界代表很清楚的是,在应用研究领域,他们不希望国家与产业界竞争;他们确实看到政府在促进基础研究方面的作用,但企业一般不认为基础研究是一个投入产出比较高的领域。此外,产业界代表极力赞同将国家所支持的研究中获得的知识产权许可给企业。最后,正如我在第七章中将要表明的那样,当前有关研究政策的立法争论明确地集中在政府通过支持研究能否提升美国产业界的盈利能力上。

我们至少得承认,科学精英为的是获得对联邦政府科研资源的自主控制权。⑭ 在这个将立法争论还原为资本积累斗争的问题之外,国家中心论的另一种形式强调国家和政党结构的重要性,以此来解释这一政策分歧的最终结果。这种分析会渲染:正是由于缺乏政党纪律,立法的通过才推迟了约八年之久。基尔戈是个民主党人,在那段时期,国会参众两院在大多数时候都是民主党人占多数,而且基尔戈还得到了杜鲁门(Truman)总统的支持。但民主党并非铁板一块,保守的民主党人常常帮助共和党人阻挠基尔戈提出的法案得以通过。

国家中心论的拥护者还强调美国国家体制的特殊性,即分权和高度渗透性。欧洲国家议会制度推动立法部门和行政部门发出统一的声音,而美国国家体制结构则有可能造成国会和行政部门之间,以及这二者内部的分歧。在针对国家科学基金会立法的争论中,这类分歧显而易见。此外,美国国家体制的渗透性——不同位置(如国会委员和联邦机构)上的行动者能够为自身利益发声——使科学精英及其国会中的保守派盟友可以轻易阻挠他们认为不可接受的法案得以通过,因为国会中的政党不受纪律约束。

美国关于成立一个单独的研究政策制定机构(即后来的国家科学基金会)的立法推迟了约八年才得以通过,这在很大程度上可以根据社会学家所强调的通常与国家中心论相关联的立场加以理解。美国国家体制的渗透性和分权特征,加之不受纪律约束的政党,导致成立研究政策制定机构的立法接二连三地被延迟。两项法案遭到了跨党派联盟控制的委员会的扼杀,一项共和党人提出的法案则遭到了民主党总统的否决。从基尔戈首次提议成立单独的综合性科学机构,到设立这样一个机构的法案最终得以通过,历时约八年,然而他为该机构设想的诸多职责已被在此期间陆续成立的职责范围缩小且高度受限的其他机构所瓜分。

按照国家中心论的理论学家的建议,我将以国家和政党结构为出发点,同时考虑美国政策制定的**正式与非正式**途径的方面,以及这两个方面如何与美国国家体制

---

⑭ 我不反对新马克思主义关于美国是资本主义国家的主张。他们认为,在这样一个国家,社会关系在很大程度上是由一个人在生产关系中所处的地位而建构的。但我将说明的是,当代美国社会的特征是权力的多中心性,即权力是分散的,而不是仅仅取决于一个人在生产关系中所处的地位。在二战期间和战后,科学精英的权力建立在以下三个方面因素的基础上,即社会资本与文化资本的结合、这两种资本之间的相互转化,以及这两种资本结合后又转化成科学界领袖在国家所占据的强有力的组织地位。有关这个问题的进一步讨论的细节,请参见第三章。

的特殊结构相关联。⑮我将重点分析科学精英和产业界代表对最终政策结果所发挥的直接与间接的作用,他们既在国家体制内部,也在国家体制外部产生影响。⑯

正如我在下面几章将要表明的那样,为了理解美国的国家构建和政策制定,我们必须思考国家结构是如何形成的,以及是如何折射社会群体影响的。鉴于美国的非纲领性政党,以及分权和高度渗透性的国家体制,产业界和其他利益群体——后者在此指科学家——更有可能利用非正式关系(而不是利用与国家建立正式的组织关系)来形成具体的政策。此外,在国家结构及其与公民社会之间的界限上高度可渗透的地方,当利益群体获得了国家管理者的地位,而不是通过诸如国家与顶级社团之间的直接接触时,这些利益群体可能会在影响政策形成方面发挥正式作用。

政策制定与非正式网络

斯考切波对结构主义马克思主义者的批评很有道理,而且她对结构主义马克思主义的基本原理做出的实证分析也令人钦佩(1980),但是在结构主义者出现之前,主张法团自由主义(corporate liberalism)传统——被贬损为"工具主义"——的学者主导着国家结构这个关键研究领域。尽管我发现这一早期传统在某些方面确有不足,但我认为轻易摒弃它也不可取。⑰

威廉·多姆霍夫(William Domhoff)(1979)、拉尔夫·米利班德(Ralph Miliband)(1969)等学者以各种方式所支持的论点是:资本家通常能够通过**直接参与体制**(政策制定过程)来制定政策。这一主张要求开展翔实的实证研究,重点考察精英之间的个人关系,以及他们在国家体制中的作用。⑱

依循多姆霍夫和米利班德等学者的思路,在本书的个案研究中,我试图将研究政策立法争论的最终结果(成立国家科学基金会)理解为国家体制内外精英斡旋的产物。

---

⑮ 埃文斯(Evans)及其合作者论述了非正式网络的重要性(1985:356)。

⑯ 早在提出国家中心论的研究议程时,斯考切波就承认阶级的重要性,但并未使她在解释政策结果时认真地关注阶级的独立作用(1985:20)。但最近斯考切波及其同事采用了一种更均衡的方法来开展政治学研究,他们称其为"制度的政治过程"理路。他们认为,"政治斗争和政策结果是……通过国家的制度安排和其他社会关系而共同决定的,但这种决定过程既非一次性的,也不会一劳永逸"(Weir et al., 1988:16-17)。

⑰ 关于法团精英研究传统之兴衰的简要讨论,请参见参考文献(Quadagno, 1991)。

⑱ 近来,此类核心观察已得到认可,但国家中心论者和更广泛的制度主义传统的分析人士还没有意识到这一点。

的确,这种方法能解释很多问题。布什等科学精英与工商界人士之间存在深厚关系,这些关系肯定有助于形成布什的政策议程。有证据表明,国家体制内外的科学精英是阻碍立法的重要因素;还有证据显示,企业的介入直接影响了布什法案的形成。

这种方法给我们提供了若干重要的洞见。然而,简单揭示社会关系不会证明这些关系对立法结果的实际效果,而这往往正是这种方法的支持者止步不前的地方。此外,科学精英并不像马克思主义分析人士总结的那样,他们并不是简单的资产阶级的工具。相反,他们的社会地位在一定程度上独立于资产阶级的地位,这个群体拥有自己的自主目标,但这些目标不能被降格为他们与资产阶级之间的关系。最后,要进行充分且全面的思考,还必须理解在形成政策结果的过程中,个人关系在什么地方至关重要,以及为何重要。

本研究的结构

在接下来的各章,我会总结并延伸之前探讨过的文献,从而说明美国战后研究政策制定机制是如何形成的。我的论述应当被视为关于美国国家构建的研究,同时也是关于科学精英为何奋斗的研究——他们致力于让科学家来掌握政府的科研资源投入。

我的解释表明,四种一般性因素影响了美国战后组织研究政策制定的方式,包括战前科学场域布局[19]、二战本身、美国科学家集体地位提升、美国国家体制与公民社会结构及二者之间的关系。

针对美国战后研究政策制定机构的成立问题,我的分析思路是将权力置于核心部分。但权力都有其来源,亦即一定来自某个地方。在接下来的分析中,我提出必须在制度背景下来理解权力的观点。一个社会的制度环境(包括国家结构),会影响任何一组行动者在形成政策结果的过程中所拥有权力的程度(Hall,1986:19,231)。利昂·林德伯格给制度下了一个有用的定义:

> 制度不是个人偏好的简单集合,也不是传递经济冲动的被动机制,而是历史的、具体的约束和机会结构。它隐含着一种持久的劳动分工和游戏规则,建立起有能力的与无能力的独特的主体,制约着所有个体、经济主体或政治权威

---

[19] 关于战前科学场域概念的详细讨论,请参见第二章。

为实现其目标而采用的策略。(1982:24)

因此国家和社会行动者的组织方式将同时产生机会与约束,而且行动者的权力应当依据这些机会与约束的状况来理解(1988:223)。除了界定行动者的能力状况之外,在确立行动者集体地位提升的目标方面,制度地位也发挥着重要作用。各类群体(可以是国家管理者、阶级、阶级分层或职业)受到他们共享的发展目标的约束,是其各自的制度地位的产物。

考察战后联邦政府研究政策制定机构(最终命名为国家科学基金会)的成立,一定要从战前科学场域说起。在我看来,这个场域是一个变化着的结构,由相互重叠与交叉的几个制度领域构成,这几个制度领域包括:基金会、大学、科技型企业和国家(Kleinman,1991)。在某种意义上,这些领域可以被视为独特的,有其独立的逻辑,行动者有其具体的集体计划。

战前的美国科学界至少以四种方式影响了战后研究政策制定机构的组建(或重组)。首先,它形成了科学精英集体地位提升计划,确立了科技型企业的利益;其次,它提供了制度遗产和政策传统,行动者在此基础上提出了战后研究政策制定机构的具体方案和需求;再次,战前科学场域为各种社会关系(即社会资本)的发展奠定了基础,行动者据此付出努力来形塑战后科学场域;最后,战前美国科学界为科学家提供了能够在其中提升信誉(即科学权威)的环境,这推动科学家在二战期间进入政府部门。[20]

在战前,科学精英群体——不少人在后来都成了掌控战时研究政策的管理人员,对打造战后研究政策的框架发挥了核心作用——在实验室研究和科学管理方面取得了突出成就。他们在战前科学场域居于中心地位:他们是全美顶尖研究型大学和研究机构的管理层负责人,被选为知名科技型企业的董事会成员,应邀向联邦行政部门提供有关科学问题的建议,还被选为国家科学院等知名组织的成员,并

---

[20] 我对于信誉这个概念的阐述受到了布尔迪厄资本观(1984)的启发。他在思考资本的类型(社会资本、文化资本和经济资本)时用了一个经济学隐喻:不同形式的资本在投资中如何产生利润。例如,有人利用其社会关系(即社会资本)为企业签订了一份合同,有人利用其文化资本(这里指的是学术资质)谋得了一份工作。在这两种情形中,这些投资都产生了利润。此外,在实现盈利的过程中,我们看到资本在类型上从社会和文化资本转化成了经济资本(即金钱)。

在20世纪40年代早期,科学精英凭借其社会关系,以及学术和专业资质(社会和文化资本)在与政要的关系中收获了最初的信誉(地位或声望)。概要地看,他们可以利用这种信誉(把它作为一种投资),来保住战争期间自己在政府中的职位,进而利用其职位积累更高的信誉。像万尼瓦尔·布什这样在政府中身居要职的科学精英,有权调用广泛的政府资源投入战争技术研发。战争技术研发的成功改善了在政府任职的科学家的地位与声望,因此提升了他们的信誉。战争期间积累起来的信誉可用来投资:或转化为社会资本(与政府要员会晤),或换取各种政治恩惠。

在其中任职。㉑

凭借在战前与联邦行政部门之间建立的联系,科学精英掌握了战时研究政策制定的控制权,并最终形成了战后研究政策。这一群体与产业界的研究主管关系密切,他们在战后支持的专利政策完全符合科技型企业的立场——他们在战前就与这些企业建立了密切联系。可以肯定的是,他们对专利政策的看法肯定受到自己与产业界领袖之间关系的影响。

战前,美国几大产业都在发展自主科研能力。这就决定了它们对战后政策的兴趣,即保持政府对基础研究而不是应用研究的支持。这些企业的科研重点是应用研究,企业不希望在这一领域出现同政府竞争的局面,但是认为联邦政府支持基础研究还是很有用的。基础研究虽然不能让企业直接从中获利,但最终却能为企业自身开展研究工作奠定重要基础。为了将战后政府的作用限制在仅资助基础研究上,战前就发展起自身科研能力的企业冲到了立法争论一线。

在布什和基尔戈的法案中,制度遗产和政策传统显然都是十分重要的。大型私人基金会,如洛克菲勒基金会和卡内基基金会,是战后研究政策制定的楷模。第一次世界大战(简称一战)期间,科学家在研究政策制定中的核心作用确立了科学家控制研究政策的合法性,这也是布什及其同事在国家科学基金会的最终立法中实现的目标。此外,在一战期间,科学机构也使得政府集中支持个别研究型大学的方式合法化,而且建立了以合同外包方式支持这些大学开展科研的模式,后来这也成为科研的一项重要原则。外包合同式研究允许科学家留在自己原本所在的大学,而不必待在某中央政府实验室里工作。最后,作为二战期间诸多先例的成果,人们认可了中心协调作用在研究政策制定过程中的重要性。在围绕着战后研究政策制定的组织方式的争论中,中心协调成为关键性的框架问题。

如果说在二战前就已经确立了科学家和科技型企业的利益与目标,设立了一套构成战后研究政策制定机构争论的制度遗产和政策传统,那么二战本身则是确立战后研究政策议程的一个重要转折点。组织结构或制度一般是稳定的,往往只发生渐进式变迁(Hall, 1986:266)。正是在人们普遍视为**危机**的时期,才可能产生重

㉑ 尽管只有少数科学精英直接参与了成立国家科学基金会的立法争论,但是我希望研究的却是一个更大的群体。万尼瓦尔·布什领导的科学精英群体积极参与有关国家科学基金会的立法争论,他们代表了战争期间从联邦政府获得最多经费的科学家的利益,如果布什战后仍按此行事,那么他们将很可能继续成为联邦政府慷慨资助的受益者。这些科学家来自为数不多的几所大学,而且集中在物质科学领域。

要的制度创新或根本性变迁。正如斯科夫罗内克（Skowronek）指出的那样，"危机局势会成为一个国家制度发展的分水岭。人们应对挑战的行动通常会促成新的制度形式、权力和先例"（1982：10）。在危机时期才可能出现针对博弈之基本规则的斗争（Krasner，1984：234）。

结合危机背景（美国即将加入二战）才能理解美国为何在战后成立研究政策制定机构，并推出相关的科学精英计划。战争期间，万尼瓦尔·布什及其科学研发局的同事充分利用此前积累的社会资本和科学信誉，在联邦政府中占据了强大的制度空间。通过一系列社会关系链，布什提出的成立战时科学政策机构的建议，以1940年发布的总统行政令的方式得以实施。根据该行政令，成立了国防研究委员会（NDRC），即科学研发局的前身。

战争期间，布什及其同事与国会议员和工商界人士来往密切。国防研究委员会和后来的科学研发局的技术成就[22]大大提升了科学家的声望，特别是布什等科学精英的声望。布什成为富兰克林·D. 罗斯福（Franklin D. Roosevelt）总统的非正式科学顾问，他最终说服总统，允许其撰写一份关于战后研究政策的报告。这份名为《科学——无尽的前沿》（1945）的报告在确定战后争论的主要内容方面发挥了重要作用，而布什及其同事借助其社会资本和科学信誉，将自己成功地置于对立法产生重大影响的理想地位。

在此，社会的组织框架，特别是政策制定的组织框架，广泛来说，影响了任何一组行动者在形成政策结果的过程中拥有多少权力（Hall，1986：19）。科学研发局的成立同时为重要机会和约束的产生提供了组织框架，这些机会和约束又影响了围绕着战后研究政策制定机构的本质进行较量的结果。

如果说战争使布什领导下的科学精英声名鹊起，使战后研究政策问题被摆在台面上，那么也可以说参议员哈利·塞尔戈早在战时就对战后研究政策制定机构产生了兴趣。与其他民粹派和新政激进派一道，他关心的是，怎样做才是认真负责的政府，以及企业为何不能成功地应对参战的准备。国会的调查指出了政府官僚制度叠床架屋和政府规划顾此失彼的缺陷。由国会资助的几项研究表明，资源短缺原本是可以预防的，专利使用不当造成的贸易限制与信息流限制也是可以避免的。

---

[22] 正如我在本章注释①（原文如此，但从内容上看，注释①应改为注释②。——译者注）中所指出的，将什么都严格地视为技术方面的想法是有问题的，任何技术的开发，以及技术被人们所接受，都发生在社会环境中。于是，在非常基础的意义上讲，技术本质上是社会性的。然而，当我在这一语境中指称技术上的成就时，我只是指技术的物化部分，例如，雷达、青霉素等。

正是在这一背景下,基尔戈于1943年提出了要在战后成立研究政策制定机构的第一项立法建议。

由于这场战争,关于战后联邦政府研究政策制定机构的设想出现了两个相互对立的版本(参见表5.1)。这两项不同的立法建议开启了立法"踢皮球"的历程。由于在国家权力部门之间来回争论,立法所讨论的曾有过好几项不同的法案,到最终法案的通过用了约八年时间。在此期间,这个拟议成立的国家科学基金会的职责被逐渐缩减,而且新成立的机构和已有的其他机构共同分解了原法案中属于该基金会的职责,因此限制了其职责范围。要理解基尔戈自1942年提出立法建议后为何会经历漫长、痛苦而纠结的历程,我们必须先看看国家与公民社会的结构及二者之间的关系。

《科学——无尽的前沿》标志着科学精英在战后研究政策制定轨迹形成中所发挥的**正式作用**达到了顶点。㉓ 与战前相比,战争将国家与社会之间的界限向公民社会一边推进。科学家和企业代表直接进入国家体制,由于有了科学界、工商界,以及国家精英之间严密的社会关系网,布什等人得以在政府中身居要职。这些正式职位对布什及其同事很有利,加强了他们与国会议员和工商界的**非正式联系**。反过来,这些联系又使得布什等人对立法过程产生了直接影响,最终促成了国家科学基金会的成立。

一方面,凭借《科学——无尽的前沿》,科学家在形塑关于战后研究政策制定机构框架的争论中发挥了直接而正式的作用;另一方面,布什正式担任科学研发局局长,在国家体制内外建立了广泛联系,并利用这些联系——在具有高度渗透性的国家体制中——阻止立法过程中的妥协行为,最终使得其他利益群体有机会实现其国家体制构建计划,并缩减了后来成立的国家科学基金会的职责。

与科学家一样,企业代表也以正式和非正式、直接和间接的方式影响着关于战后研究政策制定机构的立法争论。从广义上说,企业代表发挥着国家管理者的作用。例如,贝尔电话实验室的奥利弗·巴克利(Oliver Buckley)是1945年参与起草《科学——无尽的前沿》的其中一个委员会的成员。巴克利也是工业研究主管协会(DIR)的成员,这是一个由美国许多顶尖科技型企业的研究主管组成的组织。在布什报告起草过程中,他曾就布什委员会拟解决的问题征询了该组织其他研究主管的

㉓ 有历史学家声称,科学精英在战后研究政策制定轨迹形成中所发挥作用的顶点是艾森豪威尔(Eisenhower)总统领导下的总统科学顾问委员会(1957年成立)(Geiger, 1993:95)。

意见。该案例再次彰显了国家与社会之间的模糊界限。我们不确定巴克利对布什委员会有多大影响,也不太了解与他共事的研究主管是如何左右他的,但我们知道布什报告的核心立场与企业代表的观点完全一致,这些代表企业发声的人在关于研究政策的立法争论中发挥了积极主动的作用。

工业研究主管协会以一种非正式的方式参与制定了成立国家科学基金会的早期法案。举例而言,共和党参议员 H. A. 史密斯(H. A. Smith)向研究主管们进行咨询,根据他们的意见删除了其法案中拟议成立机构支持应用研究的职责。但该法案未获通过,这是政府内部互斗,以及缺乏纲领性政党的结果。但根据 1950 年最终通过的法案可知,的确成立了一个使科学精英和科技型企业的需求与利益相一致的机构。

为何成立战后研究政策制定机构——即后来的国家科学基金会——的法案在美国延迟约八年才得以通过?要探究个中原因,我们必须考察美国国家与公民社会的组织结构。由于美国国家体制的渗透性和分权特征,加上缺乏纪律约束的政党,法案通过一次次被延迟。两项法案在国会委员会的两党联手下先后胎死腹中,一项得到共和党议员支持的法案又被民主党总统否决了。

由于国家结构的临时改变(限制了其渗透性效应)和原子化的国会政治(原子化的国会政治指国会各党派各行其是,各自为政,缺乏统一的政治纲领、政党纪律等将其凝聚为一个整体。——译者注),成立国家科学基金会的立法于 1950 年得以通过。当最终的法案签署之时,距基尔戈首次提出成立一个单独的综合性科学机构的立法建议已过去约八年之久。基尔戈为该机构设想的诸多职责已被在此期间成立的其他机构承担,只是它们的职责范围更窄且高度受限。海军研究办公室是战争结束初期成立的支持学术研究的牵头机构,原子能委员会开始支持大学的基础研究,联合研发委员会确保了军队在战后研究政策制定中的作用。此外,关于成立国家科学基金会的旷日持久的立法争论,给公共卫生署的官员们提供了确保该机构继续主导医学研究的机会。

可以肯定的是,分权和渗透性导致了进一步的分权。国家研究政策的立法被延迟,使得国家建立起研究政策制定机构分散化的体制,每个机构仅发挥有限的作用。此外,国家科学基金会立法的形成过程,以及最终成立的基金会本身,都受到科学精英和产业界代表的深刻影响。他们利用广泛的社会关系和国家的渗透性特征,发挥的作用既有正式的(直接在国家体制内部发挥作用),也有非正式的。

本书的写作计划

本书共分为七章。第二章详细描述并分析了二战前的美国科学场域,第三章深入考察了二战期间的美国科学研发局、科学和科学家,第四章比较了哈利·基尔戈和万尼瓦尔·布什的法案,第五章借鉴并拓展了政治社会学的研究,并详细分析了成立国家科学基金会的立法进程。

在第六章,我将探讨由于美国政府研究政策制定的制度环境导致国家科学基金会立法在战后历时约五年才被通过的潜在影响。此外,我还论述了二战后美国联邦政府研究政策制定体制是如何形成的。为使我的论述更加可信,我做了一项跨国比较研究,针对的是国家和社会的组织方式,以及它们与国家层面研究政策制定特征之间的关系。

第七章描述了1950年之后美国在联邦政府层面为成立国家研究政策制定机构所做的各种努力,这些拟议成立的机构在政策制定和协调方面的权力大于国家科学基金会。我将探讨每个机构未能成立的原因,分析在当前所谓的竞争力危机时代形成更具综合性研究政策制定体制(机构)的前景。

第二章

勾勒科学体制：美国的科学场域
（1850—1940）

> 并非只有在实验室工作的人才算搞科学，所有参与资助、生产、验证或利用科学知识的人都在搞科学。
>
> ——罗伯特·E.科勒（Robert E. Kohler），1990年

社会科学家和意见领袖经常宣称科学是一个复杂的社会系统。但无论这一主张被提及多少次，还是屡遭忽视。洞悉二战前科学复杂而多层次的特点及其特定的历史形态，对于理解战后人们重新定义研究政策制定和形成科研资助模式所经历的艰难困苦是十分关键的。为了理解这一点，本章分析了1850年至1940年间美国科学的体制图，我称之为**科学场域**。我考察了科研的类型及其开展的场所，为什么得以开展，谁在提供资助，以及为什么得到资助。

战前科学场域的特征至少以四种不同的方式影响了战后研究政策制定机构的组建（或重组）：一是为特定科学家和工商界精英群体打造或制定了一套集体计划和利益规划；二是为行动者提供了制度遗产和政策传统，使他们得以具体阐述对战后科学世界的愿景；三是为行动者奠定了发展战后科学场域的一套社会关系（即社会资本）的基础；四是为科学家提供了在战争时期发展文化资本或信誉（即科学权威）的环境，帮助他们进入政府部门。

以科学为对象的大量研究文献或明或暗地将"知识生产"当作一个自主且独特的社会领域。[①] 直到19世纪早期，从事科研的仍是一群自给自足的业余爱好者。

[①] 关于"科学共同体"的社会学研究的早期工作把科学视为一个自主且独特的社会领域。这种视角很少注意到科研资源的获取，或科研所嵌入的制度环境（Hagstrom, 1965；Merton, 1973）。甚至对默顿传统不满的学术工作，也常常对研究的制度情境失之考察，20世纪70年代后期和80年代的实验室研究尤为如此（Latour and Woolgar, 1979）。哲学家和科学家只是为科学的自主性进行规范性的辩护（Bush, [1945] 1960, 1970；Lederman, 1991；Polanyi, 1951, 1962）。

在这种条件下谈科学家自治很有道理,至少可以从资源依赖角度这么说。科学家们与产业界或政府鲜有来往;各大学并不是科研工作的主要场所,而基金会也尚未登上历史舞台。然而,到 19 世纪中叶,"生产科学知识的技术手段日益超出个人的供应能力和控制范围,因此必须对科学知识的生产实行集体组织和控制"(Whitley,1984:65;Restivo,1988:211)。②

科学家越来越依赖外界资源的支持。实验室方法逐渐替代了其他方法,科学发展总体上趋于职业化,最终导致"几乎所有研究工作都由员工完成"(Whitley,1984:48)。科学家们从自家的独立实验室走出来,进入大学,有时也会去企业或政府的实验室工作(Bruce,1987)。

自 19 世纪中叶以来,大学科学家对外界资源的依赖急剧增加。不仅如此,产业界和政府也提出了各自的科研需求。其结果是,"智力活动的优先权已变得不再完全出于纯粹的学术兴趣,而是更多地取决于非学术的……雇佣结构中的资源配置决策";科学家们"要求使用和掌控日渐昂贵的实验室设备,提升学术声望,而这些诉求逐渐……被非学术的利益和目标所左右"(Whitley,1984:283—284)。

职业化的科学场域逐渐失去了自主性,当然,自主性的本质因时间和地点而异。从 19 世纪晚期至今,美国科学场域的格局一直在发生变化,其格局组成部分包括若干功能重叠且相互作用的制度领域:基金会、大学、科技型企业和国家(Kleinman,1991)。从某种程度上说,这些制度领域各不相同,拥有各自独立的逻辑,由具有不同目标与兴趣的行动者组成,但是它们之间的互动往往以各种方式模糊了彼此的边界。产业界与大学之间的互动——密切合作或配合——可以使大学科学家按照大学或资本的逻辑为某研究项目立项。同样,科学家们奉行的世界观也极少不被"非科学的"社会领域的价值观所影响。③

---

② 在下文中我会概要地谈到科研在组织方面的进步,但我不想留下一个印象,即似乎科学所有的学科和专业都同样经历了这种变化。历史档案的确表明了随着资源依赖性的增加而走向组织变迁的总体趋势,但不同的研究领域却表现出多样性差异。惠特利(Whitley)(1984)对此提供了有趣的讨论,亦请参见参考文献(Fuchs,1992)。

③ 我关于科学场域的概念受到皮埃尔·布尔迪厄(1975,1991)的启发,但我对这个术语的用法与他并不完全相同。尽管布尔迪厄的概念对把科学场域视为通过多个制度领域的重叠和相互作用带来的一种结构变迁留有余地,但是他所强调的主要是科学家之间的权力/权威关系,而且在这种意义上,他比我的科学场域的概念更接近默顿(1973)的科学共同体。

科学与学术界

研究——不论这个术语是什么意思——一直在多个场所进行着,并且将继续如此。但是,自从19世纪晚期开始,大学一直都是研究的主场(Kuznick,1987:11)。美国研究型大学向来都是让人们靠研究谋生的主要基地。大学逐渐主导了知识生产与验证,尽管人们有机会在大学之外从事研究工作,但在大学就职仍然表示在知识生产领域享有较高的独特地位(Whitley,1984:66)。这样看来,对美国研究型大学的讨论(从19世纪中后期大学兴建直到美国加入二战)比较适合作为本章实证内容的开端。

二战前的大学至少从三个方面影响了战后研究政策制定与资助模式的重组。第一,使科技型企业与大学科学家之间建立了联系,为一项政策议程——将企业利益和科学精英的利益串联在一起——的诞生开创了空间。第二,确立了一系列重要的制度遗产和政策传统。大学成为公认的基础科学中心。把科研资源集中到几所大学,这一做法的合法性得到了认可;科学精英主导科研的原则得以确立;鉴于大学科学家、产业界和政府在一战期间的合作,人们普遍呼吁成立一个中央联邦科学机构。第三,大学是科学家积累其文化资本的场所,当大学科学家参与开发作战技术时,这种资本的价值对大学之外的人变得清晰可见。

历史学家通常认为美国研究型大学是在美国内战(即南北战争。——译者注)后出现的。19世纪晚期之前,美国高等教育侧重通识教育而不是专业教育,侧重"开明文化"和"古典学"教育(Gruber,1975:10—12,Bruce,1987:326,327)。教授队伍中主要是教师,而不是研究人员。随着选修课被引入课堂,以及专业教育的接受度越来越高,"科学在学术界的影响力扩大了"(Bruce,1987:327)。

直到19世纪70年代,科研导向型研究生教育才成为美国高等教育的重要组成部分(Geiger,1986:9)。19世纪60年代末,乔赛亚·威拉德·吉布斯(Josiah Willard Gibbs)——自本杰明·富兰克林(Benjamin Franklin)后第一位有国际影响力的美国理论学家——被耶鲁大学授予博士学位。耶鲁大学虽然是开创科研导向型研究生教育模式的先驱(B.L.R. Smith,1990:21),但15年后才成立的约翰·霍普金斯大学"积极鼓励教师进行原创研究,从而远超其他同时代任何一所美国大学"(Geiger,1986:8)。

如果说美国研究型大学的建立和中心地位被认可要追溯到 19 世纪中后期,那么它们的起源就得再往前推。美国研究型大学在很多重要方面都以欧洲名校为榜样。从 19 世纪早期开始,美国学生远赴德国求学,"接受国内无法提供的专业和先进教育"(Gruber,1975:17)。哈佛大学和纽约大学等大学的学者在结束了欧洲研究之旅回到美国后,开始设想对大学的组织结构进行改革,以及大学配备足够的研究设施、自由开展教学和研究的可能性(Curti and Nash,1965:108)。

毫无疑问,美国研究型大学的出现在一定程度上要归功于一段模仿历程,即制度模仿。④ 当然,要建立一所真正的研究型大学,实现这样的愿景,需要资源。在 19 世纪,研究经费来自学费收入,即授课费(Geiger,1986:2,3)。在一战前,专项慈善捐款是私立大学研究经费的重要来源,而州立大学依靠的是州政府拨款(79)。来自非机构(个人)的资助则有多有少。20 世纪初,大学发起了筹款活动,本校校友和当地社区成为大学研究的早期资助者(43,84),此外,基金会也是一战前研究经费的重要来源(234)。

当然,资助科研或大学发展的大笔私人捐赠大多来自某些工商界精英,这些人在美国快速工业化过程中发家致富(Curti and Nash,1965)。就连大型基金会也是由知名实业家创立的,例如,约翰·D. 洛克菲勒(John D. Rockefeller)和安德鲁·卡内基(Andrew Carnegie)。洛克菲勒本人还出资帮助成立了芝加哥大学(Geiger,1986:197;B. L. R. Smith,1990:21)。虽说这种资助几乎没什么"附加条件",但也必须注意到,即便是在早期阶段,大学和科研就与经济紧紧挂钩,而且大学的利益与大资本家的财富密切相关。⑤

---

④ 关于组织发展中模仿历程的有趣论述,请参见参考文献(DiMaggio and Powell,1983)。

⑤ 除了现代美国研究型大学发展所需的必要资源之外,卡罗尔·格鲁伯(Carol Gruber)还描述了促进美国高等教育重组的几种物质社会条件。他认为,"城市化和工业化的加速推进,以及移民在美洲大陆的定居,创造了企业、联邦政府及州政府对科学技术知识的需求"(1975:12)。同时,按照格鲁伯的说法,科学和工程领域的原创研究与实验性研究工作正在获得尊重,研究成果对传统课程体系构成挑战,"随着宗教影响力的削弱和世俗主义的发展",传统课程体系的地位已经弱化(12)。最后,不仅大资本家及其创立的慈善组织为高等教育提供了资源,政府对高等教育重要性认识的逐渐增强也使得公共资金更多地流向大学。

从 19 世纪末至二战前夕,很难准确地说美国研究型大学在从事哪类研究。⑥至少在意识形态层面——根据科学家对自己行为的看法——全美大学在上述时间段内主要致力于基本研究或基础研究。但是,从 19 世纪末至二战期间,基础研究并不是全美大学唯一的研究活动。在早期,最明显的例外就是政府赠地大学开展的勘察活动。

根据《莫里尔法》,于 1862 年创办的多所赠地大学是为了开展对农民和农村人口有用的研究。⑦该法出台的背景是人们对高等教育日益不满,以及致力于增加农民利益的农业组织开始出现(Axt,1952:37)。⑧该法为各州拨赠 3 万英亩的公用土地或等价票据,而各州将用卖掉土地或票据的钱创建一所面向农业的研究型大学(41—42)。1887 年通过的《哈奇法》增强了赠地大学的实力。根据该法,联邦政府将为建立农业实验站提供资助,从而为科研在农业问题中的系统化应用创造有利环境(U. S. House Task Force on Science Policy,1986a:9—10; Kloppenburg,1988)。

二战前,除了赠地大学承担的农业研究之外,联邦政府极少资助大学研究。大部分政府资助的非农业研究是由联邦机构在联邦实验室进行的。然而,联邦政府的角色在二战后发生了根本转变。1940 年,政府仅向全美大学拨付了 1300 万美

---

⑥ 大学通常被视为基本研究或基础研究的阵地(Dupree,1957:297;U. S. House Task Force on Science Policy,1986a:9),但这些都是很难理解的概念,必定会随着部署研究的人的动机而改变。研究美国研究型大学的历史学家罗杰·盖格(Roger Geiger)指出,20 世纪早期的研究型大学致力于"为自身发展而促进知识进步"(1986:159)。但在实践中,人们可以把商业产品开发的动机看作"知识本身"的渴求。可以肯定的是,企业可以借由追求知识本身的名义说服科学家从事某项研究,但市场逻辑却要求企业关心利润,尤其是物质产品。既然如此,如果研究的最终目的是生产产品,那么这种研究还能被称为"基础"研究吗?

当然,还有其他区分研究类型的方法。基本研究或**基础**研究通常被看作更多的**应用**研究(产品导向型研究)的基石。按照人们的理解,这类研究是对基本"自然规律"的探索。再者,这种区分也是有问题的,因为基础研究和应用研究之间的界限往往很模糊,生物技术等行业的发展近况清楚地说明了这一点。

我们可以考察研究的资助者的要求,而非研究人员的动机。出资实体是否提出具体要求?有时,分析人士会区分定向研究与非定向研究。一般来说,**定向研究**类似于应用研究,而**非定向研究**与基础研究类似。但定向与非定向是在表明追求知识是否出于"其自身"的价值,而不是考虑研究和生产之间的关系(即它是否为应用研究)。

即便这些类型有可能划分得更加清楚了,但参与者和分析人士也会按不同的标准给研究类型贴标签,一个语境中的"基础"研究可能是另一个语境中的"应用"研究,所以给研究类型贴标签的做法肯定是含糊不清的。因此在本章和整个研究中,我会用到历史(我探究的这段历史)参与者曾使用的标签,以及通过确定研究背后的动机而得出的标签。

⑦ 格鲁伯认为,赠地大学制度的建立反映了影响全美大学形成和发展的"服务理想"(1975:29—30)。

⑧ 在克洛彭堡看来,重要的是农民对赠地大学普遍持反对观点。据克洛彭堡所言,农民担心的是"教育并不会教给他们任何他们不知道的农业知识,反而会让他们付出高昂的代价"(1988:58)。利用政府赠地开展实践培训,其动力"来源和最坚定的承诺都存在于产业部门,用出售公共土地的钱来培训一名制造业的熟练工,产业部门从中看到了机遇"(59)。

元的研究资金,其中大部分还是由美国农业部(USDA)提供的。相比之下,政府在1950年向全美大学拨款1.5亿美元用于开展研究,这笔资金由十几个联邦政府部门负责分配(Axt,1952:86—87;Geiger,1986:60;Kevles,1988a:119)。

正如我在第一章中解释过的,这种转变是由多种因素相互作用造成的——二战和紧随其后的冷战、美国国家体制结构,当然还有一些不那么直接的因素,例如,战前科学场域的结构,以及科学管理精英的流动性计划。我将在后面的章节中详细讨论这些问题。

虽说联邦政府——通过美国农业部发挥有限作用——是全美大学所谓的非基础定向研究的主要资助者,但它并不是唯一的资助者。产业界出于盈利目的而支持大学研究的做法可以追溯到19世纪早期,当时的企业偶尔会聘用大学研究人员,但这种情况在19世纪上半叶并不常见(Noble,1977:111)。很久之后,麻省理工学院于1902年与美国电话电报公司(ATT)建立了密切联系,后者定期向前者的电气工程系提供研究资助(Geiger,1986:177)。1908年,麻省理工学院创建了应用化学研究实验室,成为"首个致力于工业研究的学术单位"(3)。

但直到一战期间,美国研究型大学与科技型企业之间的关系才稳固下来。一战爆发初期,一批学术界和产业界的科学精英成立了作为国家科学院分支机构的国家研究理事会(NRC)。该理事会的明确目标是在战争期间就科学事务向政府提供建议。事实上,在洛克菲勒基金会、卡内基基金会和联邦政府资金的共同支持下,国家研究理事会成立了一个专门委员会,将政府感兴趣的项目和问题传达给大学科学家(Axt,1952:78)。该理事会代表政府将大学和产业界联系起来,并帮助实现了光学玻璃、硝酸盐和毒气的大规模生产(Geiger,1986:97)。

如果把国家研究理事会说成是战争中的一支重要力量,那么它的战略军事意义或许被它开创的制度掩盖了。对于产业界而言,该理事会的成立是大学和产业界真正建立起紧密联系的标志。在20世纪20年代,企业急切地聘用念过大学的科学家和技术人员。一些企业还为大学提供奖学金,以扩大具有科学素养的劳动力。还有一些企业聘请大学科学家担任顾问(Geiger,1986:175)。对于那些愿意在出资企业感兴趣的领域工作的大学科学家,企业会直接向他们提供研究资助。

但是一战和国家研究理事会的政策也确立了一系列与战后时期相关的制度遗产。首先,它们把大学、私营企业和慈善基金会紧密联系在一起。这种重合与互动成为战后理所当然的科学活动组织方式。其次,这种制度上的联系促成了产业界代表和科学管理者之间的社会联系,这有助于万尼瓦尔·布什及其同事制定战后的科学事务议程。罗杰·盖革还提到,国家研究理事会为一战后美国科学活动的组织和方向树立了一个重要模式,即"'成立一个**中央机构**是必要之举',这成为[美国]科学观念的自明之理"(1986:99;黑体为我所标)。最后,要求成立一个中央研究政策制定机构的呼声不仅来自布什及其同事,也来自主张新政的反对者们,特别是哈利·基尔戈。进一步说,一战期间成立的国家研究理事会将科学政策方向的决定权"献给了"少数精英人士(101)。到美国加入二战时,这种由精英控制科学的先例已经根深蒂固。1944年后,科学家的议程,乃至国家的研究政策议程,都是由少数精英决定的。

一战期间确立下来的制度遗产——对科学场域的重组(特别是研究经费的安排)发挥了重要作用——并没有从根本上改变两次世界大战期间大学研究资助的性质。1919年至1940年间,大学预算的很大一部分仍来自私立院校的学费和公立院校收到的州政府拨款(Weart,1979:312),而且私人基金会依然是大学研究活动的重要资助方(Geiger,1986:Ⅶ)。

在两次世界大战期间,全美大学的研究资助形成了一种集中模式,该模式在二战期间得到了强化且得以合法化,却在战后随着冲突各方在重组研究政策制定体制和科学场域过程中的较量变成了一个有争议的问题。1902年至1925年间,洛克菲勒普通教育委员会"将2/3左右的研究经费拨给了8所大学——加州理工学院、普林斯顿大学、康奈尔大学、范德堡大学、哈佛大学、斯坦福大学、罗切斯特大学和芝加哥大学"(Kevles,1987:192)。在20世纪30年代晚期,全美大学的研究活动依然由少数大学主导。在20世纪的前25年,在接受洛克菲勒普通教育委员会2/3左右研究经费的所有大学中,只有范德堡和罗切斯特这2所大学不在20世纪30年代研究经费支出较多的大学之列(参见表2.1和表2.2)。而在20世纪30年代投入研究经费最多的16所大学中,只有4所不在科学研发局(万尼瓦尔·布什领导的战时政府科学机构)的25家非企业承包方的名单中(参见表2.1和表3.3)。在20世纪发展起来的集中资助早在30年代就牢牢确立下来了,并在美国参加二战期间经由政府的各项举措得到强化。

表 2.1　20 世纪 30 年代全美大学研究经费估算

超过 200 万(美元)	
加利福尼亚大学、芝加哥大学、哥伦比亚大学、哈佛大学、伊利诺伊大学、密西根大学	
150 万—200 万(美元)	
康奈尔大学、明尼苏达大学、威斯康星大学、耶鲁大学	
100 万—150 万(美元)	
麻省理工学院、宾夕法尼亚大学	
少于 100 万(美元)	
约翰·霍普金斯大学、普林斯顿大学、斯坦福大学、加州理工学院	

来源：参考文献(Geiger, 1986：232)。

表 2.2　洛克菲勒基金会在早期对全美大学自然科学研究的资助

接收方	金额/千美元
接收方,1929—1933 年	
加州理工学院	600
哈佛大学	595
约翰·霍普金斯大学	428
芝加哥大学	165
普林斯顿大学	116
俄亥俄卫斯理大学	20
明尼苏达大学	15
麻省理工学院	14
阿拉斯加农业大学	10
普通教育委员会拨款的接收方,1923—1931 年	
加州理工学院	3079
普林斯顿大学	2000
芝加哥大学	1798
罗切斯特大学	1750
康奈尔大学	1500*
哈佛大学	1175
斯坦福大学	870*
范德堡大学	693
耶鲁大学	500
得克萨斯大学	65
北卡罗来纳大学	15
哥伦比亚大学	10

来源：参考文献(Kohler, 1991：202, 256)。
注：表格里不包括大学之外的受资助方。* 表示该承诺拨款并未兑现。

基金会对科学的资助

如前所述,大学科研在早期的发展严重依赖慈善基金会的资助,主要是洛克菲勒和卡内基这两大基金会。这些基金会成立的时间和背景与大学成为主要科研场所的时间和背景大致相同。在本节中,我会探讨基金会对战前科学场域的作用,深入研究美国慈善基金会如何产生、受谁控制,并造成了什么影响,以及基金会资助为战后美国科学场域带来了哪些遗留问题。

基金会及其为大学提供的研究资助塑造了战后研究政策制定模式,进而通过以下方式塑造了战后科学场域。第一,基金会把研究资源集中起来,帮助一部分大学提升了研究能力,确立了重要的政策传统:集中资源发展"最好的科学"的原则。这种方式是战后政府研究经费分配争论的焦点。第二,基金会开创了与大学签订研究资助合同的重要先例。在二战期间,政府沿用这种方式资助大学的科研活动,这套机制——给予大学科学家相当大的自主权——在战后按照政府资助科研的精神被确立下来。第三,在一战期间,在基金会的大力协助下,科学家、政府官员、工商界领袖和基金会经理人建立了社会网络。该网络对科学精英制定二战后的政策议程具有重大意义。第四,基金会的资助从多方面提高了科学家享有的广泛社会权威。第五,基金会构建大科学的发展基础,有利于科学精英实现掌握丰富资源的梦想,这一梦想引导着他们去落实集体地位提升计划。

洛克菲勒基金会和卡内基基金会的成立时间相隔两年,卡内基基金会于1911年成立,洛克菲勒基金会则在1913年成立。在一战刚结束的那几年,这两大基金会主导了慈善团体对美国科研的资助。罗杰·盖革认为,它们的成立"永久地改变了美国慈善事业的面貌"(1986:143)。1940年,在各大基金会提供的总研究经费中,卡内基基金会和洛克菲勒基金会的资助就占了1/3(U. S. Senate, 1945a:38)。

我们可以从观念和物质这两个层面来分析美国基金会的起源。尼尔森(Nielsen)在谈及观念层面的起源时是这样说的:

> 从19世纪晚期开始成立的美国大型基金会代表美国的慈善和利他主义传统发展到了一个全新阶段。大约在内战时期,东部和中西部的富人们就认为"善心"和"善举"应该包括个人服务和财富管理的义务。(1989:8)

关于慈善的新思想最终与进步主义理想融合在了一起，后者指的是"系统且理性地运用'客观'知识是增进人类福利的最佳途径"(Kohler，1979：251)。在当时的背景下，政府的作用是有限的，它不仅与宗教划清界限，还从"福利、医疗、科学、文化等广泛领域和很多教育工作"中抽身而出，人们认为这些领域属于私营部门。最终，追求个人服务的慈善理念——植根于犹太基督教传统——经由货币化和官僚化的手段转变为一种新的制度形式，即基金会(Nielsen，1972：379，1989：8)。

就物质层面的起源而言，这种新式的慈善理念只有在有钱的地方才能付诸实践，而美国是在工业化和经济繁荣的19世纪晚期才获得了成立大型基金会的财富。早期基金会成立的基础是"[美国]东部地区从基础工业和自然资源(石油、钢铁和煤炭)中获取的财富"——这些钱来自正在崛起的经济精英，而不是老牌贵族(Nielsen，1989：10，13)。安德鲁·卡内基成为实力雄厚的钢铁巨头，"在19世纪最后的25年，通过一系列复杂的联合和兼并，他的煤钢联合企业已经强大到难逢对手"。约翰·D.洛克菲勒利用其名下的新泽西标准石油公司价值5000美元的股份成立了洛克菲勒基金会(1972：32，50)。

在早期，安德鲁·卡内基和约翰·D.洛克菲勒等人所捐财富的慈善用途实际上是由这些殷实的实业家控制的。19世纪晚期，洛克菲勒随意资助了多项事业，大多出于他对教会的兴趣。但在1892年，洛克菲勒聘请了前浸信会牧师弗雷德里克·盖茨(Frederick Gates)担任他的慈善事务顾问，这标志着洛克菲勒的慈善事业不再由洛克菲勒本人直接控制，而是逐渐转为由专业的经理人团队控制(Nielsen，1989：84—85)。

尽管发生的时间不同，但卡内基和洛克菲勒两人的财富故事却十分相似。根据柯蒂(Curti)和纳什的说法，"在弗雷德里克·保罗·凯佩尔(Frederick Paul Keppel)于1922年当选卡内基基金会董事长之前，该基金会不过是卡内基本人资助图书馆、教会及其他慈善事业的辅助工具"(1965：223)。

由于基金会董事会通常由资本家或其派驻人员控制(Nielsen，1972：385，1989：19)，因此在战前的那段时期，基金会资金在很大程度上处于经理人团队的直接控制下，虽然他们的行为可能受到资本主义意识形态的束缚，但是他们也参与了独立项目，以实现自己对科学事业的愿景(Kohler，1991)。事实上，这些经理人的自主性往往得到了基金会创始人在创始文件中所做的保证(Curti and Nash，1965：213)。就拿洛克菲勒基金会来说，尼尔森认为该基金会的部门主管具备专业的科学技术知识,并且仰赖独立的科学顾问委员会,这使得董事会无法驳斥他们的建议(1972:58)。据理查德·惠特利所说,在 20 世纪 20 年代,美国主要基金会管理者的独立地位和控制权"使少数高管及其顾问能够直接影响其偏好领域的知识生产"(1984:284)。惠特利还进一步指出,"通过直接资助特定领域的研究,某个跨学校的核心群体可以改变和协调学术研究重点"(284)。

1920 年以前,基金会研究资助的核心是具有实际应用价值的研究,这符合基金会所做的增进人类福祉的承诺(Coben,1979:232;Geiger,1986:140)。资金主要用于创建一般由基金会控制的独立研究机构(Geiger,1986:142;Kohler,1987:135)。此外,基金会还为个别大学基金注资,而受资助机构可自行使用这些款项(Coben,1979:232)。

一战走向尾声标志着基金会政策的一次转型。其中,国家研究理事会——将大学、基金会、工商界和国家联系在一起的战时组织——于 1919 年利用洛克菲勒基金会的资助制定了一博士后奖学金计划。据惠特利所言,这些奖学金促使美国理论物理学蓬勃发展,物理学界还出现了国家公认的科学精英(1984:285)。洛克菲勒基金会也有自己的奖学金计划(Coben,1979:232)。这种资助方式把科学家从教学工作中解放出来,使他们以科研为重点,从而发展了美国研究型大学的实力。

1920 年之后,基金会除了提供个人奖学金之外,还逐渐加大了对大学内部的资助力度。基金会把资金投入具体项目中,而不是向大学捐赠基金、提供一般性资助。柯蒂和纳什认为,这种转变增强了美国大学的研究功能,几乎所有受资助项目都在"有意引导高等教育偏离传统的教育功能,转而重视学术研究和出版"(1965:223)。

洛克菲勒基金会对具体项目的资助一度被搁置,因为有人担心引导科研进程的行为会令基金会遭受批评。但是在 1928 年,该基金会被重组为若干覆盖范围广泛的研究部门,其资助重点转向个人研究项目(Kohler,1979:255)。科研是"推进人类文明进步和人类福祉的最可靠的手段"(Nielsen,1972:55—56)——洛克菲勒普通教育委员会前主席威克利夫·罗斯(Wickliffe Rose)曾说科研是"**获得知识的方法**"(55—56;黑体为我所标),这是洛克菲勒基金会提供研究资助的基本理念。资助对象主要是"少数实力最强的大学科学院系"(Coben,1979:234—235)。洛克菲勒基金会的目的是资助院校的研究工作,尽管它们已经做得很好了,但还要使它们"更上一层楼"(Geiger,1986:161)。

重要的是，坚称科研是知识生产方法的主张，以及重点支持顶尖研究机构的决定，塑造了战后的研究机构。洛克菲勒基金会帮助美国创建了一批卓越的研究机构，并且将不应该支持"二流"院校的观点合法化。另外，在二战期间及战后，话语权可以为科研争取拨款项目的认识，也被用来支持建设由科学家领导的研究机构。

除了洛克菲勒为战后确立下来的传统之外，洛克菲勒基金会还为深入探讨惠特利的主张——他认为基金会经理人在1920年后直接影响了知识生产方向——提供了一个很好的研究案例。洛克菲勒基金会的沃伦·韦弗（Warren Weaver）对生物学的早期影响就是一个生动案例。韦弗是一位经典物理学家，曾任威斯康星大学数学系主任，于1932年担任洛克菲勒基金会自然科学部主管。韦弗在该部门享有很大的自主权，于是他将基金会的资助重点从一般研究转向了特定领域的研究。这种专项资助采取的是为计划或规划项目提供三年拨款的形式。资助机制的转型强化了韦弗对优先领域设定的掌控。此外，由于他本人的物理学背景，他制定了一份生物科学资助议程，主要资助那些运用源于物理科学的技术和发现的生物学研究项目（Geiger，1986：165；Kohler，1979：273—274，1991：265—394）。

韦弗和洛克菲勒基金会影响了两次世界大战期间美国生物学研究的布局，不仅如此，洛克菲勒基金会还为美国"大物理学"的形成发挥了核心作用。1940年春，该基金会给欧内斯特·劳伦斯（Ernest Lawrence）拨付了100多万美元用来建造粒子回旋加速器。这笔拨款资助的新物理学不仅要依靠理论学家和实验学家，而且需要大量机器和大型组织的参与（Kevles，1987：285—286）。截至1940年，在美国物理学期刊《物理评论》（*Physical Review*）上发表的所有论文中，大约25%的论文作者都承认接受了来自外界（主要指基金会）的奖学金或拨款，这是洛克菲勒基金会资助新物理学的标志（Weart，1979：313）。值得注意的是，劳伦斯的粒子回旋加速器对二战早期原子弹的研发具有重大意义。事实上，曼哈顿计划的23位参与者在早年间都接受过洛克菲勒基金会的资助（Nielsen，1972：62）。

总体来说，洛克菲勒基金会是两次世界大战期间塑造科研领域格局的主导力量。1934年，该基金会将全部捐款的35%投入研究项目中，并且将其中的72%提供给自然科学领域（Geiger，1986：166）。除了塑造科研领域的格局之外，洛克菲勒基金会的资助还推动了新研究工具和技术的研发，包括光谱法、X射线衍射法、色谱法，以及示踪元素的使用（Nielsen，1972：62；Kohler，1991：358—394）。

对于塑造二战后研究政策制定体制和最终的科学场域格局，战前发展起来的基金会及其科研资助发挥了重要作用。基金会在美国大学研究能力的建设方面起着核心作用,大学也成了美国科研体系的关键所在。万尼瓦尔·布什领导下的科学研发局——隶属于政府的战时科学机构——依然执行一战后各基金会制定的标准,即资助特定项目的研究,允许科学家在其任职的大学从事研究工作。采纳这种模式的时候,还没有就二战后联邦政府应怎样资助研究展开争论。将研究资助集中起来的做法是在两次世界大战期间各基金会所做决定的直接后果,而且这一先例还得到了科学研发局的认可,尽管在二战后关于科研机构如何组成的立法争论中,这种做法成了争论的焦点。

我在上节曾提到过,一战期间成立的美国国家研究理事会帮助产业界、科学界和基金会的精英搭建起了一个社会网络。事实证明,这个网络对于二战期间和战后的研究政策制定意义重大。此外,各基金会还帮助创建国家研究理事会。洛克菲勒基金会为该理事会的奖学金计划提供资金支持,卡内基基金会则出资 500 万美元,为该理事会提供了一个永久办公地点和一笔捐款(Geiger,1986:147)。

各基金会还间接增强了科学整体的文化资本。它们强化了科学作为一种高级求知方式的话语权,支持发展同行评议制度,其前提是科学家最有资格决定最有前景的研究方向。这种观念说的是那些支持由外行控制研究政策制定体制的人们永远构不成对科学真正的挑战。各基金会支持发展帮助美国"打赢"战争的核物理学,因而间接提高了科学家的文化资本。最后,在为大科学(尤其是大型物理学研究)奠定基础的过程中,基金会可能间接形成了科学家对战后研究资助的兴趣和需求。一间办公室和一支笔远远不够,大型物理学研究需要大笔的钱和最终来自政府的大力支持。

科学与产业界

二战前,产业界对研究的关注也对塑造战后研究政策格局发挥了重要作用。通过增进学术界科学家和产业界之间的联系,战前工业研究帮助明确了研究政策议程,引导布什及其同事的集体地位提升计划。在此期间,由于工业研究不断扩大,科技型企业要求政府将应用研究排除在财政支持范围之外(参见表 2.3)。

表 2.3　1920 年至 1940 年美国产业界的研究支出

年份	支出/千美元
1920	29468
1925	64000
1930	116000
1935	136000
1940	234000

来源：参考文献（Bush,［1945］1960：86）。

实业家们为大学提供个人捐赠，创办慈善基金会，对于塑造二战前的美国科研和研究政策格局来说，发挥了重要的**间接**作用。此外，产业界领袖对科学有着直接的兴趣。在即将进入 20 世纪的前夕，"工业研究基本上仍然处于各行其是的无组织状态"（Noble, 1977：111；U. S. House Task Force on Science Policy, 1986a：10）。独立的化学实验室服务于个人和企业，独立实验室和学术界的顾问提供咨询服务，解决产业界的关切。有一些企业其实有自己的实验室，可以进行测试和产品创新，但从总体上看，有独立研究能力的企业凤毛麟角，而有这种能力的企业又缺乏系统的研发计划（Birr, 1979：195—196）。

19 世纪末 20 世纪初，产业界才将研究成果系统地用于产品，以及工艺的改进和发展，而不仅仅是用于测试（Noble, 1977：5）。在激烈的市场竞争环境下，研究内部化——旨在"将科学知识系统地用于产品的生产过程"——被很多历史学家视为企业寻求财务安全和稳定的一种手段（Noble, 1977：5；Birr, 1979：197；National Research Council, 1940：19）。但是内部研究能力需要一定的财力门槛，就像美国基金会的兴起一样，工业研究出现的时间正好是"美国企业巨头诞生或蓬勃发展后的整合时期"，显然，这不足为奇（Wise, 1980：412；Noble, 1977：111）。整合使大企业具备了发展一定水平的研究能力的经济资源，而研究的规模和复杂性可能会使产业界不再那么依赖随机产生的科学发现（Perazich and Field, 1940：41）。

事实上，"早期的实验室大多都在电力和化学等行业，其中的大企业具备足够的经济资源和稳定性来资助这些实验室，而且这些行业的技术变化快、竞争力强，可以确保提供资助的企业的研究大获成功"（Birr, 1966：68）。1920 年，美国国家研究理事会首次开展的工业研究调查结果显示，大约 2/3 的研究者受雇于电力、化学和橡胶行业（National Research Council, 1940：34）。通用电气公司于 1900 年建立了自己的研究实验室,杜邦公司于 1902 年建立了首家研究实验室,而美国电话电报公司则于 1904 年建立了自己的研究实验室(Birr,1979:199)。

最初有能力开展内部研究的都是大企业,所以在 1938 年末之前,研究工作都高度集中在这些大企业。尽管在 1928 年多达 52% 的工业企业都把研究当作企业的内部活动,但国家临时经济委员会的一项研究发现,"13 家企业——在 1938 年上报研究活动的企业中占比不足 1%——雇佣的研究人员占研究人员总数的 1/3 以上。在工业实验室工作的人员中,有 1/2 受雇于 45 家大企业的实验室,其中,36 家大企业的实验室由全美二百强非金融企业所有或控股"(Noble,1977:111,120)(参见表 2.4)。

表 2.4　在 1938 年雇佣半数研究人员的 45 家大企业

美国铝业公司	哈德逊汽车公司
美国罐头公司	亨宝石油炼油公司
美国氰胺公司	国际收割机公司
大西洋精炼公司	林德航空产品公司
胶木公司	孟山都化学公司
贝尔电话实验室	宾夕法尼亚铁路公司
克莱斯勒公司	飞歌无线电公司
纽约爱迪生联合公司	匹兹堡平板玻璃公司
美国坩埚钢铁公司	RCA 制造公司
陶氏化学公司	共和钢铁公司
杜邦公司	壳牌开发公司
伊士曼柯达公司	辛克莱精炼公司
电动汽车公司	纽约美孚石油公司
费尔斯通轮胎和橡胶公司	印第安纳标准石油公司
福特汽车公司	加利福尼亚标准石油公司
通用电气公司	路易斯安那标准石油公司
通用汽车研究公司	标准石油开发公司
通用汽车卡车/客车公司;黄色卡车/客车制造公司	太阳石油公司
百路驰公司	美国制鞋机械公司
固特异轮胎橡胶公司	美国橡胶产品公司
海湾研发公司	环球油品公司
赫尔克里士火药公司	西联电报公司
	西屋电工制造公司

来源:参考文献(Works Projects Administration,1940:68)(此文献未列入原书参考文献目录。——译者注)。

小企业——在 1940 年雇员少于 1500 人、资产不超过 250 万美元的企业——重点研究的是"具有直接性和实用性的'有组织的事实发现'"。研究工作不一定在某个单独的职能机构进行,也就是说,这些企业不一定有专门的实验室。相比之下,大企业的研究通常"持续时间长、更加密集,在专门安排的部门或实验室进行,在某些情况下还包括小企业难以负担的先进研究"(National Research Council,1940:80)。

在二战前,工业研究的结构是二元的,即具有双重性:一方面,小企业和大企业开展的研究存在差异;另一方面,有些研究是在企业内部进行的,而有些研究是在独立实验室进行的,但是为企业服务。1900 年至 1940 年间,美国创建了近 350 家独立实验室。它们承担的是一般性的外包研究,很少或完全没有利用特定企业的知识。除此之外,它们还为很多企业研究如何改良具体的生产工艺,以及分析入料质量(Mowery,1983:355)。但令人意外的是,这些独立实验室成果的主要使用者并不是那些没有自主研究能力的企业。1910 年至 1940 年间,"很明显,对于大部分研究项目的客户而言,独立实验室是企业内部研究的补充,而不是替代品"(361)。1910 年至 1919 年间,与梅隆工业研究所签约的企业中,有内部研究能力的企业仅占 20% 多,然而这一比例在 1930 年至 1940 年间跃升至 50% 以上(361)。莫厄里(Mowery)认为,"作为内部研究部门的替代品,外包研究只能发挥有限的功效"(363)。他声称,之所以如此,是因为最复杂的外包研究要求企业本身有能力利用外包研究成果,相比有内部研究能力的企业,没有这种内部研究能力的企业在外包研究项目时,通常只能要求承包方开展技术含量低的工作(363)。

在二战前,化学家和工程师是工业研究的主力军。直到 1938 年,这两类人员仍然占工业实验室人员总数的 50%(Perazich and Field,1940:11;National Research Council,1940:13)。工业研究背后的动机——通过新产品或工艺研发、改进质量或降低成本来增加利润——曾意味着(实际上依然如此)企业的研究安排与大学是不同的。诺贝尔(Noble)指出,"大学研究人员相对自由地规划自己的道路,提出自己的问题……而工业研究人员通常更像是接受管理命令的士兵,需要与其他人共同探求科学真理"(1977:118)。在工业环境中,"科学家选择的研究课题往往与其声望无关,并且(或者)研究这些课题还需要众多学术领域的技能、知识和工序,因此会超出声望的范畴"(Whitley,1984:51)。⑨

尽管二战前工业研究和大学研究背后的动机和组织方式存在较大差异,但它们显然有重叠之处。当然,工业科学家大多接受过大学教育。惠特利认为,20世纪20年代美国大学的物理教学岗位出现扩张,这在很大程度上是由于产业界为物理学博士提供了更多工作岗位(1984:284)。另外,如我所述,即使在工业研究的早期阶段,教授提供工业咨询的现象也并不罕见。最后一点,起初就职于大学的科学家可能会转投产业界,虽然产业界给不了他们教授职位那样的专业声望,但往往能为他们提供更优越的研究设施(Wise,1980:413)。

一战对大学的成长和工业研究的形成都起了决定性作用。首先,如我所述,战争促使大学和政府一同参与到工业研究中,主要是通过国家研究理事会达成合作。但从更普遍的层面上说,伯尔(Birr)认为,"工业研究实验室虽然在20世纪的头10年就出现了,但它们在美国的地位一直到一战后才稳固下来"(1966:69)。美国在一战前依赖德国的染料、科学仪器和光学玻璃,但由于英国的战时封锁,导致美国工业和零售业消费者无法进口这些材料,只能转而寄希望于国内工业。现代美国化学工业正是在这样的背景下打下了牢固基础(Birr,1966:62;Kevles,1987:103;Noble,1977:16)。

在一战前美国实现经济独立和稳定的过程中,工业研究就已经牢牢确立了自己的核心地位,因而在两次世界大战之间工业研究得以迅速发展。1920年,美国大约有300家工业研究实验室,到1930年,实验室数量增至1400家左右,而到了1940年,这一数字增至2200(Kuznick,1987:10;National Research Council,1940:19)。⑩研究人员的数量也在1920年至1940年间急剧增加,从区区1万人增至6万人左右(National Research Council,1940:174)。⑪化学家是战后工业研

---

⑨ 这种说法不应该夸大,并且在不同时期、不同工业领域和不同规模的企业中也是不同的。对于我来说,这种情况似乎更像是高技术产业发展之前的时代特征,并且常见于大企业。就如很多新兴高技术产业的情况一样,当企业需要科学家做与产品形式关系不大的基础研究时,管理层也许会给科学家提供尽可能与学术研究环境极其接近的环境。科学家也许会被鼓励发表研究论文和做学术研究报告,从而使他们熟悉最新的学术动态。此外,科学家也许每周会有一定的时间去做其自主选择的与企业没有直接关联的课题。详见参考文献(Dubinskas,1985;Whalley,1986)。

⑩ 伯尔提供了一组略有不同的数据,他称1927年有近1000家工业研究实验室,而1938年有1769家(1966:69)。

⑪ 想要精确计算出1920年至1940年间科研人员增长的数量是不可能的,而国家研究理事会报道的研究人员部分增长数量可能受到科研人员分类增多和报告制度改进的影响。其间实际聘用的研究人员的增长数量应是在原有基础上翻了一倍而非五倍(National Research Council,1940:174—176)。

究发展的主要受益者。从一战结束直到1925年,70%左右的化学家在从事工业研究工作(Kuznick, 1987:10)。至于支出方面,最准确的估计显示,工业研究支出从1930年的1亿—1.6亿美元增至1940年的2.34亿美元(Birr, 1979:200)。

对于塑造美国战后的科研和研究政策格局,二战前诞生的工业研究或许不及基金会发挥的作用大。大学被打造成了科学场域的支点,产业界在此过程中的作用微乎其微,而工业研究的作用却不容小觑。一战期间,科学对国家经济独立和稳定的重要性已经得到认可。此外,鉴于产业界对整个科学界的影响,科学家不只是被简单地定性为科学家。反倒是大学研究和工业研究之间的重叠和互动生成了一种从根本上融合了经济价值的科学话语。说起万尼瓦尔·布什领导的控制研究政策的项目,其部分理念强调基础研究对经济发展的重要性,因此大学研究将会成为工业研究的基石。另外,尽管布什及其同事推动的关于科学的专利政策遭到了新政支持者的反对,但是获得了产业界的大力支持。最后,大学研究与工业研究和政府的功能重合——特别是通过国家研究理事会的牵线搭桥——导致一个社会关系网络的形成,该网络对于塑造战后的科学场域格局发挥了决定性作用。另外,大规模资本推动的研究内部化有助于界定战后联邦政府研究政策中的企业利益,而该政策将政府资助限制在基础研究范围。

科学与/为国家

在二战前,联邦政府在科学场域中的作用相对有限。但联邦政府是战前美国科学场域的组成部分,它为制定战后联邦政府研究政策和提供科研资金发挥了重要作用。成立**中央科学机构**的尝试在二战前屡次失败,造成了严重的负面影响,而且预示了事情发展的走向:战后的联邦政府研究政策将是一个支离破碎的体系。此外,联邦政府沿用了基金会的做法:按照公平交易制度的要求与大学签订研究合同,给予政府资助的研究人员较大的自主权,并使该原则合法化。这种自主权既是科学权威性的一种表达,也是科学精英集体地位提升计划的一个决定性方面。在一战期间,授予科学家政策制定权的各大机构进一步巩固了这种自主权。

在美国刚建国初期,联邦政府几乎与科研没有任何关联,或者说没有参与过科研。严格来说,美国宪法规定政府对科学事务的参与应仅限于专利权授予(Dupree, 1957:14)。政府确实支持过一些有利于商业和军事活动的地貌学研究,但"随着

18世纪和宪法诞生后的首个10年接近尾声,新政府的科学成就乏善可陈,成立常设机构——便于新政府利用科学帮助自身运转,或者在民众中传播科学——的工作也没取得显著进展"(19)。

在19世纪早期,海岸测量和政府研究的扩张为的是制作海图和地图,满足商业目的。此外,在美国海军的需要和商业利益的驱动下,"航图与仪表站于1830年成立,海军天文台于1842年成立,从而促进了科学进步"(Lasby, 1966:254)。

1803年开始的刘易斯(Lewis)和克拉克(Clark)远征掀开了美国人西部探险的序幕。这次远征"将帝国宏图和对贸易的渴望与科学兴趣——收集动植物群素材、掌握印第安人的情况、开展天文观测——融合到了一起"(Lasby, 1966:252)。在美国内战爆发前,专利局也是一个服务于工业利益的广义上的科学(或技术)工具,它保留了能说明美国地质情况的机械模型和环境资料(Dupree, 1957:47)。

史密森学会成立于19世纪中叶(Bruce, 1987:187—200; Dupree, 1957:66—90)。它是用一位英国富豪留给联邦政府的遗赠创建的,它的成立还曾引发不小的争论。一些人希望政府利用这笔遗赠建立一所国立大学,另一些人则主张利用遗赠修建一座天文台,还有一些人支持建立一家国家实验室。由于意见不统一,该机构的授权法措辞模糊。它的发展方向究竟为何?这个问题留给了史密森学会的第一任秘书长约瑟夫·亨利(Joseph Henry)。亨利成立了一个通过出版和交流来促进研究的组织,该组织还可以保存研究资料,尽管亨利本人对此并不赞同。

内战促使美国政府加大了对科研的支持力度。在战争期间,海军支持军事研究,即改良武器、船只、蒸汽动力,以及其他军事相关技术(Dupree, 1957:120—125)。美国内战期间的一个重大发展成果就是1863年成立的国家科学院。它是战时向政府提供科学和军事咨询的特许机构,还是"美国杰出科学家……对美国科学进行**集中**控制的一次尝试"(Noble, 1977:150;黑体为我所标)。尽管国家科学院是由政府成立的,但它的章程允许其内部成员自行订立规则、实行自我管理,从而确立了科学家自治的原则。另外,国家科学院的一些成员还尝试把该机构打造成政府的科学顾问(Dupree, 1957:139)。科学家们努力创建一个自治的**中央科学机构**,他们的付出在一定程度上影响了科学政策制定者在二战期间和战后初期科学的言论和实践。

美国农业部的成立是内战期间的另一项重大成果。杜普里(Dupree)认为,该部门明显是在挑战宪法对政府支持科研的限制。根据美国农业部订立的原则,政府有权征税并将税收用于符合国家利益的科研项目(1957:151)。农业部的明确目标是为农民提供研究支持。随着赠地大学和各州实验站的建立,支持成立农业部的人们希望将研究与教育结合起来(1963:457—458)。

为集中控制科学政策制定,美国在19世纪做出的第一次重大努力就是成立一个单独的、严格由政府主导的科学机构。1884年,国会成立了艾利森(原文写作Allision有误,应为Allison。——译者注)委员会,对现有科学机构进行调查,原因是政府出资的多项研究缺乏效率和合理性,因而饱受国会批评。成立一个单独的科学机构——承担那些不在大学或私营单位进行的研究——是否可行、是否合理,艾利森委员会要求国家科学院就这一课题展开研究。尽管艾利森委员会于1886年出具的报告中支持成立该科学机构,但它最后还是决定反对,理由是这不符合国家利益,在政治上也不可行(Dupree,1963:461;Kevles,1987:51;U. S. House Task Force on Science Policy,1986a:7)。

隶属于联邦政府的科学家都支持成立中央科学机构,相信该机构将给予他们自主权。另一方面,政府之外的科学家却反对这样的诉求,认为这是政治对科学的干预。关于艾利森委员会及其报告的争论引发了一个问题,即"如何通过民主政治或政治精英机制使科学得到最好的、恰当的控制?"这是围绕着战后如何组织研究而展开争论的核心问题(Kevles,1987:54—55)。该报告还强调了研究政策由谁制定的问题,即政策制定权应集中在一个单独的机构手中,还是交予若干不同的机构。

美国从内战结束到参加二战这段时期发生的事情间接回答了后一个问题,1900年至1940年间,联邦政府成立了40多个与科学相关的机构(Redmond,1968:174)。20世纪30年代之前成立的科学事务局和实验室——包括国立卫生研究所、国家矿务局和国家标准局——基本都是问题导向型机构,即它们都是为了履行政府机构的使命而提供常规服务或发挥监管作用(Geiger,1986:60;Kevles,1988a:116,118)。在二战前,除了农业领域之外,政府在学术研究中的作用微不足道(Kohler,1987:135)。

相较于内战至二战期间的总体形势,一战的另类之处就在于它引发了一场重大制度危机,并导致制度变迁,为二战后的制度建设提供了先例。国家航空咨询委员会(NACA)是一战中成立的战时机构,它对二战时期科学活动的组织发挥了决定性影响。该委员会于1915年3月成立,目的是监督并协调美国的航空研究,其成员是来自武装部队和其他政府机构的代表,"但主席和过半数控制权属于(或曾属于)总统任命的非军方科学团体,实际上……填补职位空缺的人选任命都是由委员会主席提议的"(Compton,1943:74)。⑫

国家航空咨询委员会在一战期间发展缓慢,其初始拨款只有5000美元,它的首次风洞试验直到战争结束时都没有完成(Dupree,1957:318;Kevles,1987:105)。但为了推动航空研究,该委员会将研究项目外包给了企业和大学(Kevles,1987:293)。这种由非军方科学团体牵头的模式及其外包流程为万尼瓦尔·布什领导的科学研发局提供了重要参考。布什本人于1938年进入国家航空咨询委员会任职,于1939年被任命为主席(246)。这项任命不仅使布什有机会近距离了解该委员会的管理模式,还帮他在联邦政府建立起重要的社会关系。

海军咨询委员会(NCB)成立于1915年,是一战期间为集中组织研究活动而成立的第二个机构。该委员会由托马斯·爱迪生(Thomas Edison)担任主席,由工程专业人士主导,主要负责审核非军方科学家提交的援助战事的研究申请(B.L.R. Smith,1990:29)。只有少部分申请被采纳,而且爱迪生本人提议研制的所有装备均遭到海军无视(Kevles,1987:138)。

除了我提到的国家航空咨询委员会和海军咨询委员会之外,在一战期间成立的还有国家研究理事会——连接大学和工业科学家、科学家和联邦政府的重要机构。1918年,也就是该理事会成立的两年后,联邦政府签署了一项行政令,允许该理事会"以政府名义推动科研,但依然作为一个不受政府控制的私人组织"(Kevles,1987:140)。

国家研究理事会监督潜艇探测等领域的重要工作(Pursell,1966:236)。尽管该理事会确实是一个信息交换场所和科研人员的关注焦点,但如杜普里所言,该理事会"始终没有形成一个完善的、全程指导其研究计划的全时管理制度"(1957:323)。不管怎样,海军咨询委员会和国家研究理事会在协调和集中管理研究政策方面的尝试在一战后被迅速推翻,"联邦政府重启对任务导向型研究的支持,通过多个政府机构和部门的单独计划落实"(U.S. House Task Force on Science Policy,1986a:11)。

尽管这些尝试从某种意义上来说只是转瞬即逝的,但每次尝试都为二战期

---

⑫ 杜普里驳斥了科学家在国家航空咨询委员会拥有过半数控制权的说法,他认为主要控制权掌握在政府官员手里,还得出了"非军方科学家只是在实际中占主导地位"的结论(1957:334)。

间和战后的研究组织开创了重要模式和先例,确立了科学家主导研究政策的适当性。国家航空咨询委员会打造了与大学签订研究合同的模式;在国家研究理事会的协助下,那些已经主导大学研究的机构可以合法地集中调用联邦政府研究资源。此外,国家研究理事会还特别重视研究政策制定的统一协调问题。

结　论

在本章中,我尝试勾画 20 世纪美国科学场域的图景,这幅构造复杂的图景部分由广义的经济和政治领域构成,部分又与之重合。这是一个由大学、基金会、企业和政府交叉而成的实体。这并不是说科学场域一成不变,它就好比任何一种历史现象,就像我提到的,从美国内战结束到参加二战的这段时期,科学场域的各组成部分,以及它们之间的关系发生了重大变化。在 19 世纪和 20 世纪之交,研究型大学和工业研究开始兴起,基金会出资发展成为重要的科研资助机制。一战以一种前所未有的方式将科学场域的各组成部分连接起来。

大约在 19 世纪和 20 世纪交替的初期,科研在美国人生活的各个方面慢慢变得重要起来,即科学权威性在扩展。科学精英的集体地位提升计划在这段时期已现雏形。大科学对丰富资源的需求日渐明显,而且科研的回报也变得清晰可见,增强了科学精英的文化资本。此外,多项先例为社会广泛接受科学精英计划的核心原则——自主控制科学和研究经费——奠定了基础。最后,万尼瓦尔·布什及其盟友在国家体制内外为科研打下了重要的社会关系基础。

到二战时,科学家应在战事中发挥显著作用,这一点毋庸置疑。科学场域中制度空间的重合促成若干社会关系——尤其是一战期间国家研究理事会建立起来的社会关系——构成一个网络,二战期间的研究政策规划就是在这个网络中制定的,而这些关系,以及在此基础上于二战期间形成的关系,为万尼瓦尔·布什及其科学研发局同事制定美国战后的联邦政府研究政策议程提供了所需的资源与凝聚力。

重要的是,万尼瓦尔·布什团队借鉴了战前的制度遗产,将其作为战时科学研发局的模板。该机构参照了一战中声名卓著的国家航空咨询委员会的做法:由非全职服务于政府的非军方科学家管理,将研究项目外包给大学和企业。[13] 外包合同研究指的是在政府实验室之外开展工作,这个概念本身源于慈善基金会的科研资助方式。最后一点,关于布什及其同事对战后研究政策制定机构的构想——该机构在推动"基础"研究(而非"应用"研究),以及它在知识产权政策方面的作用,其背后的理念主要归因于大学研究和工业研究之间的交集。

---

[13] 虽然在一战期间,许多参与战事的科学家被征召入伍,但负责管理国家航空咨询委员会的科学家都是平民。

第三章
科学家的战争：制度性优势、社会关系和信誉

> 这场战争是一场罕见的科学家的战争。
>
> ——史密森学会年度报告，1945 年

> 武器主要是科学的产物，其演变决定了战争的进程，这在以科学技术为本质的时代是很自然的。
>
> ——万尼瓦尔·布什，1946 年

> 战事筹备使我们领教了研究一旦得到充分支持所释放的力量，这种力量带给我们舒适、安全和繁荣的社会。
>
> ——万尼瓦尔·布什，1970 年

当历史学家谈及二战并将其称为科学家或物理学家的战争时，他们通常指的是这段时期取得的巨大技术成就，以及科研对同盟国获胜的重大意义（Kevles，1987）。参与美国战事筹备的科学家负责研发雷达和近炸引信，以及青霉素的大规模生产，而最令人难忘的则是研发原子弹。

但使二战成为科学家战争的不仅仅是科学家的技术成就，还有因战争而造成的环境变化。由于知识成为一种力量，而国家依赖科学家，因此一支由万尼瓦尔·布什领导的科学先锋队才有机会进入科学研发局这个国家体制中的权力制度空间，并借此增强自己的社会资本，以及与政府官员和军队之间的社会联系。将这种社会资本和自己的良好信誉或符号资本（科学家在战事筹备中所扮演角色的副产品）相结合，这支科学先锋队完美缔造了美国在二战后的研究政策格局。

在战争危机的背景下,制度建设成为可能。① 随着战争的爆发,催生出国家科学基金会的美国国家体制构建正式开始。② 但考虑到战争、科学家集体流动计划,以及战后联邦政府研究政策制定体制的最终布局这三者之间的联系,本章内容不只是单纯地探讨美国国家体制构建的开端,还是在探讨美国科学家集体地位提升计划的一个关键阶段。

科学先锋队与科学家的集体地位提升

据马加利·萨尔法蒂·拉森(Magali Sarfatti Larson)所言,不同职业"试图在社会分工中协商出某个领域的边界,并确立自己对该领域的控制权"(1977:xii),她还提出职业化是"试图将一种稀缺资源——特殊知识和技能——转化成其他的社会和经济奖励"(xvii)。各种职业都致力于建立受保护的市场,在这个市场里,知识就是它们的市场资产,享有"在专业领域发言,或者谈论该领域的特权或专属权"(1984:35)。各种职业都试图通过教育或更普遍的社会化手段来控制这个市场,而国家通常在这个过程中扮演资助者或担保人的角色(48)。

职业群体的**集体流动计划**是以下情况中不可缺少的一部分:"对于那些声称掌握专业知识(关于其所在社会认为重要的事务)的人们,专业知识……不断为他们提供获取并行使权力的依据"(Larson,1984:28)。在拉森看来,对专业知识的垄断权是社会权力和集体流动的基础。计划是集体性的,这层意义表明,只有通过"有组织的共同努力",各个职业才能达成自己的目标:定义能彰显其职业特征的角色,维持对专业认证系统的垄断控制(1977:67,70)。

---

① 人们普遍认为,危机(例如,战争和经济萧条)为制度变迁创造了机会(Hall,1986;Ikenberry,1988;Krasner,1984;Skowronek,1982)。麦克劳克兰(McLauchlan)专门指出,世界大战是具有变迁意义的事件(1989:83)。蒂利(Tilly)认为战争和战备是塑造国家体制的最重要因素(1990),并且提出政府规模扩大与战争相关(1975)。说得更具体一点,格雷戈里·胡克斯(Gregory Hooks)认为,二战使美国国家体制更快地从社会安全导向型转变为国家安全导向型(1991:11,50)。麦克劳克兰补充道,在二战结束后,国家安全导向型的国家体制同时也是科学密集型的(1989:87)。

② 自从斯蒂芬·斯科夫罗内克的著作出版以来,国家构建的定义就不再局限于增设新的国家机构。斯科夫罗内克认为,国家构建是"一整套政府运作模式的系统性转型"(1982:14—15),他回顾了美国在19世纪晚期的国家体制转型过程,即国家行政能力扩大,不再由法院和政党主导。最近,胡克斯采用斯科夫罗内克对国家构建的定义,探索了美国国家体制从新政时期的国内导向型到二战期间及战后的国家安全导向型的转变(1991)。从斯科夫罗内克、胡克斯和其他学者所用术语的综合意义上来说,成立国家科学基金会所带来的转变并不构成国家构建。参议员哈利·基尔戈提出了成立战后科学技术机构的最初法案,承诺彻底改革并扩大联邦政府在科学技术政策中的作用。然而基尔戈的法案未获通过,二战至1950年间围绕着科学技术政策制定机构的较量则从根本上规定了战后联邦政府在科学技术领域中的作用。

安德鲁·阿博特(Andrew Abbott)对职业化的看法稍显不同,他认为,不同职业之间存在管辖权(专业知识的合法领域或争取发言权的空间)之争,即职业边界的界定(1988:2—3)。虽然拉森和阿博特对职业化的理解存在显著差异,但二人的概念化处理和分析都表明,每个职业群体都力图在知识垄断的基础上强化其权力和资源。③ 在这个基本层面上,我认为有一支科学先锋队在二战期间及战后尝试代表美国科学共同体发言,并推动这个共同体实现其目标:确保其集体自主权和联邦政府资源的使用权。

这些科学家并不像其他专业人士那样希望借助市场力量,也没有试图去限制资格认证过程的控制权。相反,他们致力于扩大科学家对联邦政府科研资源的控制权。从某种意义上说,他们在与政府行政人员和部分国会议员争夺管辖权,即专业知识是否意味着科学家有资格掌握联邦政府科研资源,还是说联邦政府科研资源的分配应该由某个有代表性的社会团体(即非专业人士)来决定。

二战期间,科学家对美国武器研发政策的贡献可圈可点。在 20 世纪 20 年代和 30 年代,阿尔伯特·爱因斯坦(Albert Einstein)成为"科学界第一位真正的名人"(Kuznick,1987:13)。在爱因斯坦的相对论学说发表后,科学家开始被视为"唯一有资格解释前沿知识"的群体(254)。正如历史学家彼得·库兹尼克(Peter Kuznick)所说,在繁荣的 20 世纪 20 年代,科学家的作用有目共睹,他们因此获得了前所未有的声望(9—14)。弗雷德里克·艾伦(Frederick Allen)在 1931 年写道,"[在 20 世纪 20 年代]科学享有巨大声望。无论是走在大街上的男人,还是在厨房里忙碌的女人,都能用到实验室发明出来的新机器和新设备,他们已经开始相信科学几乎无所不能"(艾伦引自参考文献(Kuznick,1987:14))。

当战争临近,科学和科学家的信誉或符号资本处于高位,这种声望源于人们对研究成果的普遍看法。在此背景下,随着战争爆发,出现了这样一种认识,也就是布什的助手欧文·斯图尔特(Irvin Stewart)——研究战时科学研发局的历史学家——所指出的,"以前努力把民用科学纳入武器研发计划,这样做的理论依据是军方知道他们需要什么,并且会请科学家协助其研发工作",但科学创造的潜力已经超出了将军们的想象(1948:60):

---

③ 人们大可赞同这种观点,不需要就知识的性质表明立场。也就是说,无论知识能否反映某种"实在",还是仅仅作为一种资源(一种不直接反映"实在"的资本),都与这一基本论点无关。

[现代科学已经]发展到这样的程度:军方领导人对它的可能性还不够了解,所以不知道能否提出某个武器的合理开发预期。但时代要求我们扭转这种局面,也就是说,要让那些了解最新科学进展的人们更加熟悉军事需要,以便告知军方领导人科学能创造哪些可能,从而共同评估应该做些什么。(6)

科学家享有知识垄断权(Szelenyi and Martin,1988),在人们普遍认为科学催生繁荣的背景下,科学家们可以将个别科学家积累的符号资本转化成"[科学]领域之外的力量"(Larson,1984:61)。

但并非所有科学家都能很好地做到这一点。正如布尔迪厄所指出的,"权威人士在社会空间中的位置主要取决于其拥有的文化资本,即一种从属形式的资本,[科学家]……处于……权力领域中从属端的一侧"(1988:36)。拥有大量符号或文化资本是不够的,最纯粹不过的科学家根本接触不到那些拥有经济和政治资本的人。只有一小部分科学精英有能力将科学的符号资本转化为制度资本,即在国家体制中占有一席之地。这个群体可以利用他们自己的社会资本(即社会关系)将广泛的符号资本汇集起来,以达到进入国家体制并最终取得控制权的目的。

万尼瓦尔·布什是这支科学先锋队的领袖。早年在麻省理工学院的任职经历令布什很快投入精英科学研究的管理工作中。[④] 1916年,布什取得了哈佛大学和麻省理工学院联合培养的工程博士学位,三年后被聘任为麻省理工学院电气工程系电力传输专业副教授,1923年晋升为教授(Kevles,1987:294)。

布什在从事研究期间取得了不俗成就。他"在基础研究和应用研究的交叉领域开展研究,运用诺伯特·威纳(Norbert Wiener)的理论来建造数学分析机器"(Greenberg,1967:75)。据丹尼尔·凯夫利斯(Daniel Kevles)所述,布什负责研发的一款精密微分分析仪"是电子计算机的卓越机械前身"(1987:294)。此外,他

---

④ 我所说的**精英科学研究**指的是精英机构开展的研究。使用这一术语,并不表示精英机构在任何客观意义上都是最好的,但它们肯定是主导科学的机构。

很多科学家可能都认为我所说的精英机构——哈佛大学、麻省理工学院、约翰·霍普金斯大学和加州理工学院等——之所以获得这个称号,是因为它们创造了"最好的科学"这一纪录。布什等人肯定会说,按照大学(基于能力)的标准,最好的研究都是在精英大学完成的。他们会断言这些机构的研究质量就是它们在战争期间收到最多政府研究经费的原因。事实上,这些科学家的确说过政府应该资助"最好的科学",但他们认为,如果据此来支持科研的话,那将会招致一个不良后果:精英机构将继续获得占比过高的联邦政府研究经费。

我们没有理由相信同行评议——由身为学者的同事评价某人的工作——能够促进"最好的科学"。各种决定的做出可能是基于掌握资源的科学家设定的能力以外的标准,例如,学术发展趋势、熟人关系等。因此,在各领域占主导地位的科学家可能有资格界定精英群体,并以有悖于普遍主义意识形态(在科学中无处不在)的方式促进精英群体的繁衍。参见参考文献(Bourdieu,1975;Crane,1965;Kevles,1987)。

还从事弹道学研究,参与"某个保密领域"的研究工作(Baxter,1946:14)。根据布什的传记作者拉里·欧文斯(Larry Owens)的说法,到1935年,微分分析仪的多项应用"反映了前沿科研,涵盖了原子物理学、天体物理学、宇宙射线和地震学领域的研究"(1987:243—244)。凭借其在微分分析仪和相关仪器方面的研究,布什在1928年被富兰克林研究所授予利维奖章,并在1935年获得美国电气工程师协会颁发的拉米奖章(*Current Biography*,1940:13)。

虽然万尼瓦尔·布什取得了重要的技术成就,但确切地说,人们记忆中的他是位科学管理者,而非科学家。1932年,他被任命为麻省理工学院副校长兼工学院院长(Chalkley,1951:12),直到1939年他离开这里前往华盛顿,出任卡内基研究所所长(Dupree,1972:449)。在麻省理工学院期间,布什与校长卡尔·康普顿(Karl Compton)密切合作,成立了工业合作和研究部(Owens,1987:289),到"30年代中期,作为康普顿得力助手的布什不仅是麻省理工学院的风云人物,还是这个国家技术圈里德高望重的发言人"(vii)。但即便是在麻省理工学院,布什也不单单是一位学者或科学家,而是身兼多家企业的顾问。在进入麻省理工学院后不久,他就帮忙成立了雷神公司——一家位于新英格兰的电气公司。在成立后的许多年里,雷神公司都算不上是一家主流的科技型企业,但它"在20世纪50年代凭借国防外包项目而开始呈现爆炸式发展态势"(Forman,1987:160;Kevles,1987:294),到20世纪70年代时已经成为新英格兰雇员最多的企业(Bush,1970:168)。

还是在麻省理工学院期间,布什通过在多个政府委员会任职的机会接触到联邦政府的科学管理。布什先是进入卡尔·康普顿——麻省理工学院校长——领导的科学顾问委员会。该委员会成立于大萧条时期,专为政府机构提供科学建议,推动政府支持科研(Auerbach,1965:462—463)。此后,布什于1938年加入国家航空咨询委员会(Baxter,1946:14)。该委员会于1915年成立,负责监督和协调美国的航空研究(Kevles,1987:104—105)。

当布什前往华盛顿接管卡内基研究所时,如历史学家理查德·罗兹(Richard Rhodes)所说,"随着战争临近,为了让自己更接近政府权力的来源",布什还担任了国家航空咨询委员会主席(1986:336)。事实上,"由于卡内基研究所是当时除了大学之外,美国最大的私人研究机构,因此这项任命[担任卡内基研究所所长]令布什有机会进入制定国家研究政策的最高决策层"(U. S. House Task Force on Science Policy,1986a:17)。

在华盛顿期间,布什与多家企业和科学组织建立了广泛联系。他不仅是美国电话电报公司和默克公司的董事会成员、史密森学会的理事长,还任职于一些机构,例如,伍兹霍尔海洋研究所、约翰·霍普金斯大学、麻省理工学院、研究公司和布鲁金斯学会的董事会,以及国家研究理事会的政策委员会。⑤

布什积累社会资本的方式并无特别之处。其他几位被选中的科学家管理者同样处于有利地位,其中就有麻省理工学院校长卡尔·康普顿(也是布什的导师)、哈佛大学校长詹姆斯·科南特(James Conant)、约翰·霍普金斯大学校长以赛亚·鲍曼(Isaiah Bowman)、国家科学院院长兼贝尔电话实验室主任弗兰克·朱伊特(Frank Jewett)。上述四人都在国家研究理事会的政策委员会任职。卡尔·康普顿是一位备受尊敬的理论物理学家,担任政府科学顾问委员会的主席,而布什和鲍曼都是该委员会的成员。布什和康普顿是布鲁金斯学会的董事,⑥他还与朱伊特和鲍曼同在美国电话电报公司董事会任职。在鲍曼担任约翰·霍普金斯大学校长期间,布什还是该校校董之一(参见表3.1)。

表3.1　20世纪40年代的科学先锋及其所在组织

个人[a]	组织[b]					
	ATT	Brookings	Hopkins	MIT	NRC	SAB
以赛亚·鲍曼	X		X		X	X
万尼瓦尔·布什	X	X	X	X	X	X
卡尔·康普顿		X		X	X	X
詹姆斯·科南特					X	
弗兰克·朱伊特	X				X	

来源:美国国会图书馆收藏的布什文件。

[a] 鲍曼任约翰·霍普金斯大学校长;康普顿任麻省理工学院校长;科南特任哈佛大学校长;朱伊特任国家科学院院长和贝尔电话实验室主任。

[b] ATT=美国电话电报公司;Brookings=布鲁金斯学会;Hopkins=约翰·霍普金斯大学;MIT=麻省理工学院;NRC=国家研究理事会;SAB=科学顾问委员会。

⑤ 布什文件,一般通信类,盒号110,册号2617;约翰·蒂特(John Teeter)(1947年9月—1949年5月),1949年6月3日布什致蒂特的信;盒号57,册号1381;约翰·霍普金斯大学(1941—1946),1946年12月3日布什致约翰·W.加勒特(John W. Garret)夫人的信;盒号70,册号1718;麻省理工学院(1947—1949),12月1日公司会议纪要摘要;盒号96,册号2210;研究公司(1941—1944);盒号15,册号352;布鲁金斯学会,1944年5月4日莫尔顿(Moulton)致布什的信;盒号83,册号1896;国家研究理事会政策委员会会议纪要,1940年4月22日和1944年5月24日朱伊特致政策委员会的信。

⑥ 布什文件,一般通信类,盒号15,册号352;布鲁金斯学会,1944年5月4日莫尔顿致布什的信。

这些人不仅是居于科学界顶端的科学先锋,而且他们的特点也非常符合保罗·霍克(Paul Hoch)提出的"跨界精英"一词(1988:87)。跨界精英可被视为几组能够在两个或多个制度权力领域的精英之间流动和协调的行动者。我们希望这些领域也包括军队、国家(其中的公务员部门)和产业界。通过各机构制度化的内部交往和非正式接触,布什及其科学研发局同事跨越了军队、国家和产业界之间原本就相当模糊的边界。

布什等人不是简单意义上的科学家。他们凭借在战前积累的社会资本,将科学的符号资本,即科学的信誉,转化成科学在国家中的重要地位。更重要的是,这些人物的多重身份形成了支撑科学研发局及其前身——国防研究委员会——的工作准则。此外,他们还挑选了活跃在战前科学场域的熟人进入新机构共事。

这些人及其代表的科学场域中的精英派,确实将科学和技术当成了救星。在评估战争形势时,布什表示,"这是一场高技术含量的战争。整个未来可能取决于这个国家的部分民主机构能否娴熟而彻底地提高战争的科学和技术水平"。⑦ 布什及其同事进一步提出将科研看作国家经济和社会福利发展的关键,并明确表示坚持所谓的专业至上的意识形态。在布什看来,科学从根本上讲是由精英控制的,他和他的先锋队都在担心科研被政治操控(Kevles,1977:14—15;Reingold,1987)。他们的想法与科学家出身的哲学家米凯尔·波拉尼(Michael Polanyi)颇为相似。波拉尼认为,"选择课题和实际开展研究完全是科学家个人的责任,[并且]承认科学家有权提出科学发现,这属于科学家这个整体表达科学观点的权利范围"(1951:53)。简而言之,做出有关科学研究决定的责任只能由科学家(即专家)来承担。

让科学家发挥重要作用:国防研究委员会的诞生

在布什领导的科学先锋队中,成员之间存在连带关系,这对协调战争早期的科研发挥了重要作用。在科学辅助学习委员会——隶属于国家研究理事会——组织的几次聚会中,布什负责讲故事,其他人负责佐证,从而酝酿出了成立国防研究委员会的想法。我在上文提到的科学先锋队的四位核心人物都与国家研究理事会联系密切,他们四人和加州理工学院校长理查德·托勒曼(Richard Toleman)定期在

---

⑦ 布什文件,一般通信类,盒号51,册号1269;哈里·霍普金斯(Harry Hopkins),"国防研究组织",1941年3月31日"布什致哈里·霍普金斯的信"注释的备忘录。

纽约世纪俱乐部会面(Bush，1970：32；England，1982：4)。

威廉·多姆霍夫表示，起到社交作用的俱乐部是达成共识的重要场合，即制定非正式政策的场合；正是在世纪俱乐部，成立国防研究委员会的建议首次被提出(1974：92)。曾有历史学家表示，这些人担心某些重要的战争物资可能无法研发，而这将破坏美国的战备，除非有政府介入(Penick et al.，1972[1965]：60)。此外，据一位历史学家所说，布什本人在一战中的经历令他渴望更好地衔接军用和民用武器研发(Rhodes，1986：336)。但布什团队的行动不仅仅是为了改善政府的组织结构，还因为他们相信这场战争是一场"高技术水平"的战争，正如布什的助手欧文·斯图尔特指出的那样，战争进程不能只交由军方决定(1948：6)。这一立场的含义很明确，即研发战争武器的组织工作不能交给业余人员，必须由专家掌握控制权，而布什及其先锋队就是专家。他们懂得——或者至少认为自己懂得——最多。

这些人在思考成立国防研究委员会时参考的模板是国家航空咨询委员会。事实上，在斟酌关于国防研究委员会的法案时，布什在很大程度上听取了国家航空咨询委员会执行秘书约翰·维克托里(John Victory)的建议。据乔尔·詹鲁斯(Joel Genuth)所说，"布什采用国家航空咨询委员会的模式，明显就是想把塑造研究领域的那套方法变成某个新机构的标准操作流程"(1988：279)。这样一来，布什及其同事就可以把他们坚持的专业至上的意识形态转化成某种制度。

考虑到布什抵达华盛顿后建立起来的各种社会关系，他所领导的国家研究理事会下设委员会的同事们把成立国防研究委员会的重任留给了他(Bush，1970：34)。早些时候，富兰克林·D. 罗斯福的心腹哈里·霍普金斯曾经在提议成立国家发明家理事会时征询过布什的建议(Greenberg，1967：76)。在与霍普金斯和行政部门律师奥斯卡·考克斯(Oscar Cox)联系过后，布什准备在1940年5月与罗斯福总统会面(England，1982：4；Kevles，1987：297)。

正如皮埃尔·布尔迪厄所指出的，"科学赋予其所有者对合法观点的垄断权"(1988：28)。事实上，在战争迫在眉睫之际，罗斯福总统已经认识到，要赢得战争必须依靠科学和科学家。自从共和党迎来大好势头，以及爱因斯坦收获盛名以来，科学家的信誉逐步提升。爱德华·特勒(Edward Teller)回忆起罗斯福总统在执政早期的一段会议讲话，"如果自由国家的科学家不去制造武器，捍卫国家自由，那么自由将不复存在"(Rhodes，1986：336)。于是罗斯福总统在1940年6月27日批准了考克斯提出的成立国防研究委员会的行政令，而且"霍普金斯向布什保证，该机构将得到罗斯福总统的全力支持"(Kevles，1987：297；Baxter，1946：15；Bush，1970：36)。

国防研究委员会的成立为后来的战时和战后政府科学组织奠定了基础。该机构与国家航空咨询委员会有许多相似之处,它也将管理权交给了一个由非军方科学家和相关利益机构的联络官员共同组成的委员会(Genuth，1988：279)。在布什的建议下,国家研究理事会和纽约世纪俱乐部的成员——包括朱伊特、科南特、康普顿和托勒曼——被任命为该委员会的成员。此外,专利委员康韦·科(Conway Coe)和几位军方代表也是该委员会成员。最初的军方成员是海军少将哈罗德·波万(Harold Bowan)和准将乔治·斯特朗(George Strong)(Baxter，1946：15；Stewart，1948：7)。罗斯福的助手考克斯受命向该委员会提供法律咨询(Stewart，1948：13)。⑧

邀请非军方科学家任委员会成员,可以保留他们在原单位的全职工作。于是,布什继续留在卡内基研究所,科南特留在哈佛大学,康普顿留在麻省理工学院(Stewart，1948：26)。除了这些"志愿者"之外,在国防研究委员会任职的还有领取酬劳的文员和几位科学家,他们可以辅助布什及其同事的工作。

国防研究委员会的任务包括支持飞行相关研究(国家航空咨询委员会的任务)以外的战备机制和装备研究,并为军方的直接研究活动提供补充(Stewart，1948：8)。为履行使命,该委员会的几位负责人成立了五个部门,每个部门由一名成员领导。这五个部门面向的领域分别是装甲和弹药,炸弹、燃料、气体和化学问题,通信和运输,检测、控制和仪器,专利和发明。部门主管可根据需要成立若干分支部门,而这些分支部门由大学科学家或企业代表负责管理。这些企业包括贝尔电话实验室、碳化物和碳化工公司、标准石油开发公司、乙基汽油公司、美国无线电公司、联合果品公司,以及杰克逊和莫兰公司(11—12)。

布什并未担任部门领导,而是肩负着监督整个国防研究委员会,并与国会、总统和军方保持联络的责任。这个职位使他有机会进一步巩固他已经拥有的强大社会资本。作为国防研究委员会主席,布什可以直接接触总统。正如布什所说,"我明白,[在华盛顿]……除非你在总统的庇护下行事,否则你什么都做不了"(Kevles，1987：301)。

---

⑧ 罗斯福文件,总统秘书卷(主题),盒号 2,保险柜存放：万尼瓦尔·布什。

由于开发作战技术的时间紧迫,国防研究委员会可以轻松取得研究经费,这给予了该委员会很大的自由。罗斯福的助手哈里·霍普金斯早前曾向布什保证,该委员会将"从总统的应急基金中取得所需经费"(Kevles,1987:297;Baxter,1946:15;Bush,1970:36)。鉴于国防研究委员会隶属于国防委员会,"布什得以在政府占有一席之地,而且手握经费支出的重要职权"(Dupree,1972:456)。

为完成任务,国防研究委员会决定不去大力建设其管辖范围内的研究设施,而是与现有的政府实验室达成协议或与各大学签订研究合同(Genuth,1988:280)。在签订合同的过程中,该委员会享有充分自由,包括开展一些军方既无要求也无兴趣的研究项目。这无疑是为布什的科学先锋队的终极计划——确保科学家对政府研究资源的控制权——开创了先例。

虽然布什及其同事坚持的理念都是反对研究集中化,但他们发现确有必要在几所大学建立集中的研究设施。这些大学包括伊利诺伊大学、芝加哥大学、西北大学、乔治·华盛顿大学和卡内基理工学院(Baxter,1946:21)。此外,该委员会的资源分配受限,只面向少数企业和学术机构(参见表3.2)。截至1941年6月,国防研究委员会已经与41所大学和22家企业签订了207份研究合同。[9] 正因为如此,该委员会在一年内就成了美国战事筹备的主要参与者。

表3.2　截至1941年6月,国防研究委员会与学术机构签订的研究合同

机构	合同数量
布鲁克林理工学院	1
布朗大学	1
加州理工学院	8
加利福尼亚大学	10
卡内基理工学院	3
卡内基研究所	8
芝加哥大学	9
纽约市立大学	1
哥伦比亚大学	5

---

[9] 罗斯福文件,总统安全卷(主题),盒号2,保险柜存放:万尼瓦尔·布什,1941年6月28日"NRDC报告"(NRDC疑为NDRC,即国防研究委员会。——译者注)。

续表

机构	合同数量
康奈尔大学	1
康奈尔大学医学院	1
特拉华大学	1
德雷塞尔大学技术学院	1
富兰克林研究所	2
哈佛大学	13
伊利诺伊大学	6
爱荷华州立大学	4
约翰·霍普金斯大学	3
麻省理工学院	20
密西根大学	4
明尼苏达大学	3
密苏里大学	1
国家科学院	3
内布拉斯加大学	1
新墨西哥大学	1
西北大学	3
俄亥俄州立大学研究基金会	3
宾夕法尼亚州立大学	5
宾夕法尼亚大学	3
普林斯顿大学	10
普渡大学研究基金会	1
伦斯勒理工大学	1
罗切斯特大学	2
伦斯勒医学研究所	1
美国南加州大学	1
斯坦福大学	3
美国弗吉尼亚大学	2
卫斯理大学	1
美国威斯康星大学	5
伍兹霍尔海洋研究所	1
耶鲁大学	2
总计	155

来源:"国防研究委员会报告",1941年6月28日,56—57页。罗斯福文件,总统秘书卷(主题),盒号2,保险柜存放:万尼瓦尔·布什。

国防研究委员会的成立是美国科学先锋队开始崛起的标志。在已然出现国际危机的背景下,布什及其同事利用他们的社会关系和信誉创建了一个组织。这个组织不仅能为他们提供资源和直接接触总统的机会,而且在很大程度上使他们免受国会和其他外部压力的影响。若非如此,或许布什等人得不到如此多的自主权和资源。同时,美国政府,尤其是罗斯福总统,也已经认识到他们对科学有多么依赖。正如罗斯福在批准国防研究委员会成立不到两年时,谈及原子弹的时候所说的,"时机至关重要"(Rhodes,1986:406)。布什及其同事也通过他们创建的国防研究委员会建立了新的社会关系,他们在政府中的地位,以及该委员会开创的先例证明这些对未来研究政策的发展起着核心作用(Dupree,1972:452)。

从国防研究委员会到科学研发局:科学精英上升为组织权力

到 1941 年春天,国防研究委员会"一跃成为军事研发综合体中的枢纽型组织"(Kevles,1987:299)。与此同时,国防研究委员会领导层认为其现有的组织结构不够完善,不适用于战备期间研究政策的制定和实施。国防研究委员会不能在研发和首次采购方面发挥作用,而且缺乏与航空研发机构的有效联络,在医药研究领域也没有用武之地。更重要的是,布什等人感到,维持该委员会的运转需要大量资金,完全依靠总统的应急基金不是长久之计,而是需要直接向国会申请专属经费(Bush,1970:42;Stewart,1948:36)。

布什向预算局提交了一份关于国防研究委员会局限性的报告。1941 年 7 月,也就是该委员会成立一年后,罗斯福总统签署了一项行政令(布什和科南特协助起草),决定成立科学研发局——隶属于应急管理办公室。[⑩] 正如布什及其同事期望的那样,该行政令准许这个新机构参与开发和研究,成立一个医疗委员会,并有权获得国会的直接拨款。布什被任命为科学研发局负责人,而国防研究委员会(其主席是科南特)则成为该局的顾问机构(Kevles,1987:299—300;Stewart,1948:38)。科学家们获得了梦寐以求的自主地位和权力。

战争为布什及其同事提供了一个难得的机会:代表更大范围的科学精英群体

[⑩] 罗斯福文件,官方卷(主题),盒号 1,册号 4482:科学研发局,1941 年 6 月 27 日布兰福德(Blanford)致罗斯福的信。

来扩大科学界的政治权力。⑪ 在这个危急时刻,他们将从属形式的资本——符号资本和社会资本——转化成了国家体制中的制度资本,成功实现了自己的抱负。战争极大地提升了他们的资本价值,而且使他们收获了越来越多的投资回报。

在战争期间,科学研发局发展成了一个强力机构:自主控制预算,直接对总统负责(Lasby,1966:264)。该机构与军方建立了工作伙伴关系,继续采用国防研究委员会的合同研究模式,进而巩固了与产业界和精英大学之间的关系(Rowan,1985:12—13)。此外,科学研发局赢得了国会的信任(Bush,1970:134),并且提升了与精英大学有来往的多名科学家的职位。

在担任国防研究委员会主席期间,布什有机会直接接触罗斯福总统,因此与总统建立了良好关系。后来,布什被任命为科学研发局局长,他与总统更加熟络起来,从两人的往来信件就能明显看出罗斯福对布什的尊重和信任。例如,在1944年的一份工作进度报告中,布什"提议将[原子弹的]研发和最终生产在科学研发局和美国陆军工程兵团之间进行分工,由陆军工程兵团来建造并运营兵工厂。这是布什一直以来的计划。罗斯福在报告附函上签下了自己的名字缩写'OK. FDR.'后立即交还给了布什"(Rhodes,1986:412)。布什还是罗斯福的非正式科学顾问:罗斯福在原子弹研发等重大问题上征询布什的建议,而布什则"享有总统在任何时候都支持其工作的保证"(Stewart,1948:50)。⑫

由于战争和军事技术发展的迫切需要,科学研发局和布什在总统心中的地位举足轻重。布什与总统定期会面,罗斯福满心期待布什的各项工作都能顺利推进,而且保证科学研发局的工作能得到足够的经费支持。罗斯福曾至少有一次利用自己的影响力为布什推迟了出席国会听证会的时间。此外,罗斯福还向军方转达布什的建议,而他本人就是布什的后盾。⑬

---

⑪ **科学界**这一概念是有问题的。它有时被用来表示一个同质的科学家"共同体",但往往忽视了不同学科之间的差别,以及职责和权力的分配。此外,这一概念会强化科学作为一个自治社会空间的认识。我笔下的**科学界**是个狭义的概念,仅指代美国人口中的科学家,这是因为我不想造成所有学科或科学家都是一样的误解。

⑫ 罗斯福文件,总统秘书卷(主题),盒号121,万尼瓦尔·布什卷:1943年6月29日罗斯福致奥本海默(Oppenheimer)的信。

⑬ 布什文件,一般通信类,盒号55,册号1375;弗兰克·朱伊特(1941),1941年4月4日布什致朱伊特的信;罗斯福文件,官方卷(主题),盒号1,册号4482;科学研发局,1944年12月11日罗斯福致马姆伯格(Malmberg)的信;罗斯福文件,总统秘书卷(主题),盒号121,万尼瓦尔·布什卷:1942年6月23日罗斯福致布什的信、1942年12月28日罗斯福致布什的信、1943年2月2日罗斯福致布什的信、1944年8月28日布什致罗斯福的信、1944年9月29日罗斯福致布什的信、1944年3月7日布什致罗斯福的信。

科学研发局的成功不仅依靠总统的支持,而且依靠军方的支持。虽然布什并未得到军方的普遍尊重和信任,但 1946 年《财富》(Fortune)杂志上的一篇文章则断言,赢得军方的信任"或许是布什博士作为科学研发局负责人的主要成就"(1946:120)。⑭ 事实上,布什拥有与军方建立稳固关系的基础。除了在国家航空咨询委员会与军方领导人共事之外(Stewart,1948:49),在战争期间,布什还与军方核心人物成了同事,例如,战争部部长亨利·史汀生(Henry Stimson)和海军部部长詹姆斯·福里斯特尔(James Forrestal)(Baxter,1946:33)。⑮ 他曾与史汀生部长一起为曼哈顿计划出谋划策,而福里斯特尔对布什尊敬有加,在布什觉得遭到杜鲁门总统冷落时,他还出面支持布什留任科学研发局局长(Bush,1970:133,303)。后来在战争结束时,军方官员与布什密切合作,共同为科学研发局和政府资助的研究项目制定战后计划。⑯ 简而言之,凭借自己在政府中的地位,布什扩展了他的社会关系,增强了他的社会资本。

除了布什与军方领导人之间的关系之外,科学研发局和军方之间的关系也通过若干途径实现了制度化。双方从项目立项到实地调试的多个层面都保持着联络(Stewart,1948:154)。1942 年 4 月,新武器装备联合委员会成立,目的是对科学研发局研发的武器进行战略审查。布什当选为该委员会主席,而该委员会将向参谋长联席会议汇报工作。该委员会负责**协调**"非军方研究机构和军方部门在研制新武器装备方面的工作"(Baxter,1946:29)。

1943 年,布什与军方领导人之间的探讨促使陆军部特别参谋部成立了一个新开发项目部,科学研发局和军方之间的联络进一步加强(Baxter,1946:33)。此外,陆军部和海军部的代表进驻科学研发局下设的顾问委员会,向局长提供建议,并帮助他"协调私人和政府研究团队开展的研究活动,推动这些团队和机构之间的信息及数据交换"(Stewart,1948:37,46)。

当然,科学研发局的成功不仅需要与总统和军方保持良好关系,还需要与国会建立良好关系。在战争期间,布什和科学研发局赢得了不少国会议员的尊重和信任。布什与相关国会委员会定期联络,一位历史学家形容他是位"无可挑剔的见证者"(Kevles,1987:300)。布什本人曾经自夸,众议院拨款委员会信任并支持科学

---

⑭ 凯夫利斯认为,海军上将朱利叶斯·富雷尔(Julius Furer)——科学研发局咨询委员会的顾问——"怀疑布什最感兴趣的是他本人的发展"(1987:313)。

⑮ 布什文件,一般通信类。

⑯ 罗斯福文件,总统秘书卷(主题),盒号 121,万尼瓦尔·布什卷:1944 年 10 月 8 日史汀生致罗斯福的信。

研发局。当然，布什必须向国会汇报科学研发局的工作，并与国会领导人举行闭门会议，商讨原子弹的研发问题(Bush，1970：133)。布什说这段经历让他对"战时民主进程的运作"有了前所未有的信心(134)。

科学家和科学研发局的关系怎么样？战争为科学界带来了前所未有的权力和声望。科学研发局的运作方式符合科学家的主流意识，它的成立是为了捍卫与其相关的科学家的自主权。事实上，正如亨特·杜普里所说，"科学研发局的基本目标是让科学家掌握并行使科学选择权，他们[被认为]是唯一有资格评判某一特定研究方向学术价值的人"(1972：454)。当然，布什认为自己身居高位，可以不顾军方反对去坚持特定的研究方向，并且拒绝迎合其他人(453)。这种方法和态度显然体现了专业至上的意识，而这种意识引领着布什及其同事在科学研发局努力工作，并且为更具有普遍意义的科学家集体地位提升计划而奋斗。

来自重点大学等机构的部门主管"可以自由制定并执行他们各自的研究项目，但所有项目都要接受全面监督"(Stewart，1948：78)，而研究体系——由政府、企业，尤其是大学的研究设施来运作——呈现高度分散的特点。相关方面已经做出切实行动，允许科学家继续在他们的原单位工作，例如，大量战时辐射研究是在麻省理工学院的辐射实验室(根据与国防研究委员会签订的合同成立的)完成的，而近炸引信的重要研究是在国家碳材料公司的克利夫兰实验室进行的(Baxter，1946：20)。

在科学研发局，每位关键人物在任命下属时，都假设"所有领域的顶尖人士是互相认识的"(McCune，1971：48；Pursell，1971：276)。此原则也适用于外包研究项目，因此大部分承包方都是美国东北部和太平洋沿岸的大学，还有"通常在科学研发局领导层有派驻代表的企业"(Stewart，1948：58；Pursell，1971：276)。麻省理工学院是获得最多拨款的大学，布什和康普顿曾分别出任该校的副校长和校长。按照科学研发局发放的研究经费总额排名，科南特担任校长的哈佛大学在所有大学承包方中排名第三，而布什所在的卡内基研究所最终跻身非企业经费接收方的前15名(Baxter，1946：456)(参见表3.3)。正如历史学家卡罗尔·珀塞尔(Carroll Pursell)所说，"在这条巨大的个人和行业资助链中，科学研发局的四位核心成员……从他们的朋友中……选出了各部门的负责人，而这些人又指定他们的朋友去领导小组委员会等，以此类推"(1979b：368)。基于这些人在各机构的职位，布什及其同事有机会扩张他们的资源和控制权，形成一张严密的同事关系网，并开始落实科学家集体地位提升计划。

表 3.3 截至 1945 年 6 月 30 日科学研发局的 25 家非企业承包方
（按外包经费总额排序）

1. 麻省理工学院	14. 卡内基研究所
2. 加州理工学院	15. 密西根大学
3. 哈佛大学	16. 伍兹霍尔海洋研究所
4. 哥伦比亚大学	17. 伊利诺伊大学
5. 加利福尼亚大学	18. 爱荷华大学
6. 约翰·霍普金斯大学	19. 富兰克林研究所
7. 芝加哥大学	20. 埃文斯纪念医院
8. 乔治·华盛顿大学	21. 罗切斯特大学
9. 普林斯顿大学	22. 杜克大学
10. 国家科学院	23. 康奈尔大学
11. 卡内基研究所	24. 新墨西哥大学
12. 宾夕法尼亚大学	25. 巴特尔纪念研究所
13. 西北大学	

来源：参考文献（Baxter, 1946:456）。

科学研发局的技术成就和科学地位

我们有必要探讨在战争期间科学研发局取得的技术成就，以及美国科研的总体情况，否则我们对该局的讲述就不够完整，这是因为在战争期间该局和美国科学家的技术成就大大提升了科学先锋队的地位。该局的组织特征令布什及其同事能够延伸并扩展他们的社会关系，这将有助于布什成立国家科学基金会。科学家们为战争开发的各种技术成了布什及其同事的一种信誉或符号资本，这是布什在战后的对手们永远无法超越的。

在医疗领域，一批药物和医疗技术在战争期间纷纷涌现。科学研发局推动了血液替代品和抗感染免疫球蛋白的研究。在美国政府资助的医学研究项目中，最突出的成就是青霉素的生产。亚历山大·弗莱明（Alexander Fleming）爵士早在 1929 年就发现了青霉素，霍华德·弗洛里（Howard Florey）和厄恩斯特·钱恩（Ernst Chain）在 20 世纪 30 年代末对青霉素进行了深入研究，但直到二战，青霉素的产量才达到治疗大范围人类感染的水平。这种抗生素是战争前线的救命药。战时的医疗研究还有效控制了疟疾肆虐。1946 年《财富》上的一篇文章甚至指出，战时军用医药研究是"将军队的疾病死亡率从上一场战争(一战)的 14.1‰降到这场战争的 0.6‰的先导力量"(1946：117；另见参考文献(Bush, 1945[1960]：10, 49, 53))。

武器和其他装备的进步同样在战争中发挥了重要作用。在武器研制方面，最著名的成就当然是原子弹。在科学研发局的主持下，科研已经证明了建造原子装置的可能性。但原子弹的研发成本极高，于是该局将这一项目移交给了新成立的曼哈顿区陆军工程兵团。在移交之后，虽然科学研发局不再直接监管该项目，但布什及其同事仍然是该项目的首席顾问。事实上，布什是莱斯利·格罗夫斯(Leslie Groves)少将负责的科学顾问委员会成员，以及曼哈顿计划军事政策委员会的成员，他直接与格罗夫斯少将一起工作(Stewart, 1948：49)。

除了原子弹之外，战时研发的雷达也对同盟国的胜利起到了重要作用(Bush, 1945[1960]：10)。雷达可以超视距探测物体，朝对象物体发送电磁波，其反射回来的电磁波可以被探测到。在二战期间发明的微波雷达装置中，最重要的就是炮火控制系统。配备这个系统后，高射炮在没有探照灯或光线的情况下也能做到精准打击(*New Encyclopedia Britannica*, 1991：458, 462)(此文献未列入原书参考文献目录。——译者注)。

近炸引信是战争时期的另一项重要技术成就。在战争期间，近炸引信被形容为"美国大规模火炮和防空火力中最致命的要素之一"(*Fortune*, 1946：117)。按照科学研发局的研究合同，近炸引信技术由卡内基研究所和约翰·霍普金斯大学负责开发(Baxter, 1946：221—242)。该装置"实际上是一个装在炮弹机头上的微型雷达，可以向附近任何物体发出信号……然后在计算出的杀伤力最大的距离来引爆炮弹"(Dupree, 1972：455)。

这些技术成就进一步提升了科学界的声望。科研成果和科学家被一层光环笼罩着。原子弹的威力更是令美国人感到惊叹。《商业周刊》(*Business Week*)在广岛遭原子弹轰炸的第二天声称：1945 年 8 月 6 日是现代的开端(Jones, 1975：119)。科学史学家保罗·福曼(Paul Forman)表示，"原子弹并没有缔造'我们的国家安全依赖卓越的科学'这种信念，而是有力地证实并强化了这种信念；早在 1945 年夏天，这种信念就已经在报社编辑和其他意见领袖的大脑中牢牢树立起来了"(1987：156)。正如《纽约时报》(*New York Times*)所写的：

> 这项事业之所以能创造最伟大的奇迹，原因并不在于它的规模和机密性，也不在于它的成本，而是在于科学头脑所取得的成就，即科学家把不同科学领域的人们所掌握的极其复杂的知识片段组合成一个可行计划……许多人的智

力产物以物质形态呈现,按照人们的期望行事……这是有史以来有组织的科学活动取得的最伟大成就。(Boyer,1989:185)

杜鲁门政府也将原子弹视为"有史以来有组织的科学活动取得的最伟大成就"(Kevles,1987:334)。

科学家在战争期间大获成功,这使人们普遍相信科学是社会进步、国家福利和安全的关键。琼斯(Jones)回顾了报纸对战时和战后研究政策立法争论的报道,然后得出了如下结论:

> 美国人期盼科学带给他们巨大的经济、医疗和战略利益。科学将推动新产业的发展,进而创造新的市场和更多的就业机会,促进经济恢复到和平时期的水平。人们相信,科学能确保国家繁荣,而医药领域的科研将使美国人活得更健康、更长寿。最后,美国人还希望科学为他们提供各种手段,以捍卫国家的健康发展和繁荣,免遭外国侵略。人们希望科学能够以更低的成本保卫国家安全,并最低限度地干扰多数人对幸福的追求。(1976:39—40)[17]

战争表明,国家需要增加基础研究并扩大科学训练(Lapp,1965:4;Penick et al.,1972[1965]:21),而原子弹爆炸则以戏剧化的方式揭示出在国家层面**协调**科学政策的必要性(Jones,1975:270—271,274)。[18] 1945 年 9 月《高力》(Colliers)上发表的一篇社论写道,"万尼瓦尔·布什博士和许多其他人都赞同出台国家层面的研究政策,很难想象还有什么能比美军向日本投放原子弹更有力地揭示出这一必要性的事件"(270)。

结　　论

二战是美国科学、科学家和科学政策的一个重要转折点。科学精英群体成为科学政策问题的杰出代言人,流向科研的经费达到空前规模,而科学家也得到了

---

[17] 这些观点在意见领袖中广为流传,只要看一眼国会听证会和当时的新闻报道即可证实。然而,还应注意琼斯的观点(1975,1976),即这些看法在更大范围的美国公众中也是广泛流行的。但是,由于琼斯的研究结果仅仅是基于对政治家演讲和报纸文章的分析,因此他关于此类观点在整个美国公众中广泛流行的推断并无根据。针对这种情况,他也没有给出证据来支持他的主张。

[18] 并非所有领袖都对战后的科学家及其工作有良好的印象。例如,埃莉诺·罗斯福(Eleanor Roosevelt)就怀疑某些在科学研发局的科学家有自私的动机。参见罗斯福文件,总统秘书卷(主题),盒号 121,万尼瓦尔·布什卷:1945 年 3 月 9 日罗斯福致布什的信。

公众前所未有的认可。

就讨论中的具体事例而言,国防研究委员会和后来成立的科学研发局标志着美国开始构建战后的国家研究政策制定体制。重要先例或政策传统被确立下来,并且在关于战后研究政策立法争论中发挥了重要作用。研究项目外包成为政府支持研究的重要手段。1940 年至 1944 年间,联邦政府从自己承担大部分研究向研究项目外包转型(Penick et al.,1972[1965]:100)。外包合同本身就是一种重要的资助机制,因为它确立了政府应资助非政府机构(特别是大学)开展研究的原则。

提供研究资助的部门发生了根本改变。战前,美国 2/3 的研究经费是企业出于商业目的而资助的。政府拨付的研究经费占比略高于 1/6,大学和基金会提供的研究经费略低于 1/6。在战争时期,联邦政府成为主要的研究资助方。到 1944 年,3/4 的研究经费都来自联邦政府(U.S. Senate,1945/6:10,1945a)。

一群主攻物质科学的科学精英成为美国大规模战时研究计划的管理者。他们由此确立了一个原则:科学应该由科学家管理——这个问题也成为战后研究政策立法争论的核心。此外,科学家、产业界,以及军方之间的盟友关系得到巩固,这将影响战后的研究政策。在科学研发局内部,许多人员是承包研究项目的企业派驻代表,这或许不是一个巧合。布什等人学着如何与军方共事,获得了军方的信任和尊重;布什还是众多军事政策委员会的成员,这也使他成了军队精英中的一分子。

在战争期间,一小部分科学精英在政府机构的地位得到了极大提升。凭借强大的社会关系网,布什及其同事将他们的社会和文化资本转化成了在联邦政府中的实权职位,这样的职位令他们有机会加强社会关系并提高科学的信誉。在努力为战后研究政策谋篇布局时,这些社会关系和信誉成为布什及其同事的明显优势。

在这段关于美国战后研究政策制定体制如何诞生的历史中,国家体制构建和科学家集体地位提升密不可分。战争为科学家提供了将知识垄断转化为权力的机会:获得资源及其控制权。政府扩张——成立一个由科学家**控制**的联邦机构——是布什领导的科学先锋队的具体目标。战争是促成制度变迁的一种危机形式,改善了在战后成立一个单独研究政策制定机构的总体前景,科学家们取得的成就,以及布什等人在各机构的出色表现为布什领导的科学先锋队创造了有利条件,使他们有机会打造一个完美的战后联邦政府研究政策制定体制。与此同时,科学家通过自主控制大量研究资源实现了他们的集体利益。

第四章

寄予厚望：为战后研究政策争夺议程设定权

> 科学面临抉择：要么如《科学——无尽的前沿》中所述的那般"自由"，要么被"严格管制"。
>
> 万尼瓦尔·布什的助手约翰·蒂特，1947年8月

> 维护国家安全和改善人民生活都需要政府制定建设性的研究政策。
>
> 参议员哈利·基尔戈，1940年5月

> 研究项目需要经过认真协调，并且根据国家需要进行选择，而不是各类科学团体一时兴起的决定。
>
> 《新共和》(New Republic)，1945年7月

二战拉开了(重新)制定美国联邦政府研究政策的序幕。这场战争开创了历史，科学所处环境已发生重大变化。人们普遍认为，现行制度安排既不能充分服务于战争需求，也无法改善战后的国民生活水平。战争确实使很多人认同科学技术对国家福利和安全的重要意义。[①] 此外，在战争中，人们就是否需要国家层面的研究政策达成了共识(Bronk，1975：409; Jones，1975：351; Kevles，1987：334)。

虽然人们就是否需要变化达成了共识，但并未就变化的性质达成一致。如何确定战后联邦政府研究政策的总体格局，最初的这场较量早在战争结束前就开始了。最早参与这场争论的主要是两方对立阵营：一方是布什领导的科学先锋队、遍及全国的科学家和产业界支持者，另一方是以参议员哈利·基尔戈为首的科学新政议程的拥护者。

科学家们主张成立一个由他们来控制和分配资源的研究政策制定体制。他们支持

---

① 关于科学密集型的国家安全状态的研究，请参见参考文献(McLauchlan，1989)。

出台侧重基础研究的资助计划,认为该计划明显能带来经济利益。为了国家经济福利着想,他们主张将产权授予那些开展研究的人,而不是资助研究的政府。

与此相反,基尔戈支持由公众控制联邦政府的研究资助活动。他提倡的计划是将科研与经济发展直接挂钩,并始终坚称公众有权从公共财政资助的研究中获得物质利益。

与人文科学中的话语转向相一致,康布罗西奥及其合作者认为,"科学政策实践……首先且主要是**有代表性的实践**……"(1990:196)。虽然我并不相信康布罗西奥等人提供了可信的证据来证明什么是"首先且主要"的(Kleinman,1991),但他们的说法确实没错,即理解话语权和代表性实践是理解社会实践的基础。毫无疑问,任何成立战后联邦政府研究政策制定机构的想法,都必须考虑这场较量和争论的话语特征。

为了理解人们在早期努力定义战后研究政策立法争论中的各种用语,我们必须着眼于存在交集的现成的话语传统、制度结构、行动者在各部门的职位及其可以利用的资本。在本章中,我将分别探讨基尔戈和布什两方阵营的早期贡献。最后一点,双方立场在争论初期就已经固定了下来,其影响贯穿了整个较量过程的始终。

哈利·基尔戈与研究新政

任何历史结局都是一系列广泛的结构性要素的产物,这些要素(包括各个机构、政策传统和话语)决定了一系列制度变迁的机会与约束,以及同时出现抑或是偶然出现的要素。为了理解哈利·基尔戈所支持的议程在早期有哪些进展,我们必须考虑交织在一起的多种要素,包括基尔戈本人的生平、他的制度权力的提升、他所借鉴的新政话语传统,以及他必须面对的科学话语。

在 1940 年西弗吉尼亚州民主党分裂后,哈利·基尔戈——活跃在西弗吉尼亚州民主党政治圈的刑事法庭法官——被党内推选参加美国参议院选举(Maddox,1979:21—22)。得到富兰克林·罗斯福力挺的基尔戈成了一位名副其实的"新政派"人物。自从他的父亲被标准石油公司排挤出了生意场,他就再也不相信垄断集团了(Kevles,1987:343;Maddox,1979:26)。

在竞选活动中,基尔戈表达了他对战争时期资源动员的关注,呼吁征召人员和企业参与战备(Maddox,1981:14)。在刚当选参议员后,基尔戈便担任起杜鲁门委员会——调查国防计划的参议院特别委员会——的委员。基尔戈在该委员会看到的情况表明政府不能有效管理战备工作,而他认为这是由于官僚机构叠床架屋,以及规划不充分造成的(Chalkley,1951:7;Maddox,1981:52,78)。与罗斯福政府中的有些人一样,基尔戈对滥用专利权来限制贸易和信息流动的做法感到非常愤怒(Leuchtenburg,1963:259)。

在技术动员听证会上,基尔戈明确表达了他的关切,即"正因为我亲眼看到战备工作中存在太多技术不足和科学缺陷——专利被冻结、新发明被搁浅、发明家缺乏积极性,我才会如此热衷于充分且全面的技术动员"(U. S. Senate,1942:6)。他对资源(如橡胶)短缺的问题忧心忡忡。他曾十分恼火地反思,"相比地球上的任何一个国家,车轮上的美国拥有最强大的流动能力,我们绝不应该忽视合成橡胶技术,橡胶产品是维持我国整体流动性的基础,否则就连火星人都会感到不可思议"(5)。基尔戈声称,政府缺少一个评估此类问题并寻找解决办法的"协调机构",而工商界"争论不休的最优法案"都是为了照顾自身利益(5)。他表示,在联邦政府中设置所谓"年薪一美元"的决策岗位——以一美元年薪请工商界人士在各大政府委员会兼职——形成了当权者不负责任的政治氛围,这令他无法容忍(Kevles,1987:344)。

简而言之,基尔戈担心三个基本问题。首先,在促进科学技术研究方面,联邦机构之间,以及联邦机构与私营企业、非营利组织和大学之间缺乏**协调**,这使他十分烦恼。他认为这种组织上的"混乱"会妨碍关乎国民经济和社会福利的技术研发。其次,研究资源**集中**在为数不多的大学和企业的情况令他忧心不已。他认为这种资源集中不符合他对公平的认知,可能会限制研究成果的可及性。最后,他还担心**研究成果的流动性受限**,因为这些研究成果本应该造福公众。他认为,由个体享有政府资助研究的专利权不利于研究成果的广泛传播和利用。当然,即使企业不使用这些成果,产业界存在的系统性逐利动机也会限制研究成果的推广。

为了解决这些问题,基尔戈在1942年至1949年间提出了几项法案,旨在重新界定联邦政府在科研中扮演的角色。虽然他的几项法案在细节上有所不同,但都有着相同的思想基础。第一,他认为要改善"混乱"的研究资助并传播研究成果,需要将研究政策制定**集中**在一个独立的政府机构。这个机构将**协调**与政府研究相关的所有活动,并与私营部门一道协调全国范围的研究活动。第二,他还认为不应将研究议程的设定交给科学界或产业界中某些"看不见的手",而是提议成立一个可以**确定优先研究项目**并确保项目实施的独立机构。第三,他提议成立的机构不只侧重基础研究,还将致力于促进**基础研究向公共可用成果的转化**。② 第四,在他看来,应该由具有**广泛代表性**的政府机构来控制联邦政府研究经费并决定国家研究议程。他曾在其早期法案中呼吁成立一个代表广泛社会利益群体的人士组成的委员会。后来,迫于政治压力,他只能要求委员会成员和联邦科学机构的主管要由总统提名,以此来保证**公共责任**的切实履行。第五,他提议成立的机构旨在促进联邦政府研究资源的**公平分配**,使联邦政府资助的研究成果**尽可能广泛地传播**。

基尔戈饶有兴趣地从新政的视角思考战争所引发的国内危机。他担任了参议院军事委员会下设战争动员小组委员会的负责人。这项任命为这位西弗吉尼亚州参议员提供了**制度上的支持**——合法性和资源,有助于他解决那些顾虑。这个小组委员会有充足的经费(*Fortune*,1946:212)(此页码的文献未见于原书参考文献目录。——译者注)。基尔戈的传记作者罗伯特·马多克斯(Robert Maddox)曾说,"基尔戈在利用国会委员会制度方面是一位革新者"(1981:53)。他身边聚集了不少具有创新思维的年轻人,这些人就是一个微型智囊团。

基尔戈与物理学博士赫伯特·席梅尔(Herbert Schimmel)的合作尤为密切,后者曾在美国公共事业振兴署、众议院防卫迁移委员会和参议院小企业委员会工作。席梅尔在早年担任这些职务期间研究了美国经济存在的问题,后来又参与了战时新设机构的筹建(Chalkley,1951:5—7;Maddox,1981:52)。

在席梅尔的领导下,基尔戈的小组委员会致力于科学技术动员工作。在席梅尔的支持下,基尔戈提出了他的第一项主要研究政策法案,即《技术动员法》(S. 2721)。席梅尔与基尔戈都曾认真研究过橡胶危机,并且认为联邦政府比企业更善于承担急需材料的研发工作。他不相信垄断行业有开发创新产品和技术的动力(Bronk,1975:409;Hodes,1982:107)。

1942 年 8 月 17 日,基尔戈提出了他的《技术动员法》,并得到了克劳德·佩珀(Claude Pepper)和哈里·杜鲁门两位参议员的认可(Bronk,1975:410;Maddox,1979:23)。在宣传自己主张的过程中,基尔戈指出,"自美国成立以来,政府的研究政策一直都是一团乱麻,我希望它能回到一个理性基础上"(Maddox,1981:171)。为确保战争胜利,基尔戈希望他的法案可以充分动员技术人员、

---

② 这是在 20 世纪 80 年代和 90 年代早期许多技术政策建议的主要目标。

设备、公共和私人设施,打破阻碍生产资料流动的瓶颈;把专利和所有技术知识都投入战事中,从而将技术动员最大化(U. S. Senate,1942:1)。

为了达成法案中详细规定的目标,相关立法建议要求政府成立一个新的技术动员局。该局将直接对总统负责,收集全国的技术资源信息,审查已有的生产设施、工艺和产品。另外,该局还有权征召必要人员,确保美国在战争中的技术领先地位。除了征召人员的权力之外,基尔戈的这项法案还允许该局建立实验工厂和研究设施,以履行其职责。最后,该法案还授权该局通过拨款和贷款,以及为其资助的研究成果授予专利权和许可权等方式,**有选择地**发展特定技术(U. S. Senate,1942:2—3)。③

审理这项法案的听证会于1942年10月举行,约55位陈述人被要求出席(U. S. Senate,1942)。这场听证会重点关注科学资源的使用效率,以及基尔戈提出的政府研发合同和研发政策的集中可能导致政府出让专利权的问题(Kevles,1977:10)。在资源使用方面,联邦政府经济战争委员会成员莱曼·乔克利(Lyman Chalkley)——其中一位陈述人——进一步强调了基尔戈的关切。他提出,"我们拥有很好的科学事实基础,但它还不成熟,也没有被用于技术开发",而且还总结说,"在当前的战争时期,我们必须开发非营利技术"(U. S. Senate,1942:16)。言下之意是政府必须介入企业不愿参与的技术研发。

乔克利还表示,有太多政府机构在从事与战争相关的技术工作,并指明此类工作**具有集中的特点**,而英国则把集中式研究视为组织战时技术开发的最优方式(U. S. Senate,1942:9—10)。听证会的其他陈述人也建议将政府职责"合并",以免重复工作,这与基尔戈法案的内容一致(72)。还有一些陈述人,例如,自称是业余发明家的海勒姆·谢里登(Hiram Sheridan),则指出了战备工作未能充分利用人力资源的问题。谢里登认为,个体发明家的成果很难引起公众注意(153)。

战时生产委员会主席唐纳德·纳尔逊(Donald Nelson)在做陈述时提到,应当把锡的电解应用加入战备工作中。他说这一研发项目结合了"很多人的努力",基尔戈也指出,这一项目是"政府出资的",考虑到研发背景,他认为这类产品不能被"私人垄断"(U. S. Senate,1942:280)。在反思这类情况时,基尔戈说道,"在我看来,让美国纳税人为某些研发项目付费,就是让他们掏空腰包,向那些窃取他们研

---

③ 基尔戈在其法案中呼吁成立一个能够**有选择地**促进技术发展的机构,因此从某种意义上说,他的法案成为近期美国人呼吁制定产业政策的先兆。

究成果的机构支付高额版税,这真是奇耻大辱"(Maddox,1981:171)。

政府将金额最高的战前研究项目外包给了当时拥有最好科研实验室条件的企业和非企业机构(Kevles,1977:6—7;McCune,1971:48)。基尔戈等人担心的政府合同高度集中的问题在战争年代真实上演。1945 年,基尔戈领导的小组委员会完成了一项调查,结果显示政府合同的集中程度十分惊人,即"政府与约 200 家教育机构签订了总价值为 2.35 亿美元的研究合同,其中 19 所大学和科研机构得到了总经费的 3/4;政府与将近 2000 家工业组织签订了总价值为 10 亿美元的研究合同,其中不到 100 家企业得到了总经费的 1/2 以上"(U. S. Senate, 1945a:39)。

基尔戈的早期努力得到了不少人的支持,其中包括 1942 年出席基尔戈法案听证会的几位陈述人。《纽约时报》的科学新闻记者沃尔德马·肯普弗特(Waldemar Kaempffert)曾出席过基尔戈小组委员会的听证会。他在《美国水星》(*American Mercury*)上发表了一篇题为《研究规划实例》的文章,其中提到"参议员基尔戈不过是在努力拨乱反正而已"(1943:442)。他支持基尔戈做出的努力,并在文中总结说,"把自由放任作为一种经济原则的做法已经过时;同理,政府也不应该再执行自由放任的科学政策"(445)。他建议为技术发展制定**规划**,这是保证技术发展能够提高社会和经济福利的必要之举(U. S. Senate, 1942:67,69,71)。

虽然直言不讳地支持基尔戈的肯普弗特并不代表任何一个有组织的选区选民,但基尔戈确实得到了国会外部一些组织的支持。美国科学工作者协会(AAS-CW)与基尔戈的下属密切合作,开展幕后游说(Hodes,1982:115—116),只不过该协会并没有太大影响力。在早期确有一批杰出科学家加入过该协会,虽然占主导地位的是生物学家,但却是参与战备工作的物理学家和化学家收获了声誉和人脉(175)。该协会之所以缺乏影响力,其中一个原因是它与布什领导的科学研发局联系甚少(80)。有意思的是,该协会的首任主席卡尔·康普顿是布什在科学研发局的同事。但详细研究过美国科学工作者协会的伊丽莎白·霍兹(Elizabeth Hodes)却说,康普顿"在很大程度上就像是个摆设……而且[在任何情况下]他……只是表面上参与协会的日常活动"(65—66)。此外,该协会的成员缺乏政治经验,协会内部一盘散沙,而且最后饱受政治斗争的困扰。④

基尔戈还得到了来自罗斯福政府内部的支持。在基尔戈的听证会上,战时生

---

④ 关于美国科学工作者协会及其在战后研究政策立法争论中的作用的详细讨论参见第五章。

产委员会主席唐纳德·纳尔逊所做的陈述总体上比较正面。他认为美国应该坚持民用和军用生产两手抓,而且还指出了当前物质和人员资源分配不当的问题。他基本上支持成立一个独立的中央办公机构来协调技术导向型研究,但也表示了担忧:这个机构可能会干扰布什领导的科学研发局,而且会对军队和科学家造成更大范围的干扰(U. S. Senate, 1942:273—288)。

司法部首席检察官的特别助理罗伯特·亨特(Robert Hunter)在陈述词中表达了对企业利用专利压制重要发明的担忧。他赞成由政府掌握其资助的研究成果的专利,并在总结语中说道,"我个人觉得迫切需要为这项建议立法"(U. S. Senate, 1942:481)。

但罗斯福政府对是否支持这项立法建议的意见并不统一,重点在于军方反对基尔戈的法案。来自国防研究委员会战争部的陆军少校 C. C. 威廉斯(C. C. Williams)认为,基尔戈计划对战争期间技术领域的人力和设施做一次全面评估,该尝试过于雄心勃勃。他认为国家发明者委员会已经在尝试动员技术人员,目前没有理由相信基尔戈的技术动员局能做得更好。也许是担心基尔戈提议成立的机构会侵占军方的地盘,威廉斯总结说,"现有的各个组织[包括科学研发局和军方的内部机构]已经有效地动员了全国的科学技术人员"(U. S. Senate, 1942:658)。

没有一位与科学研发局相关的重要人物在听证会上反对该法案。然而,布什的友人兼同事弗兰克·朱伊特,也就是我所说的科学先锋队中的一员,非正式地表达了对该法案的反对,并在私下试图阻止其通过(Pursell, 1979b)。⑤ 他和《纽约时报》记者沃尔德马·肯普弗特的立场截然相反:

> 反对科学技术领域这一法案的基本论调与反对劳动和教育领域类似法案的观点相同,主要是认为该法案将要彻底改变我们整个国家长久以来的观念,将巨大的权力置于联邦政府官僚机构手中,为少数联邦政府官员和官僚彻底主宰国民生活创造条件。(1979b:374)⑥

朱伊特是公开的政治保守派。但如果说朱伊特的立场含有潜台词的话,那么它反

---

⑤ 布什文件,一般通信类,盒号 56,册号 1376;弗兰克·朱伊特(1942),1942 年 12 月 14 日参议员华莱士·怀特(Wallace White)致朱伊特的信。

⑥ 历史学家卡罗尔·珀塞尔认为朱伊特忽略了一点,即在讨论期间,美国人的生活已经被"理性化"了,而且他还一针见血地指出,真正的问题是科学重组的蓝图"应该由向人民负责的政治家来制定,还是由只对自己负责的私人企业来制定"。

映的科学话语则是科学家必须掌握有关科研活动和资源的政策制定权,而公务员没有资格决定科学事务。

基尔戈担心科学家们的反对会影响其法案的前景,所以他试着与朱伊特合作(Hodes,1982:109)。⑦ 但该法案最终还是未能迈出基尔戈小组委员会的门槛。基尔戈见识到了科学家反对派的政治力量,只能坐视他的法案在第77届国会结束时悄然夭折(Chalkley,1951:10)。

考虑到先前的法案曾遭到反对,同时担心科学界反对他的立法要求,1943年3月5日,也就是第78届国会第一次会议之前,基尔戈提出了修改后的法案,即科学动员法案(S. 702)。基尔戈在这项法案中提出了更宽泛的目标,删去了反对者认为的旧法案中武断专横的内容(Bronk,1975:410;Chalkley,1951:10)。

虽然基尔戈的第一项法案未能引起公众注意,但这项新法案确实造成了不小的轰动。它要求政府授权成立科学技术动员局,目的是"动员全国的科学技术资源"(Science,1943:407)。与基尔戈的旧法案大体相似,S.702法案呼吁对当前科学技术知识的利用水平、设施、人员和政策制定进行评估,以实现资源利用最大化的目标,为国家利益服务。旧法案要求有选择地发展某些技术,但S.702法案则希望为原始产业政策打造一个更全面的基础,授权科学技术动员局推动技术发展,并且是在促进充分就业和援助工农业的框架内推动技术发展。

此外,基尔戈提出的科学动员法案不仅是为了提高战备水平,它的目标是成立支持科学技术发展的**单独的中央机构**,从而促进战后经济发展。根据该法案的设想,该局将成为政府科学技术事务的主要顾问。它将帮助经济部门自由享用科学进步的成果,以此带动小企业的发展,还会研究科学技术的新进展对美国国民福利的影响。最后,与旧法案相同的是,S.702法案规定科学技术动员局有权索取政府资助的研究成果的专利,并颁发这些专利的非独家使用许可。

和基尔戈的旧法案一样,新法案同样指定由总统任命的委员会主席或管理者来负责拟议成立的机构。但不同之处在于,新法案提出成立一个由该机构负责人担任主席的**全职委员会**。该委员会由上述机构的负责人承担全责,除了这位负责人之外,还有六位代表,其中四位分别来自工业、农业、劳工部门和普通公众,另外两位都是科学家或技术专家。此外,该法案还提出成立一个规模更大的顾问委员会,

---

⑦ 布什文件,一般通信类,盒号56,册号1376:弗兰克·朱伊特(1942),1946年11月16日朱伊特致布什的信。

包括上述委员会成员与总统任命的政府各部门代表,以及企业界、劳工界、"消费者"、科学家和技术专家的代表(*Science*,1943:407—412)。

基尔戈的努力正好契合新政传统,属于新政中规划、协调、社会合作和民主的话语范畴。虽然罗斯福政府内部存在分歧,但仍有不少政要拥护**社会和经济规划**。此外,在新政推出后的第一个一百天,罗斯福政府"向全国人民承诺制定一项前所未有的政企合作计划……[并且]同意实行影响长远的区域规划……"(Leuchtenburg,1963:61)。田纳西河流域管理局相当于一项试行的社会规划,而国家资源规划委员会是为加强全国社会经济政策**协调**的一种尝试(Leuchtenburg,1963:54—55;Weir,1988:165)。基尔戈试图成立一个权力集中的科学技术机构,负责协调政策、消除职责重叠,并确定有利于国民社会福利的优先项目,这一切都与新政传统不谋而合。

同时,基尔戈的法案也与罗斯福总统在1936年大选后提出的行政部门改组的计划一致。该计划旨在**协调**国家对经济与社会的干预,要求将联邦政府行政机构整合为**集中控制**的内阁各部门(Skocpol,1980:193)。改组计划以失败告终,最终,国会中的反对派成为一股遏制行政分支的力量,阻碍了基尔戈后期成立一个由总统任命并对总统负责的国家科学基金会的努力。

基尔戈试图将拟议成立机构的实质管理权交予那些代表广泛社会利益群体的机构,这一尝试已经在新政的政策措施中有所体现。事实上,"到了20世纪30年代末期,新政已经将公众参与的理念贯彻到了诸多不同机构"(Leuchtenburg,1963:86)。例如,经营者和矿工都可以参与制订煤矿生产配额。类似的情况还有地方咨询委员会为青年与艺术项目提供咨询服务(86),以及政府为促进政商合作而做出更多承诺(35,61)。

据内部人士透露,在基尔戈新法案的听证会召开前夕,基尔戈的下属曾与可能出席听证会的陈述人谈话,只允许该法案的支持者参加正式听证会。[⑧] 在1943年春举行的听证会上,这些支持基尔戈的陈述人在倾向性明显的陈述中表示赞同他的主张。在30多位发言的陈述人中,无一人就整项法案表示反对,仅有一人对其中的具体条款持保留态度。布什领导的科学先锋队或科学组织中没有一位代表参加该法案的听证会。

---

⑧ 布什文件,一般通信类,盒号56,册号1376:弗兰克·朱伊特(1942),1943年5月27日朱伊特致布什的信。

大量证词旨在证明企业滥用权利导致技术发展受限。例如,首席检察官助理温德尔·伯奇(Wendell Berge)曾详细说道,"威斯康星州校友研究基金会[的作用]……只是一个幌子,在幕后控制维生素 D 生产的是化学、制药和食品行业的垄断企业"。伯奇对该基金会的其中一条评价就是它"对研究不感兴趣,除非有商业利益可图……[并且]还企图阻碍科研数据公开"(U. S. Senate, 1943:740, 741)。

小企业代表和其他在听证会上发言的人士都赞成该法案。芬利·泰纳斯(Finley Tynes)——来自斯汤顿和奥古斯塔县的弗吉尼亚商会成员——表示"迫切需要"S. 702 法案。他说他支持这项法案的原因是"研究设施将向小企业开放,它们有机会使用目前无法企及的新发明和新工艺"(U. S. Senate, 1943:177—178)。这种观点呼应了美国副总统亨利·华莱士(Henry Wallace)的看法(703—711),他说:

> 现代科学的应用不应被大企业或联合企业独占,这些大企业可以根据自己的意愿限制并压制新发明和科学信息,满足自身利益,罔顾公共利益。除非小企业能够获得技术带来的好处,否则自由企业将因为劳动力和资源得不到充分利用而蒙受损失。(705)

除了拉拢听证会的陈述人之外,基尔戈还试图阻止可能来自科学界对其法案的反对意见。为了消除科学家的疑虑,基尔戈表示他们可以单独"提供建议和忠告,使该法案充分满足国家需要"(1943:152)。他还暗示他的法案实际上已经得到了科学家的广泛支持,只有"既得利益者"才会反对(151)。

在听证会期间,人们形成了企业在战备中行为不当的印象(Chalkley, 1951:12;U. S. Senate, 1943/4)。在致《科学》(Science)的一封信中,基尔戈表达了自己的担忧:如果不能成立一个中央科学技术机构——其职责包括促进美国大学研究,那么产业界的研究资助将使大学研究继续"臣服于企业或工业研究之下"(1943:152)。

尽管基尔戈控制了立法议程,并不遗余力地打造好的形象,但他的法案仍面临着重重反对。他得到了一些科学界人士的支持,其中包括再次表态支持他的美国科学工作者协会(Hodes, 1982:111),但主流科学社团都反对该法案(Bronk, 1975:410;Chalkley, 1951:12)。[9] 成员多达 50 万的美国科促会的执行委员会反对该法案,理由是它的覆盖面太广,很多内容并无必要,而且基尔戈拟议成立的科学技术动员局将有一个带有"政治"色彩的管理层(American Association for the Ad-

---

[9] 亦见基尔戈文件,A & M 967,系列号 4,盒号 1,册号 2。

vancement of Science，1943：135—137）。

虽然科促会在反对基尔戈法案的决议中明确表达了上述主张，但细读该决议可以看出，该组织担心的是基尔戈法案会将科研和其他科学事业的控制权从科学家手中夺走。例如，该决议声称，S.702法案中关于科学信息处于"不协调状态"的说法并不准确。科促会指出，其实每年都有"几十种"科学期刊和数千份文章摘要出版。但这里描述的科学信息状态似乎印证了基尔戈关于此类信息"未整合"和"不协调"的说法。当然，由联邦政府的下设机构来协调科学信息，确实意味着从科学界接手一部分代表科学知识的权力。

科促会对基尔戈拟议成立机构的所谓政治性质的担忧，再次指向了科学家控制科学的议题。科促会决议提到了这样一个事实，即成为基尔戈法案认定的科学家只需要为期六个月的培训。惠特利和拉森分别评估过科学家和其他职业，他们认为，保护某个职业集体利益的核心机制是对资格认证流程加以控制（Larson，1984：48；Whitley，1984：63，82）。基尔戈法案中的相关条款显然打破了科学界对科学从业资格认证的垄断。更糟糕的是，基尔戈拟议成立机构的委员会成员中还有"非科学"利益群体的代表，这显然会招致科促会的反对。它的立场充分表明，它担心基尔戈法案的通过将夺走科学家对科学的控制权。

包括美国物理学会在内的其他科学家组织也表示反对该法案（American Institute of Physics，1943），其中最有分量的反对者或许就是布什及其科学精英同事们。1943年12月31日，《科学》上刊登了布什致基尔戈的公开信（Bush，1943）。布什在信中清楚地阐述了基尔戈与科学界之间的矛盾：基尔戈提议对研究政策进行集中管理，而科学界需要或期待的则是科学家的自主权。据布什所言，研究政策的集中管理只有在特殊情况下才有意义。他认为战争就是这样一种特殊情况，而他领导的科学研发局已经在集中管理研究政策了，因此没有必要再成立一个新机构（1943：572）。他赞成在战后建立"一个中央科学信息交换中心，用来交换数据和计划，从而避免职责重叠，并促进……相互交流"，这个机构不会操控其他政府机构的研究议程，而在布什看来，基尔戈的科学技术动员局则恰恰相反（575）。

布什认为基尔戈法案没有给予科学家足够的控制权。他反对基尔戈提议成立的管理委员会，表示美国需要的是"一个由全国最优秀的科学人员自愿组成的科学顾问团体"。布什坚称，只有科学家才能确定哪位同行是最优秀的、最合适的科学家（1943：575）。他赞成政府资助科研，但"不能实行令人窒息的控制手段"，因为科学家"只有追求自己的目标,无拘无束地走自己的路,最高境界的科学才能蓬勃发展"(577)。

布什在信中的说辞就是在暗示非科学家不应参与科学的管理工作。公众可以为科研提供资金支持,但是当科学家致力于"提高人类的知识水平和理解能力"时,他们就必须做个旁观者(1943:577)。不管有意还是无意,这种言论都有助于为科学家的集体地位提升立法;科学家会获得资源和控制权,并且只对他们自己负责。正如我在第三章提到的,这种言论出现的时间早于关于成立战后联邦政府研究政策制定机构而引发的立法争论,但它从战时和战后科学家符号资本的扩张中汲取了相当大的话语权。我们将看到,布什及其盟友的这套言论将贯穿战后研究政策制定机构立法争论的始终。⑩

产业界对基尔戈的旧法案并不大感兴趣,但却积极参与对新法案的讨论。基尔戈获得了一些小企业的支持,但仍然饱受"既得利益者"的怀疑。⑪他的法案遭到全国制造商协会(NAM)的强烈反对,该协会认为这项法案是"一项将工业研究和技术资源社会化的全盘计划,也是美国国会有史以来接到的最野心勃勃的法案"。该协会领导坚决反对其中的专利条款,认为这会抵消"宪法对发明者的**激励**"。⑫该协会还在极力引导"公众去关注科学和研究不受政府控制的重要意义"。⑬他们向科学社团发送了立场声明书,还准备了面向公众发布的声明书,并要求协会成员去联系各自相识的国会议员。⑭但没有证据表明该协会在本阶段的争论中开展了重要的游说活动。

与旧法案的结局一样,新法案也被基尔戈放弃了。有位历史学家提到,基尔戈"理解科学界对新举措的诸多不满"(Kevles,1977:15),但在讨论人们的支持和反

---

⑩ 自二战以来,科学家和科技型企业经常强调科学作为一种社会领域的特殊性,他们用这种言论来捍卫其自主性。他们认为,科学精英的管理和自治这两个特点使科学家有权进行自治,而自治也确实是实现科学最优功能的必要条件。鉴于科学的特殊性,科学家和科技型企业强调公众不适合参与与科学相关的政策制定。关于当代对此类问题的讨论,请参见参考文献(Kleinman and Kloppenburg,1991)。

⑪ 基尔戈文件,A & M 967,系列号 4,盒号 1,1943 年 11 月 2 日基尔戈致阿瑟·霍尔斯特德(Arthur Halsted)的信、1943 年 12 月 23 日基尔戈致维克托·勒博(Victor Lebow)的信。

⑫ 全国制造商协会文件,1943 年 5 月 4 日董事会会议纪要,微缩号 3,"附录 D-S.702 法案,以及全国制造商协会对该法案的分析",1 和 4 页。

⑬ 全国制造商协会文件,入藏号 1411,系列号 5,委员会会议纪要,盒号 9,1944 年 10 月—1945 年 7 月,全国制造商协会委员会会议纪要卷:1945 年 4 月 11 日专利与研究委员会会议报告。

⑭ 全国制造商协会文件,1943 年 5 月 4 日董事会会议纪要,微缩号 3。

对意见时,基尔戈则以他办公室收到的来信为例,表示"科学界人士支持该法案,反对者是那些'既得利益者',还有受他们影响或控制的人,而且他们对该法案的抨击一点儿都不科学"(1943:151)。

基尔戈知道反对者中有布什领导的科学先锋们,他并没有特意将这一群体从他定义的"既得利益者"中排除出去。虽然布什和康普顿等人主要担心官僚政治的危险扩张,但基尔戈似乎将他们的批评看作一个"有违科学精神的"屏障,用来掩盖科学家想控制战后科学机构的企图。还是像我之前说过的那样,基尔戈已经知晓科学家的政治力量——除了大量符号资本之外,还有科学先锋们的职权和社会资本,并为此备感苦恼。因此,对于基尔戈"理解"科学家们的批评,与其说他承认他们立场的正确性,倒不如说他见识到了他们的力量。

基尔戈并没有屈服。1945年,他领导的委员会发布了一份研究报告,详细解释了他的立场。在战争结束之际,这份报告首先提出"国防研究的问题[在于]……我们的研究活动能否转换到和平年代的高水平"(U. S. Senate,1945a:3)。该报告指出,如果不是公共和私营部门共同努力把研究经费维持在战时水平,那么美国产业界、基金会、大学和政府的研究总支出将出现所谓的"复原差距"(即战前和战后的支出水平之差)(11)。该报告提到,填补这一差距需要联邦政府大幅度增加研究经费,尽管不会达到战时水平(12)。对于军事和医学研究,以及基础研究的资助要继续保持,因为基础研究是"所有应用研究的基石"(13)。

除了确定适当水平的研究经费之外,该报告还指出,在战争时期,许多联邦机构都在研究政策制定中发挥了一定的作用,而它们之间的协调机制却是临时安排的。该报告总结说,"我们必须制定出**协调**联邦政府研究活动的机制,这样才能合理平衡地利用联邦政府资源"(U. S. Senate,1945b:13;黑体为我所标)。该报告还说,任何协调机制都应该"保证最重要的问题得到足够重视",为科学问题配备研究人员和设备,促进研究成果的广泛传播(13)。该报告建议由一个**中央科学机构**或全面监督机构(如预算局)来承担此类协调工作的最终责任。这个联邦机构将通过**合作机制**和咨询组织来协调所有联邦政府和私营部门的活动(13)。

如果基尔戈领导的委员会的报告结论得以执行的话,那么在分配研究资源时将需要劳动分工。产业界将承担大部分的应用研究任务,而非营利组织和联邦政府将负责资助基础研究,因为该工作通常无法"立即盈利"(U. S. Senate,1945b:16)。但是这种分工将引发协调问题,该报告总结说,"如果一批新成立的联邦机构都为大学拨款,那么本就难以解决的协调问题将变得更加棘手"(14)。

该报告强调,有必要**精心规划**重点研究领域的经费资助,并建议成立"一个广泛且有代表性的委员会,按照周密的基础研究计划为大学实验室和……政府设施的使用提供建议"(U.S. Senate, 1945a: 16)。最后,该报告表达了对工业研究**集中**在少数几家大企业的担忧,因此建议成立一个新的政府机构——帮助中小企业获得重要研究成果,特别是战备期间的研究成果——来应对这种情况(18)。对于如何处置那些政府研究项目的成果专利,该报告说要展开进一步讨论,并建议联邦政府把它资助的研究成果向社会免费开放(17)。

在这份报告的基础上,基尔戈提出了一项措辞更温和,但实质内容相似的新法案(参见第五章)。基尔戈明确了自己的设想:继续支持成立**一个单独的集中协调和规划机构**;支持造福国民经济社会的基础研究**和**应用研究;继续宣传科学信息自由流动的必要性,揭露私营实体从政府研究中获取独家利益的不当行为。最后,他继续推动**公众广泛参与**关乎联邦政府研究政策制定的过程。

基尔戈借鉴了一套强有力的新政话语体系,即关于规划、协调、社会合作和民主的话语体系,但各项新政计划没能形成一个牢固而长久的政策传统。在英国等一些国家,战时经济动员意味着成立永久性的中央集权机构;但是在美国,集权化不过是一种临时的政策协调手段。正如阿门塔(Amenta)与斯考切波指出的,"在战争的刺激下,美国出台了着眼于长远的社会规划,但其政治体制不允许官僚机构继续执行,即暂缓执行战时制定的社会政策规划"(1988: 111—113)。在战争结束时,国会掌握了战后制定规划的权力,迅速解散了临时的战争规划机构(Orloff, 1988: 61)。

基尔戈寻求联邦政府研究政策的转型,但他依据的却是象征一个国家走向歧途的民粹主义。在各种演讲和听证会的发言中,基尔戈及其支持者口中的政府是一个盘剥人民的形象,而经济则是"既得利益者"谋取私利的工具。在大萧条时代,这种言论或许可以引起强烈的共鸣,但自从二战期间见证了巨大的科学成就,公众和精英阶层早就被新的话语体系吸引了,致使基尔戈面临着强有力的反对声浪——被科学家在战争期间的成就激活的科学观念,为科学家赋权以使其实现增进全民福利的承诺。除了强大的话语体系之外,基尔戈还要与一个碎片化的国家体制和各自为政的行政部门打交道。另外,他所在的政党还罔顾纪律。如果没有以上这些因素,那么基尔戈可能会比较轻松地获得全面胜利。但在该事件中,旷日持久的争论使基尔戈的胜利成了一纸空谈。

《科学——无尽的前沿》:布什与最好的科学

基尔戈的法案并没有依循安全政策(话语)传统,遂遭到了产业界和科学界特定群体的反对,而且行政部门内部的看法也不统一。相比之下,科学研发局拥有最好不过的**制度平台**——大批员工、遍布行政部门和国会的人脉,以及直接面见总统的权利,它完全有资格来影响联邦政府研究政策立法争论的总体形势。科学研发局不遗余力地阻挠基尔戈小组委员会的工作进程。1944年,该局的员工曾调查过基尔戈小组委员会的立法权限,发现它并没有延伸到战后研究政策领域。此后,战争动员小组委员会想要获取战后军事研究的军方计划,而科学研发局则告知各军事科学机构不要再与这个小组委员会合作(Maddox,1981:165)。

该局还采取了更直接的手段来影响战后研究政策制定进程,并阻挠基尔戈的立法建议程序。奥斯卡·考克斯既是罗斯福政府的律师,也是万尼瓦尔·布什的顾问。在他的建议下,他本人、布什,以及科学研发局的其他人员共同起草了一封准备请罗斯福总统签字的信,信中要求布什递交一份关于联邦政府在战后研究中所起作用的报告(England,1976:41;Kevles,1987:347;Rowan,1985:41)。[15]

布什及其同事成功地请总统签发了这封信。1944年11月14日,罗斯福总统在信中赞扬了布什领导的科学研发局所取得的成绩,并且表示该局的经验教训可能对战后时期有利:

---

[15] 关于罗斯福总统的这封信,它的由来存在很大争议。一份早期历史记录显示,这封信是罗斯福总统直接提议的(Penick et al.,1972[1965]:15)。据布什本人讲述,有一天他与总统谈话,罗斯福向他询问战后的科学发展前景,他表示情况不容乐观,于是总统请他撰写一份报告,而他随后就起草了这封由总统签署的信(1970:10)。但后来的历史记录则讲述了一个不同的故事。据洛马斯克(Lomask)所说,其实是总统助理和布什的助手奥斯卡·考克斯提出了写信的想法,他们在信中表达了自己的担忧(1973)。凯夫利斯认为洛马斯克的说法总体上比较可信,但他也指出这封信同时转述了布什和他所在科学研发局的担忧(1974:800)。最后,经由罗斯福的预算主管哈罗德·史密斯(Harold Smith)的日记证实,罗斯福与这封信并没有太多关联。在一次与总统一起参会后,史密斯说道,"他[罗斯福]显然都忘了自己签署过任何要求布什进行研究的信"。虽然不确定这项研究到底是不是《科学——无尽的前沿》,但是是的可能性很大,因为这篇日记的时间(1945年3月23日)正好在这封信签署日期和报告发布日期之间。参见哈罗德·史密斯文件,盒号3,1943—1945年,1945年3月23日与罗斯福总统一起出席的会议。

在未来的和平时期,由科学研发局和数千名身在大学或私企的科学家开发出来的信息、技术和研究经验应该被用于提高国民健康素质、创立新企业、创造新的就业岗位和改善国民生活水平上。(Bush,[1945] 1960:3—4)

为达成这个目标,这封信要求布什回答如下四个问题:第一,如何在保障国家安全的同时快速将战时科学进步成果公之于众?第二,如何组织对抗疾病的医学研究?第三,如何支持科学教育?第四,政府在战后该如何支持公共和私人部门的科研?这也是未来研究政策中最重要的内容。

为了完成递交给总统的报告,布什组建了四个委员会,一对一地回答这四个问题。⑯ 就这样,一个委员会研究科学教育,一个委员会考察医学研究,等等。布什和这几个委员会为完成报告所需的必要资源都得到了保障。⑰ 在准备报告的过程中,各委员会成员能领取报酬,而且科学研发局的总顾问还为各委员会提供协助(Stewart,1948:187)。

在组建这四个委员会时,布什非常倚重曾经打过交道的人。好几位委员会成员都在科学研发局工作过。其中一个委员会要解决的问题是政府如何支持公共和私人部门的科研——这个问题与本书主题的关联性最强,它的负责人是约翰·霍普金斯大学(布什为该校校董)校长以赛亚·鲍曼。布什和鲍曼两人都是国家研究理事会的成员,还曾经在政府的科学顾问委员会中共事。鲍曼委员会中有科学家、学术管理人员、政府高官、一位基金会负责人和五家企业的代表。该委员会的十七人中有六人曾与科学研发局有过合作。

鲍曼委员会中有来自贝尔电话实验室的代表,即该公司的研究主管奥利弗·巴克利,他也是非官方的工业研究主管协会成员。根据该协会的记录,在处理鲍曼委员会要解决的问题时,巴克利"非常渴望"向该协会的其他研究主管"征询建议"。虽然相关记录并未表明该协会对政府资助研究的看法,但几乎可以肯定的是,该协会成员与当时的其他企业带头人一样,认为工业研究必须建立在由政府出资、大学承担的基础研究之上,而且政府不应该资助应用研究,否则可能会与企业从事的研

---

⑯ 罗斯福文件,官方卷(主题),盒号1,册号4482:科学研发局,1945年2月27日布什致罗森曼(Rosenman)的信。

⑰ 罗斯福文件,官方卷(主题),盒号1,册号4482:科学研发局,1945年1月1日罗森曼致约翰逊(Johnson)的信、1944年12月20日布什致罗森曼的信。

究直接竞争(Palmer,1948:2042—2044)。⑱

巴克利等企业代表**直接**担任鲍曼委员会的委员,这不仅为企业表达自身的利益诉求提供了途径,还帮助制定了组建战后研究政策制定机构的议程。商业利益也通过布什和鲍曼**间接**影响了这一议程。正如我之前提到的,这两人都与产业界关系密切。在第一章,我讲述了布什与产业界的长期关系,以及鲍曼与企业主导的国家研究理事会的关联。布什、鲍曼和其他科学先锋队的成员并不是简单意义上的科学家。正如我在第三章所提到的,科学先锋们其实是一群跨界精英(Hoch,1988:87)。虽然这些人不该被看作企业代表,但他们穿梭于科学界和产业界之间的特质无疑塑造了其对研究政策的看法。在此背景下,就不难理解布什为什么会在1943年致《科学》的信中反对基尔戈要求改变联邦政府专利政策的法案。基尔戈的立场遭到了产业界的广泛反对,他们认为政府收购其资助的研究成果专利,尤其是发放使用这些发明的非独家许可,将会破坏经济激励体系。⑲

1945年7月,布什及其同事发布了题为《科学——无尽的前沿》的报告,展现了很多产业界人士和科学精英的视角,这与基尔戈在其两项法案中着重呈现的立场形成了鲜明对比。《科学——无尽的前沿》是一篇独立报告,各委员会报告是其附件。与基尔戈法案一样,该报告也呼吁成立一个新的科学机构。但该报告同时也表达了布什等人的关切,即成立一个名为国家研究基金会的新机构不会给科学事业带来太多的官僚主义束缚负担。正如鲍曼委员会提到的,"[拟议成立机构]的主要目的是鼓励研究,并在必要时提供经济资助,但同时不对研究进行集中控制"(Bush,[1945]1960:116)。⑳ 当然,基尔戈提议成立的机构旨在集中控制研究政策制定,而不是针对研究本身。

在组织治理方面,布什报告提倡的是一个"不受政治影响"的机构,或者如鲍曼委员会极力宣扬的"免于施压集团的影响,不需要立即产生实用成果,不受任何中央委员会的控制"(Bush,[1945]1960:51,79)。在实践中,这意味着该机构必须

---

⑱ 工业研究主管协会文件,哈格利博物馆与图书馆(作者此后引用该档案时不再标明入藏地点。——译者注),入藏号1851,盒号2,秘书处档案,1942—1946年,一般通信类,1942年10月22日—1946年6月27日:信件附件,1945年1月8日巴克利致梅杰(Major)的信;亚历山大·史密斯文件,盒号132,劳工与福利委员会卷:国家科学基金会,1947年2月11日史密斯致默克的信,1947年2月10日史密斯致索顿托尔(Saltonstall)的信,1947年3月13日史密斯致科尔(Cole)的信、1947年3月13日史密斯致巴克利的信。

⑲ 全国制造商协会文件,1943年5月4日董事会会议纪要,微缩号3。

⑳ 沙普利(Shapley)和罗伊(Roy)认为布什赞成"科学的集中规划"(1985:43),但本书和其他地方的证据并不支持这个观点。

由"了解科研和教育特性"的人来控制,也就是说,由科学家来控制(9)。国家研究基金会的委员会(即基金会的政策制定与管理机构,其成员来自各利益相关方,类似于企业或大学董事会。——译者注)成员由总统任命,而基金会主管则由委员会自己决定。鲍曼委员会甚至建议总统从国家科学院——美国顶尖的精英科学机构——提名的候选人中选出基金会的委员会成员(115,35)。这种组织形式显然与基尔戈的第二项法案形成鲜明对比,即基尔戈要求委员会成员代表广泛的社会利益群体,委员会负责人由总统直接任命。基尔戈和布什分别提出的治理机制之间的差异,最终成为战后研究政策立法争论的核心。布什认为他的法案从根本上符合美国民主政府的原则(33);然而,他的法案引出了长期存在的行政特权问题,以及委任官员对民选官员和选民负责的问题。

与基尔戈拟议成立的机构不同,布什提出成立国家研究基金会,其目的是**主要资助基础研究**,这与产业界的立场一致。布什报告称,新产品和新工艺遵循了产业界的逻辑,"是建立在来自基础研究的新原理和新观点之上的"。基础研究"为知识的实际应用创造了所需的资本"(Bush,[1945] 1960:6,19)。布什报告进一步阐述了重视基础研究的理由,即基础研究的进步"如果付诸实际应用,则意味着更多的工作岗位,更高的工资,更短的工作时间,更丰富的农产品,更多的时间去娱乐、研究和享受生活,而不再和过去的普通人那样苦于应付繁重乏味的差事"(18)。[21]

虽然布什可能非常真诚地声称,基础研究必须成为实际应用的基石,并从实际应用中获得好处,但这一主张具有霸权特征。在布什的构想中,一方面,科学家的利益体现在他们可以不受阻碍地开展基础研究;另一方面,公众的利益显然是从政府的研究投资中获得一些实质性好处,即生活水平的提高。布什宣称基础研究是实际应用的基石,由此将科学家在基础研究中得到的利益与公众从科学的实质性好处中得到的利益绑定在一起。

虽然布什报告认为政府促进工业研究的最佳方式是通过支持基础研究间接实现的,但它也确实承认拟议成立的国家研究基金会可以发挥某种更实用的作用。事实上,尽管该基金会不会成为基尔戈所提倡的那类原始产业政策制定机构,但布什报告正文和鲍曼委员会的报告都建议该基金会"设计并推广有助于研究向工业实际应用

---

[21] 值得一提的是,在讨论应该支持哪种研究时,布什报告向基尔戈及其支持者释放了些许善意。该报告提出开展住房研究,而这正是基尔戈关注的领域。此外,该报告还指出,需要在全国范围内扶持那些实力较弱的研究机构,而这正好是基尔戈阵营始终在坚持的问题(Bush,[1945] 1960:12,16,96)。

转化的方法"(Bush，[1945] 1960：37，75)。㉒

布什后来支持的法案都建议联邦科学机构只能发挥有限的政策制定作用。然而，布什报告却呼吁成立一个咨询部门来**协调**所有政府机构的科学政策。基尔戈一贯重视政策协调。与基尔戈法案相似，布什报告也建议制定一项单独的国家科学政策(Bush，[1945] 1960：7，31)。

专利政策是基尔戈法案与布什法案的最后一点分歧。布什在报告中承认了基尔戈所说的一直存在的专利制度滥用问题，只不过他仍然宣称专利制度是"基本健全的"(Bush，[1945] 1960：21)。然而，布什在报告中的阐述比他写给《科学》的公开信更加具体。基尔戈的立场是，政府应该为其资助的发明发放非独家使用许可；但布什在报告中反驳了这一观点，认为"**不应该**提出任何绝对性的要求，即这些科学发现中的所有权利都应让渡于政府，而应该由基金会主管和相关部门来自行决定是否可以在特殊情况下为了公众利益而让渡这些权利"(38)。

布什报告强调了基尔戈早期法案中未提及的其他问题，它们都是后续立法争论中的重要问题。首先，布什报告提出非军方研究机构在战后继续参与军事研究(Bush，[1945] 1960：6，18，34)。其次，负责布什报告中医学研究内容的委员会建议成立一个单独的医学研究基金会，但布什则在报告中(他本人撰写的部分)呼吁由国家研究基金会来支持医学研究(35，47)。最后，布什报告强调了政府支持学院、大学和研究机构进行基础研究的重要性(20)。㉓

据一位历史学家所说，"布什报告被新闻媒体广泛引用，参议员基尔戈[的工作]顿时黯然失色"(McCune，1971：80；B. L. R. Smith，1990：42—43)。几乎可以肯定这是真的，但重要的是理解其中的原因。为此，我们必须要了解在战争接近尾声时国家体制结构与科学家群体——尤其是布什——享有的广泛的符号资本之间的联系。罗斯福的支持对布什来说尤为重要。我之前曾提到，总统甚至要求一个

㉒ 鲍曼委员会比布什本人走得更远，它建议国家研究基金会"帮助工商界，尤其是小企业，建立研究设施、获取科学技术信息和指导，以加快从科学发现到技术应用的转化"(Bush，[1945] 1960：117)。

㉓ 基尔戈法案和布什法案中关于战后政府如何组织支持科研的活动是争论的焦点，但也有人提出其他建议。弗兰克·朱伊特是布什的密友及其在科学研发局的同事，也是国家科学院院长和贝尔电话实验室主任。因为担心政府介入科学会导致科学的政治化，所以他既反对基尔戈法案，也不支持布什法案(Penick et al.，1972[1965]：133；布什文件，一般通信类，盒号55，册号1375；弗兰克·朱伊特(1941)，1941年3月5日朱伊特致布什的信)。与基尔戈和布什不同，朱伊特支持私人对科研的资助，他认为可以通过税法的变化鼓励这一行为(Chalkley，1951：25)。朱伊特支持了几项法案，这些法案都体现了他对科学与政府关系的认识(Rowan，1985：113—114)。然而，虽然朱伊特得到了一些科学精英的支持，但他从未获得实质性支持(76)。

国会委员会的办公室主任将科学政策听证会推迟到布什报告发布之后。㉔

布什和罗斯福之间的关系离不开特定的历史节点、国家体制与政党结构。罗斯福政府提出了美国历史上最激进的机构改革法案,基尔戈法案符合政府倡导的计划,而布什法案则与多项新政原则背道而驰。尽管罗斯福与基尔戈的思想有互通之处,但他们看上去却不怎么亲近。㉕ 也许布什恰好利用了罗斯福总统在大政府相关的腐败问题上的进步主义信念。不过,布什与罗斯福私交甚好的更重要的原因是战争局势令总统高度依赖布什。随着布什领导下的机构取得了不俗成绩,罗斯福更加信任和尊敬布什。科学的符号资本因而进一步增长。

虽然战争形势可能增进了布什与罗斯福的密切关系,但美国的国家体制与政党结构也不失为一个影响因素。罗斯福政府内部缺乏纪律,而且在支持布什还是支持基尔戈的问题上也存在巨大分歧。在这种背景下,布什与罗斯福总统的私人关系成为决定政府立场的关键所在。

由于政党纪律缺失,基尔戈没有义务去附和总统对布什的支持。也许这个问题原本很快就能解决,但罗斯福却在 1945 年 7 月《科学——无尽的前沿》发布之前去世了,而布什与继任的杜鲁门之间的关系远没有那么密切,也就缺乏同样的信任(Bush,1970:293,303;Kevles,1987:362)。布什恳请杜鲁门将批准后的报告提交国会审议,但杜鲁门却将报告交给国会进一步研究。这种局面——时机不巧、广泛分裂,以及缺乏政党纪律和官僚纪律的结果——为旷日持久的争论埋下了隐患。

结　　论

一系列结构性和共时性因素交织在一起,有助于我们确定基尔戈和布什在美国战后研究政策制定机构之争中的立场特征,并了解他们各自的相对优势和劣势。基尔戈从民粹主义和新政话语的视角对战时国内形势进行了解读,并在此基础上提出了自己的法案。他本人的经历可以写就一部反对大企业的"民主式民粹主义"传记,而他所提法案关注的是个人发明家、小经营者和一般消费者的需求。对于工商界精英和政府官员提出的问题,基尔戈并没有把其交给科学精英解决,而是主张

㉔ 罗斯福文件,官方卷(主题),盒号 1,册号 4482;科学研发局(1941—1945),1944 年 12 月 11 日罗斯福致卡尔·马姆伯格的信。

㉕ 参见罗斯福个人档案,基尔戈(8970)。

推行民主控制和符合新政原则的协调与规划。

基尔戈是参议院战争动员小组委员会主席,这个制度平台为他提供了发表意见的机会。借由这个制度平台,他可以要求人们提交报告,举办支持他立场的听证会。但另一方面,他所依靠的新政话语没能牢牢扎根于更加广泛的美国式话语之中,其合法性比较脆弱,导致基尔戈不得不遭受科学意识形态的冲击——科学的信誉随着同盟军在战争中获胜而大大提升。另外,基尔戈的压力还来自分权的国家体制、意见不合的行政部门和无力加强政党纪律的民主党。因此,尽管民主党人控制了国会和行政部门,但是基尔戈的早期法案也不可能得以快速通过。

布什法案从根本上说是受到了长期以来的科学家言论的影响。这套话语要求科学在社会中具有适度的自主性,高于并超脱于政治事务。战争增强了科学的符号资本,尤其是强化了上述观点。布什可以利用这套话语,使基尔戈推动公众控制科研资源的努力失去合法性。依据上述观点,布什还曾试图表明,基尔戈将协调科学政策和研究工作视为对科学严格管制的观点对科学规范本身是有害的。

另外,布什及其同事早就利用他们的信誉和社会资本在国家体制中占据了一席之地,有能力决定美国在战备期间的科研工作方向。科学家们的战备工作进一步增强了他们的符号资本,以及布什及其同事的社会资本。布什与罗斯福总统的密切关系为科学精英及其工商界盟友提供了机会与职权,使得他们能够在很大程度上确定争论的条件,并影响争论的后续进程。

在最初的争论条件确定之后,美国的国家体制与政党结构成为影响1945年之后战后科学立法的核心因素。为了理解1945年后美国研究政策立法的轨迹、规模缩减的战后**中央**研究政策制定机构(即后来成立的国家科学基金会。——译者注),以及与此相关的战后研究政策制定体制的碎片化,我们必须将注意力转向美国国家体制的组织结构,以及相关政党和社会利益群体的组织及其方式。这是第五章的重点内容。

第五章
尘埃落定：国家体制构建与国家科学基金会成立

> 真正的答案就是——我们必须要有一个研究基金会。
>
> ——万尼瓦尔·布什，1946年11月14日

> 我认为应该成立一个名为"国家科学基金会"的中央机构。它享有充足的可支配资金，有能力辅助其他组织（公共和私营）开展对国家繁荣和福利，以及国防建设有重大意义的科研。
>
> ——参议员哈利·基尔戈，1945年2月5日

> 把自由放任作为一种经济原则的做法已经过时。同理，政府也不应该再执行自由放任的科学政策。
>
> ——沃尔德马·肯普弗特，《纽约时报》，1943年

> 应该尽一切可能让公众认识到：保持科研不受政府主导是十分重要的。
>
> ——R.J.迪尔伯恩（R. J. Dearborn），全国制造商协会专利与研究委员会主席，1945年4月11日

二战后，人们几乎毫无例外地①达成了广泛共识，即政府必须以某种机制为科研提供支持，但各方却没能对该机制的本质达成一致。布什和基尔戈之间的分歧（参见表5.1），大致界定了双方的争论范围——成立一个战后研究政策制定机构引发的争论。

---

① 参见第四章注释㉓中针对弗兰克·朱伊特所提法案的简短讨论。

表 5.1　基尔戈法案和布什法案之间的分歧

	民粹主义法案（基尔戈）	科学家/企业法案（布什）
协调/规划	强有力的授权	对协调职责的模糊授权
控制/管理	企业、劳工、农民、消费者	科学家（和其他专家）
所资助的研究	基础研究、应用研究	基础研究
专利政策	非独占许可	没有非独占许可

双方围绕着以下五个中心议题展开了激烈争论（England，1982：5；U. S. House Task Force on Science Policy，1986a：24）。第一，最重要的问题或许是应当如何控制这个组织。基尔戈及其盟友支持一个由外行控制且对总统负责的组织（Study Group，Washington Association of Scientists，1947：385）；而布什及其盟友则拥护一个由科学家控制的机构（Kevles，1987：346）。第二，争论还集中在这个政府机构应该资助哪种类型的研究。布什倾向于成立一个主要支持基础研究的机构，而基尔戈则认为直接产生经济效益和社会效益的科学（即应用科学）也应该得到支持（1977：16，22）。第三，布什反对将社会科学纳入该基金会的授权范围。第四，这场争论暴露了双方的重要分歧：政府或科学家是否应该保留由政府资助的研究成果的专利权？是否应该尝试在全国平均分配研究资源？是否应该把经费专门留给"最好的科学"而不管它在哪里进行（1987：151）？[②] 第五，这个政府机构的决策范围及其在协调与规划方面的作用是国会争论过程中的焦点。

由于双方对战后研究政策制定机构的性质存在很大分歧，因此他们未能立即找到解决方案也许是意料之中的。但分歧多并不足以解释战后从立法建议到最终签署成立国家科学基金会的法律之间为何历时约五年之久，而且其间历经四次立法努力。正如我在前几章提到的，要想理解美国的研究政策制定，我们就不能只看到直接原因，而是要关注更具普遍性的结构和历史原因。

在本章中，我将解释某些行动者为何，以及如何影响立法，而且我会从组织结构的角度去解释立法迟迟不能通过的原因。简而言之，我认为国会的渗透性特征允许双方行动者基于其组织地位、社会关系和信誉（或是这三者的组合）来影响立法的实质内容。从根本上说，我认为美国国家体制的高度渗透性和分权特征、国会权力分裂，以及民主党缺乏纪律等原因，都是成立国家科学基金会的立法在战后被

---

② 研究资源是按地域分配，还是按"最好的科学"的标准分配，这个问题的根源至少可以追溯到一战后发生的关于联邦政府科学资助的争论（Kevles，1987：151）。

延迟约五年才通过的最好解释。社会利益群体的代表能轻而易举地进入国家体制内部,从而在关键时刻阻止立法进程。与此同时,尽管民主党人在这一时期的大部分时间都控制着立法和行政部门,但由于纪律缺乏,而且重量级民主党议员都是美国南方利益群体的代表,因此立法进程得以拖延。最后,这一延迟现象本身就是一种脆弱且分权的国家体制的产物,导致政府研究政策制定机构的组织形态呈现碎片化的特点。

立法争论的背景:国家与公民社会的结构

有些历史学家从"个性差异和个人竞争"而非议题和政党政治的差异来解释国家科学基金会立法遭推迟的原因(England,1982:108)。另外一些人则指责布什坚持让这个拟议成立的基金会"远离政治,以致在政治上无法实现"(Forman,1987:183)。从更一般的意义上讲,历史学家从国会投票和总统行使否决权的角度来解释这一立法延迟。这些解释当然有道理,但它们也回避了更基本的问题:为什么个人竞争会有这么大的力量?为什么布什法案无法完全实现?

要了解具体的立法建议的可行性,可以在一个宽泛的社会历史背景下去考察围绕着国家科学基金会的立法争论,这样能凸显个人竞争、国会投票和总统行使否决权的相对重要性。在社会利益群体组织不善和国家体制被高度渗透的情况下,个人力量显得尤为重要。与之相反,在国家与顶级社团之间的协商业已制度化的情况下,个人对政策的自主影响会比较小。假如在一个行政部门统一、国会权力集中,且民主党纪律严明的政府,布什法案要么很快被接受并实施,要么很可能被否决并被基尔戈法案取代。最后,我不否认国会投票和总统行使否决权对国家科学基金会立法一再推迟的重大影响,但这些都只是**直接**原因,而且只有在美国的国家结构及其与公民社会的关系中考察这些原因,才能更好地理解其重要性。

美国的国家结构及其同社会利益组织之间的关系具有一种"内在历史性"(Skocpol,1985:28)。正是美国的国家结构与公民社会的组织方式构成了社会政治背景,在这个背景下,我们可以理解关于战后研究政策的立法争论。通过在历史中解读这个背景,我在这里尝试将一个非历史的解释历史化。

我先从美国的国家体制入手。美国大概是个典型的分权型国家。在国家层面上,政策制定组织方式有若干维度:在国会内部,各委员会的立法管辖权彼此重叠;在行政部门,各机构的政策制定权也有交叉。政策可以通过立法、规章或行政令的方式出台,也可以由国会或行政部门提出动议。③

入职政府部门的多条渠道、重叠的司法管辖权和若干投票否决点,这些特点使美国的国家体制具有高度渗透性。在这种背景下,社会利益群体能够相对容易地接近政策制定者。④ 另外,国家与社会的界限模糊不清。更重要的是,美国的分权体制意味着任何政策议题都有多个切入点。如果某利益群体对其中一个国会委员会不满,则可以转向另一个委员会,或者转向行政部门去影响政策制定。最后,权力分散和管辖权重叠的状况还意味着政策议题可能在多个点上遭遇挫败:在被提交到国会委员会后遭到搁置而无法进入国会投票环节,被总统否决,或者被行政部门以不符合立法意图的方式去执行。

权力通过联邦制从国家层面的政府分散到各个城市的政府。正如斯考切波所说,这些因素,以及"联邦政府和国会委员会之间的紧密共生关系都有助于确保20世纪美国的国家权力是碎片化和分散的,并且到处都被有组织的社会利益群体所渗透"(1985:12)。肖恩菲尔德(Shonfield)把这种状况描述为"喧嚣的多元主义"(1965:323)。

美国国家体制中的公务员和授权规划机构之间缺乏团队精神(Shonfield,1965:318—326;Skocpol,1985:12)。正如阿特金森(Atkinson)与科尔曼(Coleman)所指出的,这种"官僚多元主义"的一个后果就是导致"基于最小公分母准则的渐进短期政策制定,而且总是容易受到党派政治考量的影响"(1988:5;亦参见参考文献(Shonfield,1965))。

美国的国家是一个弱国家。这一语境下的国家力量通常不是指国防或国家安全能力,⑤我在此使用这个词也不是指国家在外交事务中的影响力。国家力量指的是政府有能力在国家层面制定和实施明确、全面和协调一致的政策,具备这种能力的国家往往倾向于制定长期规划。在经济政策中,弱国家通常局限于宏观层面的财政与货币政策干预,而强国家则可以更有选择地影响经济,着眼于各大行业或经

---

③ 在美国的国家体制中,政策制定权是分散的。分权型国家的反面是政策制定权集中的国家。在后一种类型的国家,单一行政机构负责给定的政策领域,其政策权限的范围划定得很清楚。
④ 渗透型国家体制的反面是隔离型国家体制,后者是一种不受特殊利益群体影响的国家体制。
⑤ 关于国家力量这一概念的讨论,请参见参考文献(Evans et al.,1985;Katzenstein,1978;Krasner,1978;Nettl,1968)。

济部门。分权和渗透性国家体制往往意味着弱国家,就像美国这样。⑥

行政部门和国会之间分权的一个重要结果就是二者在行政机构扩张问题上的长期斗争。早期创建行政机构的尝试得到了白宫的支持,但遭到了国会的反对。在这些机构成立之后,总统与国会之间就它们的控制权展开了较量(Shonfield,1965:320)。在这种情形下,甚至在一战和二战的危机时期,"**开展集中协调,由白宫主导的国家层面的官僚政府也没得到**"多少发展机会(Skocpol,1980:175;黑体为我所标)。

美国国家体制高度渗透性的特征是历史上斗争的产物(Skowronek,1982)。20世纪早期,进步主义改革家试图削弱接受资助的政党对政策制定的控制,意在以专家主导的各级政府机构来替代资助人的权力。但这些改革家又担心政府支出能力会显著扩张,而且他们也不赞成大幅度增加国家层面的政府权力。正如韦尔(Weir)与斯考切波所下的结论,"进步主义改革家的成功……零散且不完整,他们的部分成功与20世纪早期美国政党竞争弱化的局面相结合,加剧了美国国家结构内部的政治权力分散化趋势"(1985:135)。

不仅美国的国家是弱国家,美国的政党也是弱政党。从历史上看,美国政党一直是面向地方的,其主要目标是"组织选举并获得连任"(Weir,1988:187;Shefter,1977;Skocpol,1980:195)。这样的角色导致其深受资助人的影响。

美国政党一般不在政策制定中发挥作用(Lowi,1967:255,276)。考虑到美国政党以地方资助和选举为导向,这也就不足为奇了。各政党在国家层面的实力较弱,而且它们关注的都是各种地方诉求,因此在制定国家政策方面处于不利地位。由于各政党没有纲领性目标,也没有能力要求党员遵守政党纪律、执行国家规划,因此政党纲领几乎不可能实现。正如舍夫特(Shefter)所指出的那样,美国缺少一个"负责任的政党制度",因此多数人选出的总统可以凌驾于国会之上(1978:242)。

一直有人努力将美国各政党打造成全国性政党,并确立具有约束性的政党纪律(Leuchtenburg,1963:266,269),但始终没有成功。美国缺乏纲纪严明的政党制度,"政党一旦执政,就会出台一些纪律……但是国会议员却各行其道(或结成临时联盟),推行他们认为会吸引地方选民或有组织的捐款团体和选民团体的立法或行

---

⑥ 国家并非总是强大或弱小。国家可能在某个领域具有很强的政策制定能力和执行能力,但在另一个领域则并非如此。胡克斯(1991)举例说,虽然美国国家体制中的薄弱环节不少,但二战后崛起的五角大楼则拥有相关领域的产业政策制定能力。

政措施"(Skocpol，1980：195)。党内的对立派系之间有可能达成临时协议,而且支持一项政策并不意味着必须反对另一项政策。党派结盟或交换盟友并不会受到制度性处罚,因此在这种背景下出台的政策是一系列临时协议的产物,既缺乏连贯性,也缺乏长远意义(Weir，1988：187；Weir and Skocpol，1985：145)。

当然,并不是所有政党制度都像美国一样,是特殊的历史动力造就了美国政党制度的特性。在大多数欧洲国家,国家体制的官僚化进程先于选举民主的形成。在此背景下,政党不能以提供资助的方式回报支持它们的选民和坚定拥护者,因为入职政府部门的机会已经被官僚精英控制(Shefter，1977)。所以"政党被迫依赖纲领性诉求,这些诉求或者基于意识形态,或者基于如何运用国家权力的承诺,即运用国家权力去推行有组织的选民团体所拥护的政策,或者对他们有潜在吸引力的政策"(Orloff，1988：43—44)。

与欧洲的情况相反,在美国,选举民主的形成先于国家体制的官僚化进程。因此政党能以提供资助的方式(即提供政府职位和资源)来吸引支持者,"封官许愿"并不在官僚精英的控制之下。在这种情况下,正如奥尔洛夫所指出的,"政党……倾向于依靠资助,而不是纲领性或意识形态化的呼吁来动员选民和回馈积极分子"(1988：44)。

鉴于我所说的美国国家体制和政党结构的特殊性,美国社会阶层、派系和团体的组织状况普遍较差也就不足为奇了。事实上,斯考切波甚至认为,美国国家和政党的组织方式就像是催化剂,导致"专业化程度低、纪律薄弱的利益群体的竞争激增"(1985：23—24)。工会仅代表一小部分美国工人。劳工运动也不是高度集中的,无法成为大多数国家政策制定活动中的中坚力量。

美国工商界是一个多元化群体,缺乏一个强有力的顶级社团代表他们说话(Katzenstein，1978：308)。工商界的组织代表高度分散,像全国制造商协会这样的全国性组织的力量相对较弱(311)。科学家——在美国研究政策制定史上具有重要政治意义的行动主体——组织成立了一系列专业协会。另外,科学家还组织了美国科学家联合会等团体,其明确目标就是要影响政策制定(Nichols，1974；A. K. Smith，1970)。

最后,鉴于美国国家体制的高度渗透性与分权特征、美国政党的非纲领性特点,以及美国公民社会的碎片化特点,我们有必要了解国家行动者与精英人士之间的**私交**,以及国家体制内身居要职的个别精英的影响,这是理解战后美国研究政策制定制度

科学家、工商界与军方

关于战后研究政策的立法争论——尽管它被简单地概括为两个人(布什与基尔戈)之间的冲突——通常被视为科学家与民粹主义者之间的争论(B. L. R. Smith, 1990：40)。此外,虽然科学精英、大企业和军方之间的联盟经常被提及,但它也被一再低估(Rossiter, 1980：551)。事实上,在解释立法结果时,一般都会同时忽略相关领导人物联盟的广度与重要性,以及他们之间社会关系的强度。最后,研究这一时期的历史学家往往认为,科学界在战后研究政策的问题上意见不统一,由布什领导的科学先锋队被普遍当作科学界的代表(England, 1982)。

在基尔戈的支持者中,有一群数量相对庞大的来自非精英大学的科学家,他们主要从事生物科学和社会科学研究。[7] 这些科学家往往缺乏组织性,他们一般都反对将研究活动集中在少数几所大学,也反对集中控制研究资源(Penick et al., 1972[1965]：115—118)。他们在美国精英大学以外的学术机构都有盟友。中、小型研究机构没能从政府的大额战时拨款中分一杯羹——主要基于布什提倡的按能力分配的逻辑,但这种逻辑很容易被视为一种基于人际关系的逻辑,它们倾向于支持基尔戈在早期法案中提出的更加民主的资源分配方案(Rowan, 1985：3)。

我在第三章曾提到,有些非科学精英是美国科学工作者协会的成员。尽管该协会由非科学精英主导,但其成员中也不乏杰出科学家,例如,哈罗德·尤里(Harold Urey)。该协会关心科学的民主化问题,认为有必要加强研究政策的协调。该协会是基尔戈的坚定支持者,但是在政治上的影响力相对较弱。虽然它曾协助基尔戈起草了科学动员法案,但其成员却未曾参与过战时科学研发局的相关项目,因而缺乏重要的社会资本和信誉。此外,该协会由未在战备中发挥核心作用的生物科学家主导,因而也就缺乏积极参与战备的科学家所拥有的符号资本。该协会主要关注地方问题,而其成员也没有可以影响政策制定的遍布全国的人际关系网(Hodes, 1982；Kuznick, 1987：251)。

与科学界一样,美国工商界也在是否应当成立联邦政府研究政策制定机构的

---

[7] 基尔戈文件,A & M 967,系列号 8,盒号 1,册号 6。

问题上分成了两派。1945年,基尔戈所在的小组委员会启动了一项调研,询问了全国200家制造商,结果显示,工商界普遍支持政府成立一个新的中央机构来资助科研。尽管小企业与大企业的意见不同,但它们大多赞成政府资助基础研究。77%的受访者对"工商界是否需要联邦政府资助的科研[供长期使用]"这一问题给出了肯定答复(U.S. Senate,1945/6:385)。赞成政府资助工业研究的企业相对较少,小企业中有72%认为政府应该支持工业研究,大企业的比例为51%。但所有受访企业,不论大小,都认为不应该由现有机构来管理政府资助的研究。多数人赞成成立一个新的中央研究政策制定机构,认为政府支持的研究应当在现有的政府实验室进行,或者政府以外包合同或拨款的方式委托大学和非营利组织来开展研究(386—393)。

尽管基尔戈的调研结果没有揭示产业部门在争论中的立场与企业(或产业部门)的结构性特征之间完全相关,但同期的记述和史学材料表明,大企业反对基尔戈,但支持布什,而且表现得最为活跃。这一点也不难理解,因为大企业本身就具备研究能力。许多具备内部研究能力的企业反对政府资助工业研究,因为它们害怕与政府竞争,或许还要与依赖政府研究项目的企业竞争(Redmond,1968:177;Rowan,1985:35)。但企业通常都赞成政府支持基础研究,因为资助基础研究对企业而言往往无利可图(Davis and Kevles,1974:219;Rowan,1985:84)。⑧

工商界一般都赞成政府资助的工业研究成果为私营部门所用。几家精选出来的大企业拿到了战时的政府研究外包合同(参见表5.2)(Baxter,1946:456—457),但令工商界深感担忧的是:假如基尔戈及其支持者的想法得以实现的话,那么企业承包方将无法独占政府资助的研究成果(Rowan,1985:36),这势必会削弱大企业相对于小企业的重要竞争优势。因此基尔戈试图禁止企业独占政府资助的工业研究成果,必然会招致工商界的普遍反对。

在这场立法争论中,参与其中的最引人注目的工商界组织就是全国制造商协会。1946年,该协会声称拥有约1.5万家成员企业,它们"生产了全美85%的制造业产品"。⑨ 在20世纪40年代中期,全国制造商协会主要代表小企业发声(Weinstein,1968:92)。

---

⑧ 全国制造商协会文件,入藏号1411,系列号5,1948年4月28日专利与研究委员会会议纪要。
⑨ 全国制造商协会文件,入藏号1411,系列号1,盒号205,政府—众议院卷:"艾拉·莫舍(Ira Mosher)的证词,1946年5月6日全国制造商协会主席为众议院司法委员会的一个小组委员会提供的证词"。

表 5.2　1941 年至 1945 年间科学研发局的主要企业承包方
（按外包经费总额排序）

1. 西部电气公司	13. 厄伍德音响公司
2. 研究建设公司	14. 道格拉斯航空公司
3. 通用电气公司	15. 家乐氏公司
4. 美国无线电公司	16. 巴德汽车公司
5. 杜邦公司	17. 海湾研发公司
6. 西屋电工制造公司	18. 星三角电器公司
7. 兰德公司	19. 埃默森无线电设备公司
8. 伊士曼柯达公司	20. 福特—培根—戴维斯公司
9. 孟山都化学公司	21. 成霖集团
10. 仙力广播公司	22. 联邦电话无线电公司
11. 标准石油开发公司	23. 鲍恩公司
12. 森林城电气公司	24. 国家碳材料公司
	25. 高尔文制造公司

来源：参考文献（Baxter, 1946：456—457）。

基尔戈明确表示他的法案是为了帮助小企业，即他提议由政府资助工业研究，但不得签署研究成果的独家使用协议，因此全国制造商协会一贯反对基尔戈而支持布什的做法略显讽刺。有人会说该协会反对的理由主要是基于意识形态。当然，有证据表明，全国制造商协会具有强烈的自由市场意识，一般都会反对政府干涉经济的行为，并视其为迈向社会主义的危险一步。这无疑是一种解释，但更重要的是，在此期间该协会的领导层中有美国一些大企业的重要代表。1946 年，在该协会董事会成员中占据一席之地的企业包括美国氰胺公司、杜邦公司、伊士曼柯达公司和标准石油公司。[10]

同年，全国制造商协会下设的专利与研究委员会——负责阐述该协会对科学立法的立场——吸纳了杜邦公司、西屋电工制造公司和美国无线电公司的代表（参见表 5.3）。[11] 这些企业都在战争期间与政府签订了研究合同。这也解释了为何在这些大企业的领导下，全国制造商协会反对基尔戈提出的政府支持应用研究的法案，反对基尔戈早期针对专利法的立场，即使这种反对立场有悖于该协会大部分成员的利益。

---

[10]　全国制造商协会文件，工业研究主管协会董事会会议纪要，微缩胶卷。
[11]　全国制造商协会文件，入藏号 1411，系列号 5，委员会会议纪要，盒号 10，1946 年 3—4 月，1946 年 3 月 6 日专利与研究委员会会议纪要。

在整个 20 世纪 40 年代,全国制造商协会都热衷于参与科学立法活动。他们发布新闻(多半是支持布什的方案)的稿件都是经该协会董事会和专利与研究委员会广泛讨论过的,当然,这些人也对国会议员进行了游说。对于政府资助基础研究的责任,全国制造商协会一般持肯定态度,但也担心新成立的科学机构会受到"政治"控制,而且一贯反对政府通过专利权授予来干涉垄断权的所有条款。正如专利与研究委员会主席、德士古开发公司董事长迪尔伯恩于 1945 年所强调的那样,"应该尽一切可能让公众认识到保持科研不受政府主导是十分重要的"。⑫

表 5.3　20 世纪 40 年代科学研发局的前 25 家承包方
(其代表是在全国制造商协会担任领导)

企业名	按外包经费总额排序
伊士曼柯达公司	8
杜邦公司	5
通用电气公司	3
美国无线电公司	4
标准石油开发公司	11
西屋电工制造公司	6

来源:参考文献(Baxter,1946)和全国制造商协会文件(哈格利博物馆与图书馆,入藏号 1411)。

注:在与科学研发局签订合同的前 25 家承包方中(参见表 5.2),有 6 家企业约占这 25 家企业外包经费总额的 1/3,并且它们在 1942 年至 1950 年间都派代表出席了全国制造商协会董事会会议和该协会下设的专利与研究委员会会议。新泽西标准石油公司向该协会董事会派驻了代表,而印第安纳标准石油公司则向该协会的专利与研究委员会派驻了代表。

全国制造商协会有时抱怨它不能直接影响国会对此问题的决定。该协会下设的专利与研究委员会在 1946 年 6 月的一份会议纪要中表示,就拟议成立的国家科学基金会在确定产权方面的作用,国会"一再无视我们的观点"。⑬ 毫无疑问,全国制造

---

⑫ "全国制造商协会专利与研究委员会会议报告",1945 年 4 月 11 日,纽约比特摩尔酒店;全国制造商协会文件,入藏号 1411,系列号 5,委员会会议纪要,盒号 9,1944 年 10 月—1945 年 7 月,全国制造商协会委员会会议纪要卷。

⑬ "全国制造商协会专利与研究委员会会议纪要",1946 年 6 月 26 日,纽约华尔道夫酒店;全国制造商协会文件,入藏号 1411,系列号 5,委员会会议纪要,盒号 10,1945 年 8 月—1946 年 12 月,全国制造商协会委员会会议纪要卷;1946 年 5 月—9 月 30 日。
最终,全国制造商协会相信,自己的确对 1949 年国家科学基金会立法者关于产权的条款产生了影响。然而,我没有发现有证据可以确认该协会的影响。参见全国制造商协会文件:"全国制造商协会专利与研究委员会进展报告",作者为 H.C. 拉姆齐(H. C. Ramsey),附件 E 中的全国制造商协会委员会会议纪要,1949 年 12 月 6 日,册号 5。

商协会作为工商界顶级社团的正式地位可能会让部分国会议员注意到它的立场,但该协会在这场争论中的直接影响力是有限的。⑭

美国缺乏社团主义的制度安排,在这种制度安排下,国家与工商界顶级社团之间的关系可以制度化,工商界在政策制定过程中享有正式发言权。在美国,一个组织可以通过积累物质资源的方式去提升它的政治影响力,但它的组织影响力却没有被制度化。相反,鉴于美国国家体制的渗透性,与国家管理者建立私交,给予工商界利益群体代表担任国家管理者的机会,是工商界影响政策制定的更可行的途径。因此在美国这样的国家体制下,社会资本这种资源往往比金钱或组织更能影响政策制定。

一方面,全国制造商协会似乎相当缺乏影响国家科学基金会立法所必需的社会资本;另一方面,该协会的抱怨或许有些言过其实。该协会的直接影响力的确有限,但它的间接影响力和整个工商界的间接影响力却不容小觑。早在国会就科学立法展开争论之前,布什的得力助手兼麻省理工学院校长卡尔·康普顿就曾担任过该协会的研究咨询委员会主席。康普顿与科学研发局的工作人员一同提出了立法建议,而且他早年在该协会的工作经历肯定影响了他的观点。⑮ 当然,布什曾在多家企业任职,这段经历也必定影响了他在立法建议中对专利条款等议题的看法。因此工商界对科学立法的影响主要都是**间接**影响:塑造科学先锋的观点,再借助这些人的社会关系和信誉去影响政策制定。

虽然工商界可能存在各种各样影响政策制定的其他非正式的和间接的方式,但其核心机制是通过工业研究主管协会发挥作用。工业研究主管协会成立于1923年,其成员在国家科学院面向工商界的分支部门——国家研究理事会——的一次会议上提出成立该协会。该协会是一个小型组织,包括荣休成员在内还不到60人。该协会的成立名义上是为了每月在一起讨论一次诸如工业实验室运行之类的大家共同关心的问题。会议由纽约的各大知名俱乐部承办,包括工程师俱乐部、城市俱乐部、大学俱乐部,以及世纪俱乐部。⑯ 工业研究主管协会的记录档案强调了该

---

⑭ 全国制造商协会文件,入藏号1411,系列号5,委员会会议纪要,盒号10,全国制造商协会委员会会议纪要卷:1946年3—4月,1946年4月24日专利与研究委员会执行小组会议纪要;1947年12月2—31日,微缩胶卷;入藏号1411,系列号2,"全国制造商协会官方计划——第52届全美产业界年度大会",1947年12月3—5日,盒号322,册号47-3057。

⑮ 全国制造商协会文件,入藏号1411,系列号5,委员会会议纪要,盒号6,1942年1月24日专利与研究委员会会议纪要。

⑯ 工业研究主管协会文件,入藏号1851,盒号1,秘书处档案,1923—1942年,"工业研究主管协会:简史"。

协会的非正式性。如默克公司的研究主管伦道夫·梅杰在一封信中所说的,"就我所知,这个群体一直被视作极为非正式的,没有任何关于这一协会的宣传报道"。[17] 实际上,该协会除了每月会餐需要交钱之外,从未收取过任何会费。[18]

工业研究主管协会的记录表明,该协会对这场科学立法争论一直都很有兴趣。顾名思义,工业研究主管协会的成员企业都具备内部研究能力,这也就解释了该协会为何总是与大企业保持立场一致。它反对政府资助应用研究,而是呼吁成立一个专门资助基础研究的国家科学基金会。可以预见的是,该协会的成员也反对基尔戈提出的不得为政府资助的研究成果发放独家许可的主张。

工业研究主管协会对国家科学基金会立法的影响,似乎比更有名、组织水平更高的全国制造商协会还大,这再次表明,在一个高度渗透性的国家体制下,私交和社会资本对政策制定有多么重要。工业研究主管协会参与起草参议员亚历山大·史密斯的立法建议,充分体现了该协会的强大影响力。来自新泽西州的共和党人史密斯与同在新泽西州的默克公司有来往,他在该企业的介绍下开始与工业研究主管协会打交道。默克公司的研究主管伦道夫·梅杰是在工业研究主管协会中发挥领导作用的人物之一。

除了直接参与起草法案之外,工业研究主管协会还以各种间接方式影响政策制定。该协会与弗兰克·朱伊特和万尼瓦尔·布什都有联系。贝尔电话实验室总裁、国家科学院院长朱伊特也是该协会的成员,他要求该协会成员关注国家科学基金会立法争论的重大进展。[19] 布什是默克公司的董事之一。

虽然我列举了工商界在这场立法争论中直接施加影响的具体案例,但重要的是认识到企业和科学精英之间密切而重叠的关系,例如,布什和朱伊特,他们无疑对形成布什阵营的立场发挥了重要作用。正是在那时,布什等科学精英进入国家体制,战争为他们与立法人士搭建了社会关系网,并且为他们在公众和民

---

[17] 工业研究主管协会文件,入藏号 1851,盒号 2,秘书处档案,1942—1946 年,一般通信类,1942 年 10 月 22 日—1946 年 6 月 27 日,1945 年 4 月 7 日梅杰致霍华德的信。

[18] 工业研究主管协会文件,入藏号 1851,盒号 2,秘书处档案,1946—1952 年,一般通信类,1946 年 11 月 19 日魏特(Weith)致奥斯丁(Austin)的信。

[19] 工业研究主管协会文件,入藏号 1851,盒号 2,秘书处档案,1942—1946 年,一般通信类,1942 年 10 月 22 日—1946 年 6 月 27 日,1944 年 9 月 19 日梅杰致米斯(Mees)的信、1946 年 3 月 11 日朱伊特致工业研究主管协会的信。

选官员心中树立了很高的信誉,这些都使得他们可以实实在在地推动立法进程。[20]

如果说工业研究主管协会是通过塑造科学先锋的观点来影响政策制定的话,那么,对于全国制造商协会来说,该协会领导层的看法之所以受到高度重视是因为成员企业的作用,以及参议员史密斯带给该协会的后续影响力。这两个协会有相当多的重叠会员,这并不令人感到意外(参见表5.4)。1942年至1950年间,派代表加入工业研究主管协会的46家企业中,至少有25家在一定时期或整个8年间都是全国制造商协会的成员。在此期间,7家企业加入了该协会的专利与研究委员会,6家企业加入了其中的研究咨询委员会,11家企业加入了协会董事会。[21]

表5.4 1942年至1950年间全国制造商协会和工业研究主管协会的重叠会员

工业研究主管协会中的企业会员	与全国制造商协会之间的关系
空气精炼公司	会员
美国铝业公司	董事会成员
美国铜管乐器公司	
美国罐头公司	董事会成员
美国氰胺公司	董事会成员, 专利委员会成员, 研究委员会成员[a]
美国纤维胶公司	会员
阿姆斯特朗软木公司	董事会成员
利特尔管理顾问公司	研究委员会成员
百路驰公司	
胶木公司	
巴特尔纪念研究所	研究委员会成员
贝尔电话实验室	
碳化物和碳化工公司	
高露洁公司	董事会成员
康宁玻璃厂	会员
多尔公司	
杜邦公司	董事会成员, 专利委员会成员,

---

[20] 关于世界大战作为转折事件的作用的讨论,请参见参考文献(McLauchlan, 1989)。

[21] 25这个数字可能低估了工业研究主管协会和全国制造商协会成员的重叠程度。我无法获得全国制造商协会官方会员名录,而是采用了包括董事会和委员会成员,以及参加年度聚餐人员的汇总名单。参见全国制造商协会文件,哈格利博物馆与图书馆,入藏号1411。

续表

工业研究主管协会中的企业会员	与全国制造商协会之间的关系
	研究委员会成员
伊士曼柯达公司	董事会成员
电冶金公司	
一般苯胺和电影公司	
通用电气公司	董事会成员, 专利委员会成员
固特异轮胎橡胶公司	董事会成员
海湾研发公司	会员[b]
赫尔克里士火药公司	会员
国际镍业公司	会员
约翰斯—曼维尔公司	会员
强生公司	
梅隆工业研究所	研究委员会成员
默克公司	专利委员会成员
国家碳材料公司	
国家铅业公司	会员
新英格兰工业研究基金会	
新泽西锌业公司	
欧文斯—康宁玻璃纤维公司	会员
帕克—戴维斯有限公司	
美国无线电公司	专利委员会成员, 研究委员会成员
蒸馏酒公司	
美国标准品牌公司	
标准石油开发公司	董事会成员[c], 专利委员会成员[d]
U.C.C.实验室	
碳及碳化物联合研究实验室	会员[e]
美国橡胶公司	董事会成员
美国工业化学公司	
美国钢铁公司	会员
西屋电工制造公司	专利委员会成员

来源：工业研究主管协会文件，全国制造商协会文件（哈格利博物馆与图书馆所藏）。
a. 专利委员会的全称为专利与研究委员会，研究委员会的全称为研究咨询委员会。
b. 海湾石油公司。
c. 新泽西标准石油公司。
d. 印第安纳标准石油公司。
e. 联合碳化物和碳制品集团公司。

虽然工业研究主管协会从未直接参与立法争论,而且没有证据表明该协会向国会议员明确表达过自己的利益诉求,但我要说明的是,数易其稿的科学立法建议肯定已经充分考虑了工商界的看法。在此必须强调的是,信息传递的方式可能不太正式。这两个协会的成员相互重叠、紧密联系,这一特点表明权力精英的政策立场很可能是被间接塑造的,而且是所有相关行动者之间反复互动的结果。

积极参与战后科学立法的第三个群体是军方。美国陆军和海军都想要维持对军事研究的控制权,反对布什在早期法案中提出的由非军方研究机构控制军事研究的建议(Reingold,1987:338;Rowan,1985:50)。此外,陆军和海军也反对基尔戈在早期提出的专利法案,担心其中的专利条款"有可能增加企业承包军事研发项目的成本"(Kevles,1987:345)。军方将此类研究视为其核心任务。㉒

布什与基尔戈都寻求军方的支持。双方都在努力争取盟友,布什的明显优势是他在战争期间曾与军方有过密切合作。尽管军方反对布什在早期法案中提出的由非军方研究机构控制军事研究的建议,但他们毕竟与布什有过长期合作关系,而且信任布什。就基尔戈而言,他与军方的关系并不怎么愉快。早在 1941 年,基尔戈就与他人联合提出了成立国防部的立法建议。基尔戈拟议成立的国防部将合并原有的战争部与海军部,没有哪个部门愿意看到自己的职权被并入另一个部门。㉓ 此外,科学精英与军方的利益是一致的。战争使军方对科学家"要求独立的古老意识形态"产生了共鸣(Greenberg,1967:126),战时科学家享有的自治权给了军方丰厚的回报。但双方不仅是这种对等关系,军方还为政府科研提供资金支持(126—129)。

布什和基尔戈在国家体制中的地位

在前两章,根据科学研发局在战争期间发挥的作用,我评估了布什及其同事所具备的结构性优势——屡获成功提高了他们的信誉,以及布什作为该局和国会之间联络人的身份巩固了自己与立法人士之间的社会关系。这些都是布什在国家科学基金会立法争论中发挥作用的关键因素,也是他能够联通各利益相关方(工商

㉒ 胡克斯在 1991 年的论著中讨论了二战时期的战争动员怎样导致了社会安全体制的衰亡,以及国家安全体制的兴起。基尔戈的早期法案明确地与社会安全体制的新政观念相一致。此外,在此类发展中的科学密集型国家安全体制下(McLauchlan,1989:87),与军方所支持的科研相比,用于非军方研究机构所支持的科研的资源相形见绌。

㉓ 基尔戈文件,A&M 1108,盒号 2,册号 5。

界、军方和科学家)的关键因素。

当国家科学基金会的立法建议提出之际,科学研发局的处境却岌岌可危。从1946年底到1947年中期,该局的工作人员从177人减少到74人(Stewart,1948:332),布什对该局失去了影响立法进程的资源而感到不满。[24] 不过,科学研发局资源的缩减并没有影响布什在战时建立的人际关系,尽管他的观点仅代表一小部分科学精英,但是他已经成为科学界公认的发言人(Hodes,1982:24—25)。在科学立法方面,他先后与参议员沃伦·马格努森(Warren Magnuson)和亚历山大·史密斯密切合作。特别是在与马格努森的合作中,布什积极塑造这位参议员的作用,两人除了专业上的互动之外,还有密切的社会关系。据采访过马格努森的历史学家罗伯特·麦丘恩(Robert McCune)所说,"马格努森和布什都住在华盛顿西北部,仅隔一个半街区,所以他们经常一起到国会大厦,在那里一同工作和就餐"。布什利用这层关系,吸引马格努森成为他的早期支持者,并支持这位参议员在立法建议上发挥领导作用(1971:81)。除了上述两位参议员之外,布什在起草立法建议和规划战略期间还曾与他在科学研发局的首席立法助理约翰·蒂特密切合作。[25]

在担任联合研发委员会主席期间,布什一直与军方保持着密切联系。该委员会是由陆军部和海军部部长为协调军事研发活动而成立的政府部门。重要的是,虽然布什并未因科学研发局裁员而受到特别影响,但他的地位却可能在罗斯福去世、杜鲁门继任总统后受到削弱。布什得到了罗斯福总统的坚定支持,而杜鲁门总统却与基尔戈保持着长期往来(Maddox,1981)。事实上,杜鲁门总统很早就表态支持基尔戈法案提到的强化政府作用的立场(Maddox,1979:33;Kevles,1987:356)。然而,杜鲁门并没有强制推行行政部门的纪律,反而允许布什公开反对政府在科学立法方面的立场。实际上,行政部门内部的分歧可能在很大程度上造成了这场旷日持久的争论。[26]

如果说布什在国家体制中的结构化地位给了他不容小觑的权力,那么基尔戈

---

[24] 布什文件,一般通信类,盒号29,册号654:奥斯卡·考克斯,1945—1949年,1946年11月27日布什致考克斯的信。

[25] 布什文件,一般通信类,盒号110,册号2617:约翰·蒂特(1944年—1947年7月);亚历山大·史密斯文件,盒号132,劳工与福利委员会卷:国家科学基金会。

[26] 布什文件,一般通信类,盒号85,册号1912:国家科学基金会(1947年1—2月),1947年2月20日布什致塔夫脱(Taft)的信。

也并非完全无权无势。事实上,在杜鲁门总统执政早期,包括预算主管哈罗德·史密斯在内的行政官员"在白宫形成了一个有相当大影响力的反对布什的联盟"(Kevles,1987:356)。总体说来,预算局官员赞成基尔戈早期法案中提倡的规划路线。行政官员希望国家科学基金会的组织结构便于基金会主管和委员会直接向总统负责。因此布什提出的限制行政部门控制基金会的法案遭到了行政部门,尤其是杜鲁门的强烈反对(1977:25)。预算主管史密斯还支持对社会科学的资助,并且与社会科学研究理事会的代表一起,呼吁政府支持社会科学。㉗

基尔戈还得到了行政部门以外的支持。《财富》在当时就曾提到,基尔戈所属的"强大的"小组委员会是"国会六个最大的小组委员会之一,有庞大的人员队伍和四年来稳定的资金流动"(1946:212)。与此同时,基尔戈面对的反对声音不只来自共和党,也来自他所在的民主党内部。基尔戈属于民主党内部进步的新政派。正如一些评论家所指出的那样,民主党分裂成了进步的新政派和保守的南方民主党。南方民主党议员担心联邦政府支出增长可能会造成控制权扩张。正如韦尔与斯考切波所指出的:

> 1935 年之后出台的许多新政计划……都要求联邦政府踏入从前戒备森严的地方管辖领域……国会中的许多南方民主党议员与主导该地区政治经济生活超过半个世纪的农民关系密切。这些人强烈反对扩大中央政府权限或者将地方政府职责转到华盛顿的提议。(1985:145)

分权特征和资历制度使南方民主党人占据了国会委员会的关键位置(*Congressional Quarterly*,1982:60;Domhoff,1990:235)。南方民主党议员与共和党议员联手设置了一个阻挠基尔戈法案快速通过的实质障碍。尽管基尔戈法案并没有对地方政府的控制权构成显著威胁,但扩大中央政府职责无疑引起了一般保守派的担忧,并且被两党的财政保守派视为浪费之举(康纳访谈,1990 年 9 月 26 日)。由于政党内部分裂,工作议程不统一,缺乏党纲或党纪规定的任何制裁,因此南方民主党人毫无顾忌地反对基尔戈,而且行之有效。

耍弄与欺骗:成立国家科学基金会的早期立法努力

本章的余下内容将详细讨论成立国家科学基金会所经历的四次立法努力。我

㉗ 哈罗德·史密斯文件,盒号 3,1945 年日志。

将从如下两个方面展开讨论:第一,对于每次立法建议的提出,我探讨的是在一个高度渗透性的国家体制背景下,如何通过非正式的人脉形成法案的实质内容。第二,我想要解释基金会立法迟迟未获通过的原因。我认为这一延迟主要是以下原因造成的:立法和行政部门之间的分歧、行政部门内部的分歧、国会内部权力分散,以及民主党内部缺乏纪律约束。

为了理解国家科学基金会的立法建议为何历经四次努力才得以通过,我们可以对比分析不同时间所发生的类似事件。在前三次失败的立法努力中,主要独立变量在结构上是相同的:美国的国家体制具有分权(且可渗透)特点,民主党缺乏强制性纪律。在最后一次立法努力中,虽然结构上的主要变化不能使国家统一起来或民主党团结一致,但是短期的规则改变已经限制了分权特征和党派分裂的影响,促使国会通过了《1950 年国家科学基金会法》。

基尔戈相信,自己立法努力的成功取决于能否得到科学家的支持,而且早在布什报告发表之前,布什和基尔戈的团队成员就聚在一起,讨论起草成立一个国家层面科学机构的立法建议(Rowan,1985:57)。基尔戈相信他与布什正在合作,所以同意在布什报告发表之后再启动立法工作(Hodes,1982:127;Maddox,1979:32),但两人的理念差异太大,导致布什转而为科学研发局起草的科学法案寻找其他支持者(Hodes,1982:127;Rowan,1985:57—58)。在参议院,受到总统青睐的自由民主党人沃伦·马格努森支持布什法案;在众议院,威尔伯·米尔斯(Wilbur Mills)支持科学研发局起草的法案(Rowan,1985:57)。在基尔戈并不知情的情况下,1945 年 7 月 19 日,就在布什报告发表的同一天,布什旨在实施该报告所提建议的法案被提交到了国会(Maddox,1981:166—167)。基尔戈认为自己一直遭到了误导。一位基尔戈的支持者评论道,参议员基尔戈感到自己"被骗了""简直要疯了"(1979:33)。7 月 23 日,基尔戈向国会提交了自己的国家科学基金会立法建议。

马格努森法案(S.1285)要求总统在不考虑"政治派别"的情况下,任命一个委员会来运作国家研究基金会。该委员会负责选出自己的主席和副主席,以及基金会主管。基金会下设的六个部门分别负责医学、物理学和国防等领域的研究,每个部门由一个专门委员会管理,而每个专门委员会都是在国家科学院推荐人选的基础上由基金会委员会遴选出来的。马格努森法案呼吁国家研究基金会推动"国家层面的科学研究和科学教育政策"。虽然该法案对这项政策的性质未置一词,但它要求基金会将其资助计划与其他组织开展的计划"关联"起来(U. S. Senate, 1945b：7—8)。后来,布什提出的修正案明确否认基金会对其他参与研究政策议程的机构负有**监督责任或监管职责**(Jones, 1975：294)(参见表5.5)。

该法案点燃了针对国家科学基金会控制权争论的战火。该法案强调不要有政治倾向,这与基尔戈的早期想法——委员会要代表广泛的社会利益群体——形成了鲜明对比。此外,马格努森法案拟议成立的基金会将控制权从执行官手中夺走,交给了一个未经选举而产生的委员会。虽然该法案中没有提到由科学家来组成委员会,但要求其成员的任命必须征询国家科学院的意见,这一点实际上指明了由科学家对该基金会进行控制。最后,马格努森法案不涉及其他有争议议题(包括对社会科学的支持、专利政策,以及研究资源的地域分配)的讨论。

虽然基尔戈的第一项科学基金会法案(S.1297)与布什法案在每一个主要观点上都不相同,但却表明了基尔戈想争取科学界支持的愿望(Chalkley, 1951：12)。基尔戈的S.1297法案比他在早期提出的科学动员法案更温和,但是保留了几个同样的主题：基金会主管仍然由总统任命。与代表特定社会利益群体(如劳工界和农业部门)的公众成员(即公众代表成员。——译者注)组成的委员会不同,国家科学基金会的委员会——指导基金会主管开展工作——除了有行政部门的负责人之外,还应该有八位"**公众成员**"。S.1297法案没有规定这些公众成员应当代表哪些利益群体,实际上,科学动员法案是最后一项明确规定代表哪些利益群体的法案。

或许是为了消除科学家关于国家科学基金会的成立意味着政府插手科学的担忧(Kevles, 1977：15),一方面,S.1297法案不同于其他法案,它不允许这个科学机构运作自己的实验室;另一方面,该法案保留了人们对基金会支持应用研究(包括试验性生产设备)的预期。S.1297法案还允许政府占有其资助的研究成果专利,并授权基金会为这些专利发放非独占许可(除非这种许可可能在某种程度上为垄断奠定基础)。

表5.5 第一轮立法争论:基尔戈法案与马格努森法案之对决

	基尔戈法案(S.1297)	马格努森法案(S.1285)
总统任命	委员会和基金会主管	仅任命委员会,由委员会遴选基金会主管
协调/计划	模糊授权	模糊授权
控制/管理	公众成员和公务员	可能由科学家(也包括其他专家)主导
所支持的研究	基础研究和应用研究	以基础研究为主

续表

	基尔戈法案(S.1297)	马格努森法案(S.1285)
专利政策	非独占许可	未讨论
是否包括社会科学	未讨论	未讨论
资源的地域分配	未讨论	未讨论

S.1297 法案为军事和医学研究资源的分配比例提供了具体指导,并提议在基金会内部分别成立不同的管理部门。与基尔戈早些时候关于成立**一个中央主导的联邦科学机构**的想法相一致,该法案还为该机构规定了一个为所有联邦政府资助**研究提供评估和建议的角色**(即研究政策制定者的角色),以及**协调**政府科研项目的角色。该法案希望基金会通过调研政府的科研活动后,提出必要的改进建议。㉘该法案没有具体提及社会科学,也没有具体规定财政支持的地域分配要求(U.S. Senate,1945b)(参见表 5.5)。

正如全国制造商协会的意见所反映的那样,在这个阶段,工商界对科学立法的支持不温不火。该协会董事会的结论如下:

> 鉴于目前的状况,给予基础研究某种形式的财政支持是不可避免的。因此与其让全国制造商协会反对肯定会以某种形式立法的建议,还不如让它弄清楚政府采取哪种资助方式最令人满意,并支持满足这些条件的法案。所以我们一般支持马格努森法案,反对基尔戈法案。㉙

全国制造商协会的专利顾问乔治·福克(George Folk)特别强调反对基尔戈法案中的专利条款。㉚

尽管基尔戈提议在他设想的机构内部成立一个独立的军事研究部门,试图争取到军方的支持,但是军方还是反对基尔戈法案(Rowan,1985:62)。他们不仅反对基尔戈法案中的专利条款,还反对这位参议员提出的由一个**单独的机构**来**协调**所有政府科研项目的想法(82)。这造成了行政部门内部的分裂:杜鲁门和白宫的其他

㉘ 凯夫利斯注意到,基尔戈赋予其拟议成立的基金会在为政府科研活动所提政策建议方面发挥的作用,不会让该基金会看上去就是一个制定国家研究政策的管理控制中心,因为其政策建议不是强制性的,仅仅是咨询建议而已(1977:15)。

㉙ 全国制造商协会文件,入藏号1411,系列号 5,委员会会议纪要,盒号 10,全国制造商协会委员会会议纪要卷:1945 年 10—12 月,1945 年 11 月 20 日专利与研究委员会执行小组会议纪要。

㉚ 全国制造商协会文件,入藏号1411,系列号 5,委员会会议纪要,盒号 10,全国制造商协会委员会会议纪要卷:1945 年 8 月—1946 年 10 月,1945 年 9 月 18 日专利与研究委员会执行小组会议纪要。

人支持基尔戈法案,反对布什法案,因为后者挑战了行政特权,即它提出指导国家科学基金会工作的委员会有权遴选其主管,并最终决定国家科学政策和公共财政开支(Schaffter,1969:11)。

杜鲁门政府中有新政倾向的预算局极力支持基尔戈法案中提出的基金会的管理结构。预算局官员认为,基尔戈法案通过发挥总统的作用而使基金会对选民负责,因为总统有权任命该机构的主管和委员会。与新政注重规划的传统相一致,预算局也反对军方的立场,支持国家科学基金会发挥重要的协调作用。这一协调地位无疑提高了预算局控制其他行政部门(包括战争部和海军部)开支的权力。最后,尽管预算局官员总体上支持基尔戈法案中的专利条款,但他们尤为关心其中的一项规定:司法部有责任保护政府所持专利的被许可人免于法律控诉,应由司法部裁决专利发明是否会导致垄断控制(Rowan,1985:68)。

从组织上看,科学界针对这一立法分成了两个阵营。与科学研发局关系密切的人,一般都支持深受布什影响的马格努森法案(Rowan,1985:88)。在他们身后,是一个由以赛亚·鲍曼——布什报告起草委员会中一个委员会的主席——所领导的更大群体。支持布什报告委员会这个仓促组织起来的团体,是在该法案提交几个月之后成立的,专门为了推动成立一个布什报告所规划的机构。该委员会声称它代表大多数美国科学家的观点(England,1982:37)。为了支持自己的立场,该委员会从一线科学家中征集了约5000人的签名(*Fortune*,1946:242)。

政治自由主义科学家和许多在科学研发局之外的人则支持基尔戈法案,他们相信参议员基尔戈所提出的基金会的管理结构能够保护科研不受军方主导和特殊利益群体的影响。持这种观点的两位杰出科学家是哈佛大学的哈洛·沙普利和哈罗德·尤里,他们参与了原子弹的相关研究。沙普利和尤里也担心科研中保密信息的扩散,认为基尔戈提出的措施更有可能避免这些潜在风险(Rowan,1985:94)。

1945年12月,沙普利和尤里成立了支持国家科学基金会委员会。该委员会的成立并不是为了支持某一项具体措施,而是为了解决国家科学基金会的立法争议而促成折中法案。这两位科学家争取到了200多位杰出科学家的支持,其中有5位诺贝尔奖得主,还有爱因斯坦、费米(Fermi)和奥本海默这样的著名人物(England,1982:40;*Fortune*,1946:242)。

在基尔戈和马格努森举行的联合听证会上出现了各种不同的观点(Chalkley,

1951：19—20）。为了获得科学家和其他赞同马格努森法案人士的支持，基尔戈团队的赫伯特·席梅尔与预算局官员一同起草了一项折中法案（England，1982：28；Maddox，1981：173；Parsons，1946：655；*Steel*，1946：58）。

就立法做出妥协的必要性，反映了国家体制和政党的组织特征。假如是在隔离型国家体制下，民主党纪律严明，在国会占多数席位，并且得到了总统的支持，那么基尔戈的第一项法案很有可能顺利通过。但是在高度渗透性的分权国家体制下，民主党内部意见不统一，纪律缺失，这意味着立法的通过需要给每个人一点好处。

在沙普利和尤里成立旨在促进妥协的委员会几天后，具有妥协性质的 S.1720 法案被提出。《钢铁》（*Steel*）声称，新法案"比［基尔戈］最初起草的……法案保守"（1946：58）。为了同时让政府与科学精英满意，该法案所要求的这个基金会仍由总统任命的主管负责，但基金会主管将与委员会密切合作。

基尔戈也在该法案的专利条款上做出了妥协。为了解决基尔戈本人关注的确保发明得到最广泛应用的问题，以及布什和工商界领袖所关注的专利条款不能阻碍经济发展的问题，S.1720 法案要求受政府资助的研究成果专利免费向公众开放，但是在外包研究成果所衍生的专利权转让问题上，该法案赋予基金会自由裁量权。此外，拟议成立的基金会在军事研究方面赋予军方很大的自由裁量权，并主要集中于基础研究，而不是应用研究（Rowan，1985：103）。最终，为了解决实力弱小的大学所关心的问题，该法案对研究资源的地域分配做出了承诺，即基金会 1/4 的经费将按照下列比例进行分配：2/5 的经费平均分配到每个州，其余的 3/5 按照各州人口来分配。在这两种情况下，经费都只流向由税收支持的机构（England，1982：39；*Steel*，1946：58，60）。

1945 年 12 月国会会期结束之时，S.1720 法案无果而终。1946 年初，参议员马格努森作为共同发起人提出了一项类似法案，即 S.1850 法案。布什、马格努森和基尔戈共同起草了这项折中法案（Chalkley，1951：16；England，1982：41）。为了使该法案获得通过，特别是为了应对公然反对的科学家们，基尔戈再次做出必要的妥协（Maddox，1981：232）。㉛ 这项新法案如同杜鲁门总统所要求的那样，仍然给予总统任命基金会主管的权力，但要求总统在任命前向国家科学委员会

㉛ 基尔戈文件，A & M 967，盒号 1，册号 7；1946 年 3 月 14 日基尔戈致格雷（Gray）的信。

征询意见,这被视为基尔戈对布什及其同事的让步(1979:36)。该法案包括了一项专利条款和研究资源按地域分配的条款,类似于基尔戈早期所做的妥协措施(McCune,1971:103—104)。该法案还包含一项在基金会内部成立一个资助社会科学的部门的条款(Maddox,1979:36)。[32]

参议院军事事务委员会于 1946 年 4 月审议通过 S.1850 法案,基尔戈是其中一个小组委员会的主席。在法案审议期间,该委员会的共和党人发布了一少数派报告,除了来自新泽西州的议员亚历山大·史密斯之外,该委员会的所有共和党议员都在报告上签了名(McCune,1971:103)。当该法案提交到国会进行争论时,可能得到万尼瓦尔·布什暗中支持的史密斯提出了一系列针对 S.1850 法案的修正案,相当于重新引入了最初受布什启发的马格努森法案(Rowan,1985:119)。在其他共和党人和南方民主党人的帮助下,史密斯试图改变拟议成立的基金会的行政管理结构,但国会投票情况势均力敌,该条款没有通过。史密斯试图修改该法案中专利条款的努力也失败了,但他成功删除了在该基金会内部成立一个资助社会科学部门的条款(Jones,1975:321;Rowan,1985:119)。该法案于 7 月 3 日在参议院通过。

布什反对这项折中法案中关于行政管理的条款,国家科学院院长弗兰克·朱伊特认为,该法案将导致"我们经济中的一个庞大而独立的部分"社会主义化,并且意味着"国民生活将由一小群联邦政府官员和官僚"所主导。[33] 然而,在科学精英圈子以外,科学家对这一法案普遍表示支持。实际上,美国科促会的一项调查发现,多数科学家支持这个拟议成立的基金会(England,1982:30)。此外,许多科学组织和学术组织都广泛支持这一法案,其中包括两个早先曾表示反对的科学团体——支持布什报告委员会和支持国家科学基金会委员会(Rowan,1985:110)。

在科学界之外,这项法案也得到了广泛支持。政府管理部门,甚至军方,尽管担心该法案中的专利条款,但也勉强支持这一措施。工业媒体对专利条款表示关注,但支持该法案(Rowan,1985:110—111)。然而,全国制造商协会虽然认可该法案做出的妥协,但它并不满意,而是提出如果该法案通过的话,"政府不正当的竞争将使科研严重受阻"。1946 年 3 月,该协会下设的专利与研究委员会公开

---

[32] 凯夫利斯指出,基尔戈除了想要安抚科学家之外,还对法案是否能够通过审议特别感兴趣,因为他的任期是到 1946 年秋国会重新选举之时(1987:357)。这可能增强了他做出妥协的意愿。

[33] 布什文件,一般通信类,盒号 56,册号 1377:弗兰克·朱伊特(1947—1949),1946 年 3 月 29 日朱伊特致布什的信。

反对这项折中法案。㉞

美国的国家体制结构缺乏执行立法妥协的机制。从参议院军事事务委员会审议 S.1850 法案到参议院通过该法案的这段时期，对于布什等人越来越明显的是，共和党人和南方民主党人可能会阻止将 S.1850 法案提交至众议院（Rowan，1985：115）。基尔戈和马格努森都认为布什支持 S.1850 法案，但是在布什的敦促下，以及在布什的助手约翰·蒂特的帮助下，当 5 月中旬威尔伯·米尔斯提出 S.6448 法案时，基尔戈发现自己又一次受骗了。该法案简直就是最初由布什授意的马格努森—米尔斯法案的翻版。它再次提出了布什所欣赏的关于基金会行政管理方面的条款，即将基金会的控制权交给科学家，使其在很大程度上独立于政府行政部门的控制。此外，该法案删除了为社会科学提供支持的条款，并删除了关于专利的明确条款。最后，该法案专门为国防领域留出资金，并且强调分配资金的原则是基于"最好的科学"而非地域上的均衡分配（115）。

米尔斯法案的出台摧毁了最初因支持基尔戈—马格努森折中法案而结成的脆弱联盟。尽管杜鲁门和预算局重申了他们对 S.1850 法案的支持，但军方高层仍表示支持米尔斯法案（Rowan，1985：116）。支持布什报告委员会也表示支持米尔斯法案，布什的助手们和支持者在幕后游说，力求确保该法案能被通过。㉟

稍微修改后的新米尔斯法案由州际及对外贸易委员会下设的公共卫生小组委员会上报给了全体委员会。1946 年 7 月 19 日，"该委员会确认它没有采取行动所需的信息，导致整个议题被搁置，因此在国会新一届会议之前停止采取任何进一步的行动"（Parsons，1946：656）。

关于国家科学基金会的立法为何会在第 79 届国会会议上夭折，存在一些争议。布什的一位助手把"S.1850 法案被搁置"的责任推到了弗兰克·朱伊特身上。㊱ 同时代的另一位人士则表示，国会议员发现支持布什报告委员会和布什本人之间在 S.1850 法案中关于基金会行政管理条款的早期分歧太令人困惑（Chalkley，1951：

㉞ 全国制造商协会文件，全国制造商协会商业报告，1946 年 3 月 20 日—4 月 26 日，标签为会议纪要，1946 年 4 月 26 日，微缩胶卷；入藏号 1411，系列号 5，委员会会议纪要，盒号 10，全国制造商协会委员会会议纪要卷；1946 年 3—4 月，1946 年 3 月 5 日专利与研究委员会执行小组会议纪要。

㉟ 布什文件，一般通信类，盒号 110，册号 2617；约翰·蒂特（1944 年—1947 年 7 月），1946 年 5 月 17 日和 1946 年 6 月 10 日蒂特致布什的信。

㊱ 布什文件，一般通信类，盒号 21，华盛顿卡内基金会卷：主席通信，1947 年 6 月 17 日谢勒（Scherer）致布什的信。

21)。还有评论家指责"全国制造商协会和其他游说团体极力反对成立任何国家层面的科学基金会"。据这位评论家所说,全国制造商协会和其他团体"到众议院拟审议该法案的委员会游说,成功阻止了该法案的通过"(Schriftgiesser,1951:243)。事实上,全国制造商协会曾就米尔斯法案与布什的助手进行了会晤,还曾与参议院其他人士见面商讨 S. 1850 法案的保守替代法案。㊲

这些解释众议院委员会不让国家科学基金会立法通过的具体原因多少有点跑题。我们要理解的是为什么这些因素会成为可能。答案就蕴含在美国的国家体制和政党的组织方式之中。鉴于高度分散的利益群体、分权的政治制度、高度渗透性的国会和根本不存在的政党纪律,围绕着 S. 1850 法案的争议不太可能被迅速解决。民主党人同时控制了立法和行政部门,假如参众两院的民主党议员听从其党魁杜鲁门总统的号召,那么即使原版基尔戈法案没有被通过,民主党纪律也会确保折中法案获得通过。没有政党或行政纪律的约束,就没有明确表达的统一立场。由于缺乏纪律约束,立法部门可以轻易被各种社会利益群体所渗透,因此国会就会被多元利益群体所传达的混合信息所撕扯,处于有利位置的国会保守派就能将这项法案搁置。

从党内争端到体制内冲突

1946 年大选之后,共和党人自 1928 年以来第一次同时控制了参众两院,但行政部门则由民主党人控制,这就导致了国家权力的分裂局面(Jones,1975:328)。1947 年国会会议召开时,基尔戈已经被剥夺了重要的委员会主席身份,来自新泽西州的共和党人、参议院劳工与福利委员会的参议员亚历山大·史密斯负责科学立法方面的事务。他与普林斯顿大学关系密切,在上届国会会议上,他曾以参议员的身份支持由布什推动的基尔戈—马格努森折中法案的修正案(England,1982:48;B. L. R. Smith,1990:46)。布什联盟在国家体制中的结构化地位提升(即他们可以在私下对那些拥有正式国家权力的人施加更大的影响)令布什十分兴奋,也促使

㊲ 全国制造商协会文件,全国制造商协会商业报告,1946 年 2 月 20 日—3 月 20 日,微缩胶卷,微缩号 4;入藏号 1411,系列号 5,委员会会议纪要,盒号 10,全国制造商协会委员会会议纪要卷:1946 年 3—4 月,1946 年 4 月 24 日专利与研究委员会执行小组会议纪要,以及 1946 年 5—9 月和 1946 年 6 月 26 日专利与研究委员会会议纪要。

史密斯向产业界代表夸口说，形势的改变将使布什联盟“在形势上占据主动权”。[38] 史密斯询问基尔戈是否愿意与他一起作为拟议法案的共同提案人，但是基尔戈拒绝了，并告诉史密斯，对方拟议的法案和他自己坚信的科学立法的基本原则相悖。[39]

在准备新法案期间，实际上是在整个第 80 届国会期间，参议员史密斯一直都在征询布什博士、哈佛大学校长与科学研发局副局长詹姆斯·科南特，以及麻省理工学院校长与科学研发局局长卡尔·康普顿的意见。[40] 在这三个人中，布什可能在此前所有立法活动中的参与程度最深。本届国会开始时，布什在给科南特的一封信中写道，“近来有很多针对这个科学立法的活动，我一直忙得不可开交”。[41] 就像参议员马格努森一样，史密斯也接受了布什的助手约翰·蒂特在法案起草方面，129
以及组织听证会和国会争论方面的帮助。[42]

除了与科学研发局的核心成员并肩作战之外，史密斯还寻求军方的支持。他与美国海军部部长詹姆斯·福里斯特尔有密切的工作关系。福里斯特尔和史密斯一样，与普林斯顿大学关系密切，而且史密斯曾不止一次就拟议的立法草案征询福里斯特尔的意见。例如，史密斯曾询问福里斯特尔关于是否在拟议成立的国家科学基金会中成立一个军事研究部门的看法，他告诉福里斯特尔，如果海军认为这样的部门不合适，那么他“当然要非常严肃地考虑这个问题”。[43]

史密斯还希望获得企业的支持，因此就立法问题咨询了产业界代表的意见。应史密斯的请求，在 1946 年大选之后，新泽西州默克公司的研究主管伦道夫·梅杰在纽约的大学俱乐部安排了一场晚宴。出席晚宴的嘉宾包括工业研究主管协会

㊳ 亚历山大·史密斯文件，盒号 132，劳工与福利委员会卷：国家科学基金会，1946 年 12 月 13 日布什致史密斯的信、1947 年 2 月 21 日史密斯致麦科伊(McCoy)的信。

㊴ 亚历山大·史密斯文件，盒号 132，劳工与福利委员会卷：国家科学基金会，1947 年 1 月 20 日基尔戈致史密斯的信。

㊵ 布什文件，一般通信类，盒号 85，册号 1912：国家科学基金会(1946 年 12 月)，1946 年 12 月 18 日和 1947 年 1 月 6 日史密斯致布什的信、1947 年 1 月 28 日布什致史密斯的信；盒号 69，册号 1686：伦道夫·梅杰，1946 年 12 月 30 日布什致梅杰的信；亚历山大·史密斯文件，盒号 132，劳工与福利委员会卷：国家科学基金会，1947 年 1 月 6 日史密斯致塔夫脱的信、1947 年 3 月 4 日史密斯致布什的信、1947 年 5 月 29 日史密斯致科南特的信、1947 年 5 月 29 日史密斯致康普顿的信。

㊶ 布什文件，一般通信类，盒号 85，册号 1912：国家科学基金会(1947 年 1—2 月)，1947 年 1 月 29 日布什致科南特的信。

㊷ 亚历山大·史密斯文件，盒号 132，劳工与福利委员会卷：国家科学基金会，1947 年 2 月 11 日史密斯致蒂特的信；布什文件，一般通信类，盒号 85，册号 1912：国家科学基金会(1947 年 1—2 月)，1947 年 1 月 29 日布什致科南特的信；册号 1912：国家科学基金会(1946 年 12 月)，1947 年 1 月 16 日蒂特致布什的信。

㊸ 亚历山大·史密斯文件，盒号 132，劳工与福利委员会卷：国家科学基金会，1947 年 2 月 11 日、3 月 13 日和 3 月 28 日史密斯致福里斯特尔的信。

成员和新泽西州的参议员史密斯,以及其他几位参议员(康纳访谈,1990 年 9 月 26 日)。㊹ 布什也在受邀之列,但是他并未出席。在晚宴举办前夕,布什致信伦道夫·梅杰,他在信中说道,"我想我还不确定是否会出席你们共襄盛举的这场晚宴,因为我不知道我的身份是否合适,毕竟我目前还是尚未解散的科学研发局的负责人"。㊺

史密斯认为这场晚宴成果丰硕,声称他已获得工业研究主管协会成员对立法的全力支持。在晚宴后写给参议院同事的一封信中,史密斯吹嘘他"与我们这个时代最重要的研究团队的主管们一起度过了'愉快的时光',并且完整地向他们兜售了我们的法案"。㊻ 同时,在给罗格斯大学的威廉·科尔的一封信中,史密斯承认工业研究主管协会对自己的影响。他告诉科尔,"我发现,他们一致坚持这项[科学]法案仅限于纯科学的研究,而不是应用科学……因此我们实际上把'科学开发'这个词从法案中删掉了"。㊼ 虽然史密斯认为助学金和奖学金方面的条款应该在其他法案中予以考虑,但他承认,在乔治·默克和詹姆斯·科南特的坚持下,相关条款已经被纳入国家科学基金会的立法中了。㊽

130 在与工业研究主管协会成员共进晚宴后不久的 1947 年 2 月 7 日,史密斯推出了他的法案。这项法案标志着成立国家科学基金会的第二次立法努力。史密斯法案(即 S.526 法案)要求由总统为**一个大的委员会**挑选成员,该委员会将所挑选的人员组成一个执行委员会,而执行委员会再选出一名基金会主管。此外,虽然拟议成立的基金

㊹ 为了理解这场围绕着国家科学基金会立法争论而表现出来的人际关系的重要性,应当注意此次晚宴的几个特点。第一,除了一家企业之外的其余所有出席晚宴的代表都是全国制造商协会会员,其中有好几家企业代表都担任或一度担任全国制造商协会专利与研究委员会委员。第二,布什与乔治·默克相识已久,他们分别同在麻省理工学院和哈佛大学求学,后来二战期间在布什领导科学研发局的同时,默克担任战争部部长的特别咨询专家(Bush,1970:208—209)。二战期间担任科学研发局特别助理的约翰·康纳战后成为默克的秘书兼总顾问。布什本人后来也在默克所在的董事会任职。有关默克的更多资料,请参见参考文献(Young,1980:447—448)。

布什文件,一般通信类,盒号 69,册号 1686:伦道夫·梅杰,1946 年 12 月 27 日梅杰致布什的信;盒号 75,册号 1751:乔治·默克(1945—1950),1947 年 1 月 9 日梅杰致布什的信、1947 年 1 月 14 日布什致梅杰的信;盒号 69,册号 1686:伦道夫·梅杰,1946 年 12 月 30 日和 1947 年 1 月 6 日布什致梅杰的信;亚历山大·史密斯文件,盒号 132,劳工与福利委员会卷:国家科学基金会,1947 年 2 月 11 日史密斯致梅杰的信、1947 年 2 月 5 日梅杰致史密斯的信。

㊺ 布什文件,一般通信类,盒号 69,册号 1686:伦道夫·梅杰,1946 年 12 月 30 日布什致梅杰的信。

㊻ 亚历山大·史密斯文件,盒号 132,劳工与福利委员会卷:国家科学基金会,1947 年 2 月 11 日史密斯致默克的信、1947 年 2 月 10 日史密斯致索顿斯托尔的信。

㊼ 亚历山大·史密斯文件,盒号 132,劳工与福利委员会卷:国家科学基金会,1947 年 3 月 13 日史密斯致科尔的信。

㊽ 亚历山大·史密斯文件,盒号 132,劳工与福利委员会卷:国家科学基金会,1947 年 3 月 13 日史密斯致巴克利的信。

会准备下设一个国防研究部门,但其重点放在基础研究上。为与布什的观点一致,这项法案不包括专利条款,也没有专门提到社会科学(Hodes,1982:149—150;Rowan,1985:129—130)。最后,与史密斯在上届国会会议上提出的旨在替代S.1850法案的修正案不同,新史密斯法案承认协调政府科学政策的必要性,并规定成立一个跨部门委员会来**协调**联邦政府的科研活动(Jones,1975:330—331)。由此看来,该法案保留了基尔戈立法努力中的若干基本理念。

就在史密斯推出其法案的同一天,参议员埃尔伯特·托马斯(Elbert Thomas)提出了S.525法案,该法案与基尔戈和马格努森联手在第79届国会上提出的S.1850法案几乎完全一样。两项法案同时被提交至史密斯所在的劳工与福利委员会。3月26日,在该委员会之外报告的这项法案带有史密斯法案的编号,即最初的S.526法案(Jones,1975:330)。在国会争论中,议员们对S.526法案提出了大量修改意见。成功的一面是确保研究资源按地域公平分配的条款将被加入该法案的修正案中,但失败的一面是社会科学和专利条款未获通过,不能被加入该法案的修正案中(Jones,1975:333—334;McCune,1971:121—125)。

最重要的是,在杜鲁门、预算局官员、布什和其他科学精英,以及参议院负责人等共同出席的会议上,他们就该法案中的管理条款达成了妥协。相比最初的基尔戈法案,达成妥协后的条款在管理方面的力度很弱,即要求由总统来任命基金会主管,同时总统也可以运用其自由裁量权免去基金会主管的职务。这项体现妥协精神的立法修正案之所以能被通过,根据国家科学基金会历史学家默顿·英格兰(Merton England)所说,只是因为史密斯和可能反对其他修正案的人们误解了自己为什么投票。在提出的两项修正案中,一项仅赋予总统免去基金会主管职务的自由裁量权,另一项则同时赋予基金会委员会和总统免去基金会主管职务的权力。史密斯赞同的是后一项修正案,却误将票投给了前一项,使得前一项修正案以一票之多险胜(1982:76)。

该法案以不同形式在参众两院得以通过,并被送往两院协商委员会。7月下旬,由两院协商委员会审议通过的S.526法案与S.1850法案大不相同。首先,S.1850法案对基金会委员会成员所代表的专业群体或利益群体未置一词(仅提到他们的人选基于政治立场),而S.526法案则说其成员应该是"基础科学、医学、工程、教育或公共事务领域中的杰出人物",应该在这些领域做出过突出成绩,应该代表"这个国家所有领域中科学领袖的观点"(U.S. House,1947b:1)。很显然,这是科学精英的一项策略。委员会将不代表所有社会利益群体的观点,而只代表**科学界领袖**的观点。根据该法案,为研究具体科学问题(如癌症)而成立的专门委员会将由科学家主导。每个这样的专门委员会将有六个科学家席位和五个普通公众席位(5)。其次,基金会在很大程度上将由其成员(此处系指基金会的委员会成员,委员会才有下设的执行委员会。——译者注)和他们选出的执行委员会来控制,而执行委员会显然对管理没有什么兴趣。最后,在对管理的控制权问题上,作为对非精英大学的科学家和教育家的让步,该法案建议总统在考虑基金会的委员会人选时,不仅要咨询国家科学院,而且要征询赠地大学和大学协会等组织的意见(2)。

与之前的法案相比,该法案更加注重基金会在政策方面的作用,但这一作用不涉及应用科学领域。该法案要求基金会为美国的基础研究和教育事业制定**国家层面的政策**(U. S. House, 1947b: 2)。在此,关于基金会在政策上发挥作用的细节尚不明确,而它的**协调作用**则引起了广泛关注。该法案要求成立一个由相关部门和机构的代表所组成的跨部门科学委员会,该委员会的目的是取消不必要的重复职责,并为总统、相关基金会和其他相关机构提供建议,以满足该法案的相关要求。

该法案仍然要求基金会在军事和医学研究中发挥作用,但是明确地将原子能研究排除在外。该法案提到了具体科学领域,但不包括社会科学。该法案没有回避专利问题,但是基金会的专利政策由基金会根据其是否符合"公众利益"来决定(U. S. House, 1947b: 6)。最后,两院协商委员会通过的法案缺少参议院修正案中对科研资源按地域分配的要求。

对于这项法案的命运至关重要的是——修正案中授予总统任命基金会主管的权力被两院协商委员会删除了(U. S. House, 1947b: 3)(参见表5.6)。在这种情况下,与之前的法案一样,大部分美国科学家对该法案的影响并不显著。为了建立一个针对科学立法的科学统一战线,康奈尔大学校长埃德蒙·戴(Edmund Day)于1946年底成立了支持国家科学基金会社团联合委员会(England, 1982: 65)。这个委员会由70多个科学社团组成,包括哈洛·沙普利和以赛亚·鲍曼这样的科学界领袖,他们反对早些时候针对国家科学基金会立法的工作。[49] 布什不反对该委员会,但是根据国家科学基金会历史学家英格兰的说法,布什与该委员会始终保持距离(65)。

㊾ 基尔戈文件,盒号48,国家科学基金会卷(第79和第80届国会);1947年2月3日社团联合委员会会议纪要。

表 5.6　第二轮立法争论：最初的基尔戈法案与最终的史密斯法案之对决

	最初的基尔戈法案	两院协商委员会通过的法案(S.526)
总统任命	委员会和基金会主管	仅任命委员会
协调/计划	强力授权	模糊授权
控制/管理	企业、劳工、农民、消费者	可能由科学精英主导
所支持的研究	基础研究和应用研究	基础研究
专利政策	非独占许可	由基金会决定
是否包括社会科学	未具体提及	未具体提及
资源的地域分配	未讨论	未讨论

支持国家科学基金会社团联合委员会的成员组织似乎都认同的一个议题是这个国家科学基金会应该由**一个单一管理者**来主导。史密斯寻求社团联合委员会的支持，由总统任命基金会主管的具体条款在参议院获得通过，但是在两院协商委员会却被删除。这使得社团联合委员会的一位成员得出结论，即"对科学立法直接负责的国会议员似乎不太重视多数科学家（约占总人数的 2/3）的观点，而更重视少数杰出科学家的看法"(Wolfe, 1947：533)。

由于该法案缺少规定总统任命基金会主管且该主管必须向总统负责的条款，因此引起了行政部门针对杜鲁门总统是否应该签署该法案的分歧。与先前支持布什推动的法案一样，军方建议总统签署该法案，而公共卫生署和其他机构也表示支持。但预算局——曾极力主张成立一个对总统负责的行政机构，但不赞成赋予非全时官员行政职责——却陷入了分裂状态：领导层建议投反对票，而其他人则认为预算局没有理由进一步推迟国家研究计划的进展(Rowan, 1985：143—146)。

最后，杜鲁门听从了预算局领导层的建议，于 8 月初否决了该法案。他对此表示"深感遗憾"，因为他认为 S.526 法案的支持者竭力阻止基金会被政治主导，一旦该法案成功通过，就会出现一个"脱离人民控制，在某种程度上意味着对民主进程明显缺乏信心"的政府机构。简而言之，杜鲁门认为，假如他签署了该法案，那么这个基金会就会以不当手段损害总统特权和公共责任(Jones, 1975：340—341；England, 1982：81；McCune, 1971：133—134)。

杜鲁门的否决标志着国家科学基金会立法的第二次重大延迟。为基金会成立所做出的第一次立法努力的失败是三个因素相互作用的结果，即渗透性国家体制、内部意见有分歧的行政部门，以及无法强制执行政党纪律的多数派党（民主党）。在第二次立法努力失败的案例中，国会竟然通过了一项杜鲁门不可能接受的法案，这可以归因于共和党人对立法部门的掌控。然而，并不能认为民主党人的控制就能保证被总统认可的法案得到赞成票。无论是否得到科学界领袖和工商界精英的帮助，南方民主党人可能都会与共和党人联手，阻止向杜鲁门提交他欣赏的法案，或者精心设计一项总统不会接受的法案。

从不同意义上讲，这两次失败都是由多种因素决定的。在第一次失败的案例中，我所指出的上述三个结构性因素（即渗透性国家体制、内部意见有分歧的行政部门、无法强制执行政党纪律的多数派党）中的任何一个都有可能决定拟议法案的命运，尽管在第一次推动成立国家科学基金会立法努力的失败案例中，这三个因素都发挥过作用。在第二次失败的案例（即杜鲁门否决了国家科学基金会法案）中，即便没有分权体制（共和党人控制立法部门，而民主党人控制行政部门），看似不同的情景却可以产生相似的结果。例如，南方民主党人和共和党人联手在任何一个国会委员会中否决掉该法案。

从总体上看，这两次国家科学基金会立法未获通过可以归为同一个原因，即美国国家体制和政党制度的问题。美国国家体制和政党制度（无论当时还是现在）反对政策创新的能力大于支持政策创新的能力，而且正如我将要分析的那样，结构上的修正是为了对抗政府的否决能力，促成国家科学基金会立法的通过。

屡败屡战：国家科学基金会成立

S.526 法案未获通过，参议员史密斯在杜鲁门的要求下着手起草一项折中法案（McCune，1971：143）。史密斯再次向布什征询有关立法的建议，布什的助手约翰·蒂特参与了法案起草。正如史密斯之前所做的那样，他这一次同样就国家科学基金会内部是否成立一个军事研究部门的问题征询了军方意见。科学研发局的前职员查尔斯·布朗（Charles Brown）后来与海军研究办公室一道，应史密斯的要求准备了一项可能采用的修正案，将军事研究排除在国家科学基金会的资助范围

之外。最后，史密斯还就基金会的管理问题征询了科学家和行政部门的意见。(50)

新法案（即 S. 2385 法案）于 1948 年 3 月下旬提出，基尔戈是共同提案人。(51) 这
是一项真正的折中法案。为了避免总统行使否决权，这项新法案要求基金会主管 135
由总统任命。旧法案中赋予了执行委员会很大的控制权，这一条款却从最后的草案中删除了，但新法案的草案仍然规定基金会在很大程度上**处于科学家的控制之下**。和 S. 526 法案一样，新法案要求管理基金会的委员会成员在科学或公共事务领域表现突出，而基金会下设的专门委员会中的多数成员必须是科学家。这一法案确实赋予基金会以**政策制定的角色**，但仅限于基础研究和教育领域。令基尔戈格外感到勉强的是，该法案赋予基金会在政策方面的作用包括评估“科研对工业发展和公共福利的影响”（U. S. Senate，1948：6）。另外，基金会下设的专门委员会负责为其所涉及的科学领域进行调研，并在此基础上为各领域的总体资助计划制定规划和提出建议。

根据军方的建议，该法案要求基金会支持国防领域的研究，但不要求其成立军事研究部门。此外，其中一项条款也认可了对非精英大学的关注：尽管没有确立具体的资源分配方案，但告诫基金会避免研究和教育资助的“不当集中”。最后，像 S. 526 法案一样，S. 2385 法案的专利条款将政策制定权留给了基金会，但**剥夺了基金会作为研究与科学政策领导者的角色**（U. S. Senate，1948）。

一些左翼科学家批评 S. 2385 法案没有要求成立一个具有协调能力的重要的政策制定机构，又将基金会的控制权交给了公民个人，而且无法保证资源公平地按照地域进行分配。(52) 全国制造商协会早先支持过布什法案，但其内部在是否支持科学立

---

(50) 布什文件，一般通信类，盒号 110，册号 2617：约翰·蒂特，1947 年 11 月 12 日蒂特致布什的信；盒号 85，册号 1912：国家科学基金会（1947 年 3—12 月），1947 年 12 月 27 日布什致韦布（Webb）的信。亚历山大·史密斯文件，盒号 132，国家科学法案卷：1948 年 12 月 23 日赫尔曼（Herman）致史密斯的信。劳工与福利委员会卷：国家科学基金会，保险柜存放，1947 年 11 月 24 日，蒂特；1947 年 12 月 5 日史密斯致沃尔弗顿（Wolverton）的信；国家科学法案卷：1948 年 3 月 3 日“修订草案-第 6 章”；备忘录，1948 年 3 月 24 日蒂特致史密斯的信；1948 年 3 月 15 日韦布致史密斯的信、1947 年 12 月 10 日沙普利致史密斯的信。

(51) 亚历山大·史密斯文件，盒号 132，国家科学法案卷：备忘录，1948 年 3 月 17 日小亚历山大·史密斯致亚历山大·史密斯的信。

(52) 基尔戈文件，盒号 48，国家科学基金会卷（第 79 届和第 80 届国会）：备忘录，华盛顿科学家协会科学立法研究小组，1948 年 4 月 5 日。

法的根本问题上产生了分歧。㊵ 尽管并非人人满意,但该法案还是获得了广泛支持。S.2385法案于1948年5月5日在参议院获得通过,并于6月初进入众议院的听证流程。

经过几场听证会后,S.2385法案于1948年6月4日在众议院州际及对外贸易委员会获得批准(Chalkley,1951:18)。商业委员会将该法案提交给众议院规则委员会(众议院下设的一个委员会,决定将哪些法案提交至国会进行大会表决。——译者注),在那里获得批准后才能被递交至众议院争论(England,1982:91)。然而,共和党人控制的规则委员会没有批准该法案,导致该法案就此夭折。

一位历史学家认为,共和党高层也许是蓄意阻挠该法案,因为1948年恰好是总统大选年,共和党人"不希望杜鲁门手握国家科学基金会大约25个职位的任命权"(McCune,1971:145)。另一位历史学家则指出,前民主党国会议员弗里茨·拉纳姆(Fritz Lanham)和国家小儿麻痹症基金会的反对助推了这一法案被扼杀(England,1982:91—92)。

与之前的立法努力一样,该法案失败的原因最终也得从结构上解释。一个直接原因显然是分权的国家体制。共和党人扼杀这一法案的决定或许是受到利益群体的影响,这就提示了国家体制的渗透性在这次立法努力失败中所起的作用。然而,如果再次考虑美国的国家体制和政党制度的结构性特点,就可以想象,一个看似颇为不同的情景实际也会导致这一法案的厄运。不管这个直接原因是什么,总之,1948年的总统大选并没有出现共和党人所希望的结果。杜鲁门再次当选,民主党人获得了两院的控制权,这就为围绕着国家科学基金会成立的最后争论搭建了舞台。

第81届国会之初,曾经支持S.2385法案的同一批参议员提出了S.247法案,新法案本质上与S.2385法案一样。1949年初,全国制造商协会已经将注意力转移至其他事务。㊶ 包括美国科学家联盟在内的科学家组织敦促对这一法案进行表决(*Bulletin of Atomic Scientists*,1949:184),布什的助手约翰·蒂特也继续为

㊵ 全国制造商协会文件,入藏号1411,系列号5,委员会会议纪要,盒号11,1947年1月—1948年5月,全国制造商协会委员会会议纪要卷:1948年1—3月,1948年2月20日专利与研究委员会执行小组会议纪要;全国制造商协会委员会会议纪要卷:1948年7—9月,1948年4月28日专利与研究委员会会议纪要,1948年10月4日政府研究角色小组委员会会议纪要。

㊶ 全国制造商协会文件,入藏号1411,系列号5,委员会会议纪要,盒号12,1948年6月—1949年10月,全国制造商协会委员会会议纪要卷:1949年1—3月。

该法案的通过而奔走。㊹ 该法案迅速在参议院获得通过,并在众议院开始举行听证会的 3 月底被提交至众议院。

1949 年 6 月中旬,众议院商务委员会批准了一项与参议院版本仅略有差别的法案(Chalkley,1951:18)。像之前的法案一样,新法案被送往众议院规则委员会,还是在这里,国家科学基金会的立法进程又一次被卡住了。也许是受到了国家科学院院长弗兰克·朱伊特的压力,共和党人和南方民主党人联手将该法案在规则委员会压了下来,从表面上看,他们是担心联邦政府对科学的资助增长得太快(Rowan,1985:180)。㊺

新法案在众议院规则委员会被压了 7 个多月,最终借助"21 天"法则而摆脱了困境(Chalkley,1951:23)。规则委员会主席阿道夫·萨巴思(Adolph Sabath)提出的这项法则,是自由民主党人所主导的国会为了化解负面力量而做出的尝试,所谓"负面力量"是指规则委员会——由 4 位共和党议员和 3 位南方民主党议员所组成的保守联盟控制——总是乐此不疲地拖延甚至终止立法进程。"21 天"法则在第 80 届国会上通过众议院的程序性表决而被采纳,但在民主党丧失 29 个席位之后的第 82 届国会上又被保守的共和党议员与南方民主党议员的联盟所废除了(*Congressional Quarterly*,1982:63)。

尽管"21 天"法则推行的时间不长,但它带来了国家结构的临时性改变。"21 天"法则是指国会任何一个委员会在审议一项法案并且将该法案提交至规则委员会后,如果规则委员会无法在 21 天之内做出是否送交国会的决定,那么提出审议要求的委员会主席可以直接将该法案提交至国会进行大会辩论。通过实施这一法则,限制了渗透性国家体制、国会权力分散,以及政党纪律不严在立法中的影响,防止资深的南方民主党人和共和党人联手在规则委员会终止立法进程。与之类似,由于这些立法者无法将法案扼杀在规则委员会,因此"21 天"法则还限制了社会利益群体代表与手握重权的立法者之间因私下接触而产生的影响。

一旦经规则委员会批准,这项法案便于 3 月 1 日在众议院通过,略微修改后于 4 月底经两院协商委员会审议通过(Rowan,1985:182)。杜鲁门总统于 5 月 10 日签署了《1950 年国家科学基金会法》,此时距第一次启动国家科学基金会的立法工作已有近五年之久,而距基尔戈开始探索国家层面的研究政策已近八年。

㊹ 布什文件,一般通信类,盒号 110,册号 2617:约翰·蒂特(1947 年 9 月—1949 年 5 月),1949 年 3 月 17 日蒂特致布什的信。

㊺ 布什文件,一般通信类,盒号 21,华盛顿卡内基基金会卷:1949 年 6 月 24 日谢勒致布什的信。

最终的法案对基尔戈而言只是取得了部分胜利。基金会主管还是由总统而非由他所任命的委员会来遴选。然而，该法案的文本表述又在无形中确保了基金会将由**科学精英主导**。《1950年国家科学基金会法》中完全没有基尔戈在其早期法案里曾经提出的该组织的委员会应当代表广泛社会利益群体的表述。实际上，遴选出来的委员会成员要"代表这个国家所有领域中科学领袖的观点"，而且在基金会下设的各专门委员会中，多数成员必须是"杰出科学家"（*Bulletin of Atomic Scientists*，1950b：186—187）。

像S.526法案一样，《1950年国家科学基金会法》要求基金会制定"符合公众利益"的专利政策，但与基尔戈的早期努力不同的是，该法既没有保证给予政府资助的研究成果专利以非独占许可，也没有像基尔戈最初希望的那样，为专利权归属于联邦政府提供保证。

在基金会是否扮演中心协调和政策制定的角色问题上，正如丹尼尔·凯夫利斯所指出的那样，依照最终的法案而成立的国家科学基金会在更大的联邦政府体制中将"只是一个小伙伴"（1987：358）。**这个机构被赋予的政策角色是模糊的**。《1950年国家科学基金会法》要求基金会制定基础研究而非所有研究的政策，并且希望其制定的政策包括评估政府已有的资助计划，以及评估基金会的研究资助计划与公共和私营部门开展的项目之间的"相关性"。基金会没有被赋予评估研究对公共福利的影响的职责，这不符合S.2385法案的要求，也区别于基尔戈在其早期法案中的设想。最后，基金会在与国防部部长磋商之后才能开展军事研究，而且，尽管《1950年国家科学基金会法》没有具体条款否认早期法案对基金会要发挥中央协调机构作用的要求，但最终法律文本的有限授权，以及1945年至1950年间其他政府机构的陆续成立，实际上已经使得国家科学基金会无法发挥这一作用（参见表5.7）。

表5.7 立法建议与最终法律文本的概要

	民粹主义者法案 （哈利·基尔戈）	科学家/产业界法案 （万尼瓦尔·布什）	《1950年国家科学基金会法》
协调/规划	强力授权	模糊授权	模糊授权
控制/管理	企业、劳工、农民、消费者	科学家（和其他专家）	科学家（和其他专家）
所支持的研究	基础研究与应用研究	仅限基础研究	仅限基础研究
专利政策	非独占许可	未提非独占许可	未提非独占许可

为国家科学立法的曲折历程

在本章中,我不仅从直接原因方面来解释围绕着成立国家科学基金会而展开的立法持久战,而且在美国国家体制和政党结构的大背景下来分析这些直接原因。从许多方面看,美国研究政策的政治过程遵循着经济与社会政策制定的模式。一系列关于经济与社会政策的比较研究表明,集权化的隔离型国家体制和纲领性政党是制定全面协调政策的重要基础,而这些特征的缺失恰好解释了美国社会条件的不完整,以及国家无力实施协调而全面的产业政策(Shonfield,1965)。鉴于分权的国家体制和纪律松弛的政党,漫长争论的结局是成立一个职责狭窄的精英主导的研究政策制定机构,以及维持一个在研究政策方面进一步碎片化的国家结构,这也就不足为奇了。

第一次围绕着国家科学基金会的立法努力清楚地表明,国家体制和政党结构对科学立法的快速通过造成了阻碍。高度渗透性的国家体制加上易受选民利益影响的立法者,使妥协成为必要。一旦达成妥协,如果民主党国会议员威尔伯·米尔斯与他的政党分道扬镳,并在布什的敦促下提出一项受到布什启发的法案,那么这种妥协便遭到破坏。当时,布什还是行政部门的官员,并且显然得到了军方支持。虽然民主党人同时控制着行政和立法部门,但是总统无法控制各个行政部门,更不用说控制党内的国会议员了。最终,在缺乏纪律约束的情况下,审议该法案的众议院委员会极易受到社会利益群体的影响,而国会也会受到来自各种利益群体传递的模糊不清的信息的撕扯,国会中的保守派(既有共和党人也有民主党人)就可以将该法案束之高阁。

在许多国家的议会体系中,基尔戈的早期法案在没有妥协的情况下都会通过,那么第二次立法努力就永远不会发生。但是在一个分权的政府,杜鲁门总统发现,有必要否决对行政特权构成明显挑战的立法。

推动国家科学立法的第三次和最后一次努力说明了分权政府、渗透性国家体制和非纲领性政党所带来的问题。在第80届国会的第二个会期,共和党人仍然控制着参众两院,国会委员会将该法案压在手里不让杜鲁门获胜。国会的渗透性可能也是一个因素,因为一些历史学家指出(同时代的人也这么认为),国会委员会成员一直受到非国家行动者(一位前国会议员和一个医学基金会)的鼓动而去压制该法案。在最后一次立法努力中,由于政党纪律缺失,以及给予少数保守派议员较大权力的国会委员会制度,可能还有特立独行的科学家(即弗兰克·朱伊特)对国会委员会产生的影响,导致该法案被搁置了相当长一段时间。就是在这段时间,国家结构发生了短暂变化,抑制了渗透性国家体制、分散化的立法权力和政党纪律松弛的影响,从而使《1950年国家科学基金会法》得以通过。

我对成立国家科学基金会的四次立法努力的分析,可以被视作对不同时间所发生的四个类似案例的比较。其中,前三个案例在结构上是相似的,每一次失败都可以结合几个方面的因素加以分析,即渗透性国家体制、分散化的立法权力、分权的行政部门、行政部门与立法部门之间的意见分歧,以及民主党不能强迫其党员服从纪律约束等。在最后一个案例中,一项国会法则改变了国家结构,或者至少改变了国家体制中的这些结构性因素的作用。这一变化使《1950年国家科学基金会法》得以通过。

为国家科学立法的艰难历程,将几个对理解美国国家构建具有长远且重要意义的议题推向了人们的视野。第一个议题,如同美国和其他地方的国家体制构建案例一样,危机(在这个案例中指的是二战)成了一个分水岭,为美国提供了一个独一无二的机会。国家体制内的行动者利用这一机会的能力受到结构性因素的严重制约,这些结构性因素包括可渗透的分权的国家体制、分散化的立法权力和纪律松弛的政党,而且在早期美国国家构建时就已经存在。

第二个重要且相关的议题涉及是否成立一个权力集中的国家机构。基尔戈在这方面的失败与美国国家体制构建中其他失败的尝试如出一辙。正如阿门塔与斯考切波所指出的,"为战争所进行的经济动员意味着中央集权",但是一些国家因二战而确立了永久性的集权机构,而美国的此类机构却只是暂时在战时进行协调。事实上,就像美国在战时的一些其他机构一样,基尔戈的中央协调模式的科学研发局是作为应急管理办公室的一部分而成立的。不足为奇的是,社会与经济计划方面的相关工作也被视为战时的非常规做法(1988:112)。因此,在一定程度上可以说,基尔戈大胆尝试的失败,也许正是美国的国家和政党结构之组织化历史的开端。

这场立法争论的最后两个特点也值得提及。首先,要记住的是,在我们所讨论的那个时期,美国非纲领性政党的影响具有显著特征。内战使得民主党而非共和党被南方保守派控制,这些民主党人一贯反对中央集权,并普遍反对增加联邦政府支出。因此这些民主党人与共和党人的联盟为国家构建的努力赋予了鲜明特征。

其次,为成立国家科学基金会而做的努力受到贯穿于整个美国历史的一个议题——即行政特权——的推动,这个议题导致了立法部门和行政部门之间的分歧。在本案例中,科学精英想要控制自己的基金会的兴趣,与国会向来惧怕向总统让渡太多权力的历史相契合,而且实际上总统致力于提升自身权力的努力对于立法者而言肯定是前所未有的。毕竟正是在1938年,富兰克林·D.罗斯福才提出重组行政部门的要求(Leuchtenburg,1963:277),然而他的种种努力在国会备受指责。

除了让美国国家体制的组织方式议题变得更加突出之外,围绕着成立一个国家科学基金会的这场立法争论的案例研究也引出了两个相关社会群体的重要议题,即工商界人士和科学家。本章的分析表明,研究这段历史的学者低估了工商界利益群体在政策形成过程中的重要性,而且一直没有人对科学精英与工商界人士之间交集的重要性给予足够的关注。认识到这两个群体之间存在交集是很重要的,因为这意味着工商界对政策的影响有时可能是间接的。因此,尽管我们通常不认为万尼瓦尔·布什代表工商界的利益,但是他与工商界领袖之间的密切关系,以及他对大企业事务的参与,影响了他对科学立法问题的思考,这一思考显而易见地体现在《科学——无尽的前沿》中。

本研究也凸显了美国政策形成过程中非正式关系的重要性。"工具主义"的马克思主义有时被指责过于简单,在我们所讨论的这个案例中,还没有迹象显示工商界具有影响政策制定的特殊的组织力量。相反,相互重叠的密集的社会关系网和彼此互联的工业研究主管协会成员们将触角直接延伸至国家体制内部,而不需要工商界人士在国家体制中占据一席之地,这似乎就已经奠定了其影响政策制定的基础。

斯考切波认为,"从历史上看,美国相对薄弱的、去中心化的分权型国家结构,加上早期的民主化,以及缺乏一个政治上团结一致的工人阶级,促使并允许美国资本家只追求狭隘利益"(1985:27)。然而,考虑到美国的国家体制结构,可以发现这种状况没有妨碍工商界对政策的影响。在这场国家科学立法争论中,企业不是通过一个有组织的中央机构与国家进行谈判和合作,而是通过非正式渠道施加影响,最终,企业似乎得到了想要的结果:一个主要支持基础研究的基金会,不太可能对专利制度的传统运作构成威胁。事实上,考虑到非纲领性政党和一个分权且高度渗透性的国家体制,工商界和其他社会利益群体(这里指科学家)更有可能利用非正式关系而不是与国家建立正式的组织关系来影响政策制定。此外,在国家结构及其与公民社会之间的界限高度渗透性的情况下,当社会利益群体获得了国家管理者的位置(如布什等人)——不是通过国家与顶级社团之间建立直接关系的方式,他们就能以正式身份影响政策制定过程。

最后,本章对美国科学政策史的研究指出了科学家的政治和社会角色的重要性。20世纪60年代和70年代的一些政治科学文献,就科学和科学家在美国人生活中日益增长的重要性给民主带来的威胁发出了警告(Lapp,1965;Price,1965)。一些文献的确强调了科学家在战后时期不断提升的政治影响力的重要性。例如,斯库勒(Schooler)就致力于研究"使科学家对政策与政策制定产生影响的**因素**"(1971:xiii)。然而,没有人关注科学家作为一群试图实现其自身利益的精英群体所发挥的作用。[57]

但是参与战后研究政策立法争论的科学家们有着两个或三个不同方面的利益诉求。第一,诚如拉普(Lapp)所指出的那样,"[战时提供的]联邦政府经费这一灵丹妙药是非常诱人的"(1965:12)。无论是直接参与战时研究工作的科学家,还是处于边缘状态的科学家,都希望联邦政府在战后保持对科学的高水平支持。第二,虽然科学家之间存在分歧,但科学精英(肯定还有其他人)希望保持科学家对资源分配的控制权。第三,尽管科学界内部有某种分工,但许多物质科学家认为,社会科学对其他科学领域获得资源造成了威胁(Reingold,1987:335)。

二战及围绕着战后研究政策走向的立法争论为科学家们提供了一个特殊环境,他们能够在其中从事可以被宽泛地称为**集体地位提升计划**的活动。此外,这场立法争论可以被部分看作针对由谁来制定研究政策的战争。这也是一种管辖权之争(Abbott,1988),其焦点是倡导由外行还是由科学家来控制科学。最后,通过确保总统对基金会委员会和主管的任命权,实际控制科研资源配置的科学家在很大程度上赢得了这场斗争。

也许国家科学基金会的最终成立应该被视为三个不同利益群体各得其所。第一,代表国家利益(即行政部门利益)的群体通过赋予总统以基金会委员会和主管的任命权条款而获胜。第二,工商界成功地将基金会限制在基础研究领域,没有条款威胁到专利法中的既有产权制度。第三,也是最后一点,科学家获得了对多年后成为其重要资源的联邦政府经费的控制权,同时确立了他们由同行控制研究资源的权利,以及其职业自主性。真正的输家是信仰实质民主或相信应由公众来控制研究资源,以及认为规划和协调是可以延伸至科学政策领域的人。

---

[57] 斯库勒没有意识到科学家也是"寻求影响公共政策制定"的政治行动者(1971:5)。

第六章

从大愿景到小伙伴：分权体制与美国研究政策拼盘

> 没有人给出或可以给出一个易于理解的组织机构图表，以说明（科学）机构、基金会、顾问关系、研究院所，以及近些年在华盛顿涌现的各种委员会的复杂性。
>
> ——梅格·格林菲尔德（Meg Greenfield），政治记者，1963年

> 国家科学委员会的成员显然认为，无论是国家科学基金会还是其他政府机构，都不应该试图主导科学发展的进程，而且这种尝试也必定失败。
>
> ——国家科学基金会，第四个年度报告，1954年

在1945年以前，参议员哈利·基尔戈和他的助手赫伯特·席梅尔曾有一个宏伟的愿景——成立一个可以将国家科学研究与经济社会福利联系起来的组织，一个促进和协调基础研究和应用研究的联邦政府中央机构。但是，由于有关战后研究政策年复一年的持续争论，该机构的职责被逐步分割并被其他一些机构取代。正如历史学家丹尼尔·凯夫利斯所说，国家科学基金会仅仅成了美国政府科学政策联合体中的一个"小伙伴"，即多个机构中的一个（1987：358）。

历史学家认为，国家科学基金会在战后延迟约五年才成立，导致美国在制定联邦政府研究资助政策和优先研究领域方面形成了一个碎片化和多元化的系统（Dupree, 1972：463；England, 1970：3；Maddox, 1981：269；Pursell, 1966：244—245；Rowan, 1985：201；U.S. House Task Force on Science Policy, 1986a：25, 30；Waterman, 1960：1341）。起初规划的单独的科学机构的职责被多个机构分割，其中包括负责军事研究的海军研究办公室和研发委员会，负责核物理相关研究的原子能委员会，负责医学研究的国立卫生研究院（参见表6.1）。

值得注意的是，国家科学基金会在成立之初，便被确定为支持基础研究的中央

机构,但非唯一机构,并被赋予了模糊的研究政策制定和协调职责(Maddox, 1981:269;McCune,1971:276;Rowan,1985:206)。许多现有研究粗略地、就事论事地解释了《1950 年国家科学基金会法》延迟通过的原因,以及由此导致的联邦政府研究政策制定系统的碎片化,例如,卡罗尔·珀塞尔认为,"官僚作风的永恒现实和东西方冷战的新因素削弱了……[国家科学基金会]最初的首要地位"(1966:244)。从更广泛的意义上来说,历史学家断定,当国家科学基金会早期立法未获通过或者其他机构"填补空白"(Dupree,1972:463)时,这些机构"挑起了重担"(U.S. House Task Force on Science Policy,1986a:26)。这些解释过程几近自然而然、不假思索,没有任何历史和组织方面的考虑。

美国研究政策制定系统的碎片化和多元化是常年争论的结果,争论缘于国家体制的组织方式、国家与社会的关系和政党之争,这给国家体制内外的利益群体以时间,将制定研究政策的职责分割给一系列机构。这种高度渗透性的体制,即一种助长拖延的结构,也允许不同利益群体来扩张各自的制度空间。因此军方成立了联合研发委员会并赋予其制定战后研究政策的职责。与之类似,公共卫生署趁国家科学基金会延迟成立之机,也扩大了其在研究政策制定中的作用(U. S. House Task Force on Science Policy,1986a:29)。

本章内容可以分为三个部分:第一,充实了二战刚结束这段时期,国家科学基金会作为联邦政府研究政策制定的制度形态,以及其延迟成立的后果及意义。第二,考察对国家科学基金会赋权的立法(其本身显然是国家政治体制和政党结构的产物)文本的含义,以进一步考察国家科学基金会在制定美国研究政策中所扮演的早期角色。第三,进行了跨国比较研究,以增加本研究的可信度,探究国家体制、社会组织与国家研究政策制定特征之间的关系。

填补军事相关研发的空白

在围绕着筹建国家科学基金会展开激烈争论期间,成立了许多机构,原子能委员会便是其中之一,其赋权法案于 1945 年底提出,并于 1946 年获得两党支持,顺利通过。也许,这一机构由于在长崎和广岛投下的两颗原子弹所产生的重要意义,以及其拟议的狭窄的职责范围,使其避免了国家科学基金会立法时所面临的障碍。该机构集中发展原子能资助计划,并得到一个由总统任命并对总统负责的全职非军方人员组成的委员会的支持(Kevles，1987：349—352)。

有历史学家认为，"随着1946年独立的原子能委员会的成立，尚未诞生的[国家科学]基金会失去了在所有自然科学中最有利可图和引人注目的领地"(Pursell，1966：244)。尽管基尔戈的下属催促他将原子能的相关研究纳入国家科学基金会法案，但是他拒绝了(Jones，1975：326)。的确，将原子能委员会纳入拟议成立的国家科学基金会从来都不是争论的核心问题。然而，在国家科学基金会立法延迟通过期间，原子能委员会的职责确实延伸到了一些本应由新的基金会负责的领域。例如，在1947年，国会为原子能委员会增加了500万美元预算，并明确授权用于癌症研究。此外，原子能委员会重新评估了其不支持与武器或反应堆无关的基础研究的早期决定。1949年，原子能委员会通过合同外包的方式启动了一个基础研究计划，由大学科学家来完成。那一年，原子能委员会资助了67所大学的研究，并且与美国的学院或大学达成了大约144项未分类的研究合同，涵盖了从生物学、医学到物理学等诸多领域(Axt，1952：96)。总之，在国家科学基金会成立之前，该委员会不仅是支持核物理研究的首要机构，而且是其他基础研究的重要资助者(Jones，1975：357)。

虽然原子能委员会最终承担了支持大学基础研究的资助计划，但战后几年里支持学术研究的主要机构却是海军研究办公室(Sapolsky，1979：384，1990)。成立海军研究办公室的想法源自战争期间一群年轻的海军军官，他们大多是科学博士，因负责"寻找不同组织之间共同关注的问题"而被称为"猎犬"(1990：9)。他们想要成立一个不仅可以支持海军科学家研究，而且可以支持民用实验室开展研究的办公室。该机构旨在为了海军武器发展能力的长远利益而推进基础研究(Greenberg，1967：134；Kevles，1987：354；Sapolsky，1990：44)。

1945年5月，海军部部长福里斯特尔利用战时的临时权力成立了这一机构。1946年8月，国会的一项法律确立该机构——海军研究办公室——为常设机构。该机构的主管被赋予"发起、规划、促进和协调海军研究资助计划"(Powers，1947：122)的职责。海军研究办公室除了支持自己实验室的研究之外，也通过合同支持大学的研究。海军研究办公室努力赋予合作大学以最大的灵活性，海军官员决定资助研究的大致范围，非军方科学家决定谁会获得资助(Sapolsky，1990：42—43)。除了对大学基础研究的支持之外，海军研究办公室还支持与海军任务及医学相关的应用研究(Kevles，1987：354—355；Powers，1947：122—123；B. L. R.

Smith，1990：48）。

在二战结束后的差不多十年时间里，海军研究办公室在支持基础研究方面扮演了主要角色，并且得到国会的一贯支持（Jones，1975：359）。在国家科学基金会成立之前，军方"通过海军研究办公室，在学术界成为基础研究的主要支持者"，军方快速转到由于国家科学基金会的缺席而留下的空白领域，建造回旋加速器和电子感应加速器，支持天文学家、化学家、生理学家和植物学家，并将研究范围扩大到彗星、稀土、植物细胞等一些非军事领域（Kevles，1990：xv—xvi）。其在早期对于美国物理学的影响力是显而易见的，1948 年，"几乎 80% 的美国物理学会会议论文标注受到了海军研究办公室资金的支持"（1987：363—364）。

正当国会领导和其他人忙于争论是否在国家科学基金会内部成立一个军用研究部门时，海军研究办公室和原子能委员会正在惬意地消耗和控制着大量联邦政府研究资源。与此同时，1946 年 6 月，战争部部长和海军部部长预料到科学研发局将被撤销，因此成立了联合研发委员会。该委员会旨在协调两个部门有关的研发活动，促进国防研发资助计划的充分整合。为了加强协调，该委员会被赋予了"在陆军和海军之间分配研发计划经费的最高权力"（Stewart，1948：50）。联合研发委员会遵循科学研发局成立的模式，致力于维持军方与非军方研究机构及其科学家之间的密切联系（Powers，1947：122；U. S. House Task Force on Science Policy，1986a：32—33）。该委员会利用许多专家顾问小组来保证非军方科学家的直接参与（Pursell，1966：245）。

联合研发委员会在许多方面都与科学研发局非常相似，万尼瓦尔·布什没有任何悬念地出任了该委员会负责人。1947 年，《国家安全法》授权成立研发委员会，代替了联合研发委员会。布什担任研发委员会负责人直到 1948 年 10 月，随后由卡尔·康普顿接替（York and Greb，1977：15）。新委员会有 250 位全职员工，还包括由 1500 名兼职顾问组成的负责协调数以千计的军用研发项目的顾问小组（Forman，1987：157）。

截至 1949 年，在联邦政府为大学开展物质科学研究提供的总经费中，来自国防部和原子能委员会的经费合计占了 96%（Kevles，1987：359）。对此，当时的学者和历史学家都认为，延迟成立国家科学基金会导致了军方对美国科学的控制（Kevles，1987：360；Rabinowitch，1946：1）。在制定美国的研究政策议程方面，军队毫无疑问地扮演了一个重要角色（Forman，1987）。可以肯定的是，成立中央科学政策机构的立法迟迟未能通过,确实导致了联邦政府研究资源的碎片化(1987:183)。但是,正如福曼所说,不管有没有国家科学基金会,"冷战的政策目标都是保证军方在支持研究方面的突出作用"(226)。①

国家科学基金会缺席下的医学研究

早在有关战后研究政策制定机构立法争论的十多年前,联邦政府就开始了对基础医学研究的支持。1930年,国立卫生研究所成立,其作为当时公共卫生署的一部分,致力于有关慢性病的研究(Swain, 1962:1233)。尽管已经有了国立卫生研究所,但是布什和基尔戈仍然希望能将医学研究纳入国家科学基金会,布什的医学研究委员会,以及许多政府外的医学管理者和研究者都呼吁成立一个新的独立的医学研究机构(Swain, 1962:1236; Bush, [1945] 1960:46—69)。成立国家科学基金会的决心不足反而给了国立卫生研究所和公共卫生署官员以大幅度扩张自己的机构的机会,并以此方式逐步塑造了国家的医学研究政策(Strickland, 1972:21; U. S. House Task Force on Science Policy, 1986a:29)。

公共卫生署的医学研究资助计划的制定过程较为缓慢。战后,国立卫生研究所希望接手科学研发局的医学研究合同,但是布什想将其纳入拟议成立的国家科学基金会。直到确定了基金会立法不会很快通过之后,科学研发局的合同才转而外包给了国立卫生研究所。唐纳德·斯温(Donald Swain)指出,国立卫生研究所的这些合同"加强了新兴的所外研究项目"(1962:1235—1236)。而且战争刚一结束,国立卫生研究所就开始提供研究奖学金,并在1946年成立了自己的研究资助办公室,以协调其日益增多的支持全国大学的研究人员开展的研究项目(1236)。1949年,公共卫生署发放的支持大学和医学院的研究资金达到800万美元,除此之外,还投入了700万美元用于大学研究设施的建设。到1950年,仅研究资金一项就上升到1100万美元(Axt, 1952:102)。

国会授权在1937年成立了隶属于公共卫生署的国家癌症研究所,以支持政府和大学实验室的癌症研究。癌症研究所还支持公共卫生署内部专家和研究人员的高级培训计划(Dupree, 1957:365—366)。研究所"运行顺畅",民选官员普遍支持为医

---

① 麦克劳克兰研究了二战后一段时期内联邦政府资助的科学与国家安全问题之间的密切联系(1989)。

学研究拨款(Strickland,1972:75；Swain,1962:1236)。在这样的环境下,公共卫生署署长建议国会按照与癌症研究所相似的路线,授权成立几个新的疾病研究所。1946年,国家精神卫生研究所获得授权成立,1948年,国家心脏研究所和国家牙科研究所获得授权成立(Swain,1962:1236),同年,国立卫生研究所更名为国立卫生研究院,完成了战后医学研究政策制定体制的建立(U. S. House Task Force on Science Policy,1986a:29)。因此到1950年国家科学基金会最终成立时,已经有了专门负责疾病导向的医学研究机构,留给国家科学基金会的只剩下更为基础的问题——"推进知识的进步与增进对生物学和医学领域的理解"(Bush,1945[1960]：XⅡ；Swain,1962:1236)。

表6.1　1945年至1950年间成立或扩张的具有研究政策制定职责的联邦机构

机构	年份	相关研究政策制定职责
原子能委员会	1946年	通过合同支持原子能和其他领域的基础研究
海军研究办公室[a]	(1945年)1946年	支持与海军的任务、合同与内部研究大致相关的基础研究和应用研究
联合研发委员会/研发委员会[b]	1946年(1947年)	协调国防研究与发展
国立卫生研究院[c]	1946年,1948年	外部资助办公室协调支持医学研究;添加新的机构

　　[a]海军研究办公室于1945年由海军部部长依据战时临时权力而创建,1946年国会确立其为常设机构。
　　[b]联合研发委员会于1946年由国防部部长(原文如此,与本书之前的说法不一致,应为战争部部长。——译者注)和海军部部长创建,1947年国会将其更名为研发委员会。
　　[c]国立卫生研究所创建于1930年,在原有组织的基础上增加了一些研究机构后,于1948年更名为国立卫生研究院。

早期的国家科学基金会

　　我曾说过,而且大多数人也同意这样一个观点:国家层面对科学立法的长期拖延,对战后美国研究政策制定的组织和特点产生了深远影响。我尝试将有关战后研究政策制定的早期考察加以拓展,认为美国国家体制和政党结构特征对解释这种延迟,乃至战后研究政策的最终框架起着重要作用。除了解释国家科学基金会在研究政策制定中最终担任的被削减的角色,以及解释联邦政府研究政策制定体制的碎片化特点之外,美国国家体制和政党结构特征对我们理解早期国家科学基金会也起着核心作用。在本节中,我将考察基金会授权立法中几个未被解决的问题,这些问题是在其早期历史上所遭遇的。

关于国家科学基金会的成立,激起热烈争论的一个核心问题是:谁来控制基金会,以及应该如何管理基金会。最初,基尔戈提议由工商界、劳工界、消费者和农民等社会利益群体的广泛代表组成一个委员会来管理。在争论早期,基尔戈便放弃了这一想法,之后争论的核心问题是:基金会主管是由基金会委员会遴选,还是由总统任命。隐藏在控制和管理的广泛议题之下的真正问题是:基金会应该由科学家管理,还是应该由对公众负有更广泛责任的代表(最终是总统)管理。

杜鲁门总统对待任命一事十分谨慎,在基金会成立之后,他考虑提名弗兰克·P.格雷厄姆(Frank P. Graham)为基金会主管。格雷厄姆是北卡罗来纳州立大学的前历史学教授和前任校长。他曾任罗斯福和杜鲁门政府的顾问,并且因维护工人和少数族裔的权利而闻名(England,1982:122)。

提议任命格雷厄姆为主管,被许多提议任命的首届国家科学委员会成员视作党派政治的结果,为了避免陷入窘境,总统遂在正式任命前撤回了对格雷厄姆的提名(England,1982:123)。由总统任命的委员会成员要求任命的基金会主管应该是公认的科学家或者科学管理者。最终,委员会推荐了艾伦·T.沃特曼(Alan T. Waterman),总统接受了推荐。沃特曼是一位物理学家,也是布什的好友兼同事——麻省理工学院校长卡尔·康普顿——的门生。他曾是耶鲁大学教授,在科学研发局工作过,还是海军研究办公室首席科学家(Kevles,1987:359—360)。此外,沃特曼也是布什本人长期考虑的人选。沃特曼于1951年4月宣誓就任主管一职,此时距离杜鲁门签署《1950年国家科学基金会法》已经过去了将近一年的时间(Wolfe,1957:335)。

国家科学委员会自身代表科学界的不同利益,但比例并不均衡,且没有超出科学界的范围。该委员会被物质科学家和自然科学家控制着,在所有成员中只有一位社会科学家。该委员会中有十六位大学管理人员,另外还有两位著名的私人基金会的代表,两位工商界代表中有一位是通用电气公司总裁。尽管该委员会确实代表了一个合理的地域分配,但是精英机构在委员会中得到了显著代表,事实上,布什在科学研发局长期以来的同事、哈佛大学校长詹姆斯·科南特被选为委员会主席(England,1982:119;Rowan,1985:189)。

在有关国家科学基金会的立法争论中起主导作用的那些利益群体,在基金会中势均力敌,有能力塑造基金会的未来。工商界在基金会管理中起到直接作用,当然,像科南特这样与布什有着密切工作关系的人物,完全有条件领会工商界的利益和关切。另外,军方的利益虽然没有直接体现,但是有着战时研究经验的委员会成员却对此十分了解,作为国家科学基金会主管的沃特曼和他的继任者都有着军方研究背景(Schaffter,1969:31—32)。

从根本上说,国家科学委员会旨在为他们所理解的科学的利益服务。沃特曼认为,他和他的同事"最有能力决定什么是对科学进步最好的"(沃特曼的话转引自参考文献(England,1970:4—5)),而且他相信科学政策"应该主要由科学家自己来决定"(1960:1342)。沃特曼的观点与布什及其科学先锋队的立场几乎一致,他们倡导成立由科学家控制的单独的科学机构,为战时科学研发局的自主性辩护,而且这种有关科学组织的哲学处于战时及战后初期科学家的集体地位提升计划的中心。

成立了委员会,基金会就准备解决立法争论中悬而未决的问题。需要解决的核心问题是,基金会将要扮演的**政策制定和协调角色的本质**是什么。基尔戈原本设想成立一个中央科学政策机构,可以为联邦政府协调研究政策,也可以参与确定政府,也就是国家的优先研究领域。布什也希望国家科学基金会发挥某种政策制定的作用(Bush,1960 [1945]:viii)。

待到科学立法被正式签署为法律时,国家科学基金会被赋予的政策制定职责比基尔戈原本想要的小得多。依循布什一派的立场,基金会主导制定国家的**基础研究**(而不是所有研究)政策,制定这一政策预计会涉及评估现有政府资助计划,以及基金会资助的研究与公共和私营部门开展的研究之间的"相关性"。基金会没有像 S.2385 法案所要求的那样,也没有像基尔戈在其早期法案中设想的那样,被赋予评估科研对公众福利影响的职责。

杜鲁门总统明确承诺基金会具有政策制定和协调职责。他在 1952 年给国会的预算报告里表示,"基金会将制定一项涵盖范围较广的国家政策,以确保基础研究的范围和质量适应国家安全和技术进步的需要"(Wolfe,1957:340;U.S. House Task Force on Science Policy,1986a:27)。

国家科学基金会延迟成立的背后,是各机构既有利益与该基金会职责的冲突。杜鲁门遭到来自行政部门内外的反对。国防机构反对基金会有任何评估军方研究项目的意图(Kevles,1987:359),其他机构反对基金会有任何可能威胁到既定官僚势力范围划分的统筹协调职责(England,1982:199)。国会内外现有机构联盟也反对基金会的协调职责(Reingold,1987:327)。沃特曼基于其在政府资助下开展研究的经验,以及其与大学和政府科学家之间的联系,也反对基金会的一系列协调和政策制定职责。他认为基金会应该聚焦于支持其他机构不适合支持的研究,而不应该参与评估其他机构的进展(Sherwood,1968:601—602)。

《1950年国家科学基金会法》条款的实施,落到了沃特曼这个对其广泛政策职责(包括评估、协调、确定优先研究领域等)持反对意见的人手中,在这样的情况下,基金会的这方面职责迟迟没有履行。其第一个预算要求大约为800万美元,其中不足10%的资金用于制定"国家研究政策及运作开支",只有区区5万美元用于政策制定本身(Waterman,1951a:251)。

尽管有来自沃特曼和基金会管理层内外其他人的明确反对,但是一些预算局官员还是一直支持基金会履行严格的政策制定和统筹协调职责(Sherwood,1968:603—605)。1953年,由于要求对某些科学家进行忠诚度测试,加上基金会拨款极少,以及国防部对于基础研究的不信任,导致艾森豪威尔总统面临着科学界大范围的混乱局面。一位总统顾问敦促艾森豪威尔采取措施安抚科学家,这就为预算局那些支持国家科学基金会变得更加强大的官员创造了一个机会,他们当中的威廉·凯里(William Carey)受命起草总统行政令,以重申政府对科研和基金会的信心(606—607)。

在行政令的起草过程中(起初实际是两个行政令),凯里重申国家科学基金会需要发挥强大的协调和评估作用,他试图通过此行政令确立基金会为政府支持基础研究的中央机构(Sherwood,1968:607)。但行政令草案遭到基金会一些管理人员的反对,他们害怕失去其熟悉的管理地盘;也遭到一些大学领导人的反对,他们担心联邦政府研究行政部门的重组可能会让大学损失研究经费。当然,沃特曼也断然反对将政府的基础研究政策集中于基金会的控制之下(607)。

这些反对让凯里和白宫的其他官员不得不重新起草行政令,并最终于1954年3月17日发布了第10521号行政令。行政令责成国家科学基金会就组织实施科研向总统提出建议,要求基金会判断现有的基础研究资助中存在的缺口和重叠之处,要求其他机构就基础研究政策与基金会进行磋商和协作。从根本上讲,行政令所定义的国家科学基金会的政策制定和评估角色是合作,而不是监管(England,1982:201—203)。行政令是那些相信基金会不应是科学资助的超级机构,而是一个有限责任机构的人们的胜利,基金会只支持各职能机构未资助的基础研究。

行政令中阐述的国家科学基金会的职责比基尔戈及其盟友所设想的狭窄得多。最终,基金会的政策制定职责被弱化为"发现事实"(Sherwood,1968:610),

在政府行政部门内部有关基金会职责的持续争论最终达成一致,即要求国家科学基金会

> 在基础研究方面承担更多的领导责任,明确可行的目标。预算局会确保其他机构在提交拟支持的基础研究所需经费之前,先与基金会磋商,在征询基金会的意见后,将审查各机构为加强科研管理而采取的行动。最重要的是,没有要求基金会发挥**协调功能**,也许它不具备这样的能力,或者会遭到其他联邦机构或者广大科学家的抵制。(Sherwood,1968:610—611;黑体为我所标)②

围绕着成立国家科学基金会的立法争论中,还有两个问题没有通过最终立法的法律文本解释清楚,而是在基金会成立早期通过实际行动得到了解决。首先,在基金会的赋权法律中,社会科学未被列入支持范围,但该法也确实没有明确规定基金会的支持领域。这一折中条款允许基金会于1954年开始支持社会科学(Wolfe,1957:337)。

其次,美国的科学欠发达地域在遇到其关心的问题时,没有像社会科学那样幸运:国家科学基金会的立法最终未能包含任何保证资源在地域间合理分配的相关要求,而折中的措施是要求基金会"避免过度集中"(*Bulletin of Atomic Scientists*,1950b:186),基金会早期的管理者从未承诺加强"欠发达地域的科学发展……部分原因是……他们强烈倾向于发展最好的科学"(Kevles,1987:365)。

国家体制的高度渗透性特征、行政部门的分权,以及事实上的民主党内部缺乏纪律约束,造成了国家科学基金会立法的妥协与折中。在诸多领域,妥协的形式是在立法中使用模糊语言。许多立法条款的不确定性,使得主管的任命对于基金会的未来尤其重要。杜鲁门希望任命一个植根于新政和公平施政的人选。似乎格雷厄姆对于基金会的愿景与基尔戈乃至杜鲁门是一致的,但是总统没有顶住外界压力,没能任命他理想的第一主管人选来推进这一愿景。迫于首届国家科学委员会的压力,杜鲁门任命了体现科学界精英价值观的典型代表——艾伦·沃特曼。

沃特曼的任命对于塑造国家科学基金会的特质有着至关重要的作用。他坚持布什及其同事的信条,致力于发展"最好的科学"。沃特曼秉承着科学界精英统治的观点,即"最好的科学"应该得到资助,而只有科学家才可以判断什么是最好的科学(1960)。这种理念导致了基金会早期在资金分配中漠视地域公平,并且从根本上塑

---

② 国家科学基金会成立12年之后,面对苏联人造卫星的挑战,肯尼迪(Kennedy)总统清楚地认识到基金会不具备跨机构协调科学政策的能力。因此他在总统办公室下成立了科学技术办公室(OST)(Sherwood,1986:611)。

造了基金会自身的特质。

沃特曼的任命对于未来基金会的政策制定和发挥协调作用也很重要。他反对在科学政策领域扩张,无意将基金会作为国家科学政策制定的中央机构。当然,在白宫内部也有人反对沃特曼的立场,例如,预算局官员确实试图推动基金会严格履行其政策制定职责。

第10521号行政令旨在申明基金会在政策制定过程中的作用,然而,行政令几乎没有促使沃特曼及其委员会参与评估和协调。政府内部的分歧,以及来自那些新成立的和不断扩张的科学机构的明确反对,使得白宫官员无法实现预算局对基金会政策制定作用的期待,而面对分歧,艾森豪威尔政府最终同意赋予基金会极为微弱的政策制定角色,一个让沃特曼及其同事可以接受的角色。

宏大愿景的失败:一项比较研究

在本研究中,我始终将基尔戈关于成立一个研究政策制定机构的提议视作一个反事实案例。我的假设是:如果现实情况有所不同,尤其是国家体制、政党、国家与社会的关系等以不同的形式加以组织,那么基尔戈的提议也许就可以成为二战后联邦政府研究政策制定体制的基础。做一个深入的跨国比较似乎超越了本研究的范围,但我的初步比较研究表明,我所论断的反事实基础似乎是合理的。在此,我打算以明显不同于美国的其他国家为例——它们已经确立了与基尔戈早期法案有诸多共同点的研究政策制定体制——来支持我的反事实案例。在这方面,斯坦利·利伯森(Stanley Lieberson)的话值得考虑。他说,"只有当我们满怀信心地了解不同情况下会发生什么的时候,我们才能够对一个反事实推论有最大把握"(1992:13)。通过数据比较,我试图让人们相信,如果美国的情况"不一样",那么美国可能会发生什么。

因此,在本节中我认为,一方面,现有的比较研究清楚地列举了国家体制和公民社会结构在塑造政策结果中所扮演的角色。从这些案例中可以看出,政策规划和协调能力——基尔戈早期法案中的两大要素——与国家体制相关,这些国家的体制不同于美国的国家与社会那样分裂、可渗透和碎片化,而是比美国的组织化和集中化程度更高。同样地,相关案例研究表明,在美国,协调和规划在科研之外的政策领域也受到了国家体制和公民社会结构的制约。

另一方面,我阐述了国家结构与国家研究政策制定特征之间的相关性;基尔戈式的研究政策制定在几个重要方面不符合美国的国家与社会的组织形态。另外,通过展示其他国家的研究政策制定体制中类似于基尔戈法案的一些要素,我支持如下主张:基尔戈法案在本质上是切实可行的,或者至少并非不可行,也就是说,在研究政策制定中,民主控制、集中决策、协调和规划并非不可能。

在战后时期的美国,我们可以在一些政策领域看到,国家体制和公民社会结构与我所总结的那些因素在塑造联邦政府研究政策制定体制的争斗结果方面,具有相似的影响。我先以产业政策为例。

彼得·霍尔(Peter Hall)在研究中发现,国家体制和公民社会结构是决定政策制定能力的核心(1986)。他考察了二战后的一个时期,法国、英国和联邦德国的经济政策形成过程(参见表6.2)。在国家指导的产业政策领域,霍尔发现法国在发展和保持统一连贯、精心选择或目标明确的政策方面(用我的话来说,这是一项需要协调和规划的政策)是这三个国家中最成功的。他将这种成功归因于国家的体制结构和资本的组织方式。法国的国家体制是高度集权的,国家对公务员的培训形成了一种强烈的团队精神,财政部对金融、财政及产业政策负有明确职责。国家的组织结构使其有能力协调经济政策领域,以及对工业部门进行有选择的干预。此外,工业资本对于财政资本的依赖,以及银行对于国家的依赖,也对统一连贯的产业政策起到了促进作用。

表 6.2　国家体制、公民社会结构和产业政策的连贯性

国家	国家体制	社会结构	政策连贯性
英国	弱协调能力	没有能力建立共识	不连贯
法国	集中化的强协调能力		连贯/组织化程度较高的国家体制
联邦德国		强大的银行/企业协调能力	连贯/组织化程度较高的私人部门

来源:参考文献(Hall, 1986)。

注:为了提供国家体制、公民社会结构与政策结果之间关系的表格摘要,表6.2到表6.6简化了本章和前面章节中做出的组织上的区分。因此,在本表中,英国案例中的"不连贯"的意思是指国家缺乏部门规划能力,而联邦德国案例中的"连贯"指的是私营部门(而不是政府)促进产业结构调整的能力。再比如,表6.3英国案例中的"低政策制定能力"(原文如此,疑似有误。从表6.3的实际内容来看,"英国案例"应为"日本案例",且此处的"低政策制定能力"应为"高政策制定能力"。——译者注)是指行政部门反对公共工程项目,而美国案例中的低政策制定能力是指缺乏传达专家意见的制度机制和分散化的政策制定体制。

在英国,尽管战后一段时期一直有实现产业政策的共同努力,但这种努力却因需要工商界、劳工界与国家之间达成共识而受阻。除此之外,英国的国家体制还缺乏真正的部门规划能力。最终,在联邦德国,国家引导的产业政策一直相对不那么重要。相反,强大的金融界通过与企业之间的密切联系,在产业组织方面起到了非常重要的作用。银行在企业及政府资助中所持有的股权使得各行各业合理化。

彼得·卡岑施泰因(Peter Katzenstein)考察了对外经济政策制定能力(1978)。对比美国和日本(参见表6.3)后,卡岑施泰因认为,国家对外经济政策的目标是由"**执政联盟**的意识形态观念和物质利益"决定的(1978:306)。但是实现这些目标的能力需要依靠可用的政策工具,卡岑施泰因主张"政策工具的数量和类别取决于国家与社会之间的差别程度,以及其各自内部的集中化程度"(308)。就美国而言,卡岑施泰因强调,联邦制、分权、国会的层级制,以及政党纪律缺失是国家体制的基本特征。在美国,工商界也同样具有组织形态分散的特征。这种结构使得对外经济政策难以成功实施,而且给政策制定者留下了"极少的有限政策工具用以追求他们的目标"(311)。

表 6.3 对外经济政策制定

国家	国家体制	国家与社会(差别)	社会结构	政策制定能力
美国	分散的	低	分散的	低
日本	集中的	低	集中的	高

来源:参考文献(Katzenstein, 1978)。

相比之下,日本有一个强大的中央集权的国家体制和公民社会结构,而且二者之间的差别程度较低。日本的执政党垄断国家的控制权长达三十多年,而且在国家官僚机构中维持着强大的纪律性。卡岑施泰因认为,这种结构,以及大企业和国家之间的密切联系,通过使用大量的政策工具,允许在特定的行业和企业进行直接干预,促进了政策的连贯一致(或者说,政策的协调和计划)(1978:297,313—316)。

威伦斯基(Wilensky)和特纳通过粗略的历史分析,得出了相似的结论(1987)。他们比较了八个第一世界民主资本主义国家的产业发展、劳动力市场、收入和社会政策等方面,得出了这样的结论:这些政策的成功实施取决于政策领域相互依存的精英意识,以及**具有**能使政策制定者采取行动的**全国性集体谈判结构**(1987:1)。成功的集体谈判结构一般是以强大的、有组织的、通常是集权化的利益群体为基础,尤其是劳工界和资本群体(10)。这种结构为精英对政策的影响提供了途径(11)。

威伦斯基和特纳将美国与瑞典等国家进行了比较,认为由于政治经济的高度碎片化和分散化,美国制定一致的(或协调的)社会和经济政策的努力是不成功的(参见表 6.4)。利益群体不受"必要的全国性集体谈判和交易的约束,可以展示他们最狭隘的利益追求,强化了已经高度失效的状态"(1987:15)。威伦斯基和特纳将美国的政策失败与其他国家的成功相对比,提出了一系列具体的结构性因素来解释美国的不足,包括"行政部门与国会之间的分权;管理机构没有能力将贸易政策与积极的劳动力市场政策联动;联邦政府与州政府之间的复杂关系;主要行动者缺乏可以解决冲突、反馈信息,以及参与政策制定、执行和宣传的制度化渠道"(23)。

表 6.4 经济和社会政策协调

国家	国家体制	社会结构	政策协调能力
美国	分散的	分散的	低
瑞典	集中的	集中的	高

来源:参考文献(Wilensky and Turner, 1987)。

分析人士用相似的因素解释了美国较晚出现的、发展不均衡的社会福利供给。奥尔洛夫与斯考切波从独立的公务员制度、纲领上相互竞争的政党、集中式的福利管理传统等方面,解释了 20 世纪早期英国不断扩张的社会福利政策的发展(参见表 6.5)。19 世纪 70 年代,英国进行了公务员制度改革,防止出现政党依靠裙带关系来满足选民的情况。因此英国的政党转向"由政治活动家向选区的选民求助"而形成各项纲领(1984:740)。由于向选民求助,以及说服有影响力的选民相信需要一系列的福利待遇,因此英国自由党的纪律性使得必要的立法可以较为轻松地获得通过(741)。

表 6.5 社会福利政策

国家	国家体制	政党	政策传统	福利政策条款
美国	碎片化、可渗透、官僚化程度低	非纲领性、资助制		不均衡、有限的
英国	独立的公务员制度	纲领性、纪律性	集中式福利管理	广泛的

来源:参考文献(Orloff and Skocpol, 1984; Orloff, 1988)。

通过对比发现,美国缺少英国业已建立的文职制度,与此同时,进步主义时期的政治改革家也与腐败的裙带关系政治做斗争。各政党依靠裙带关系任命吸引选民,他们不是依靠纲领吸引有组织的支持者的纲领性政党(Orloff and Skocpol,1984:742)。在这种情境下,人们"怀疑社会支出措施是否可以确实得以实施"(743)。在一些州,不要求增加可自由支配开支的纯粹的监管方面的改革方案得以通过。另外,20世纪早期,许多州实施了不要求新的财政授权的工伤赔偿和单身母亲育儿津贴(745)。

奥尔洛夫在自己的独立研究中,将这一方法扩展到对早期社会福利政策的分析,认为与许多其他欧洲国家相比,美国发展了一个不完善的、缺乏系统关联的社会福利供给体系,这是"国家体制结构塑造美国政治体系"的结果(1988:41)。在新政时代,虽然社会保障法案最终得以通过,但是"全国标准的不均衡,援助和保险之间的明显区别,医疗保险、就业保障和贫困儿童补助的缺失,使得美国人的社会福利大打折扣"(79)。正如奥尔洛夫所表明的,这在"很大程度上反映了由罗斯福政府领导的新政社会改革联盟无力克服国会保守派和一些国会选区对其想要实现的美国社会政策变迁所做的顽固抵抗"(79)。在行政和立法分立的情境下,罗斯福失败了,尽管民主党人控制了立法部门,但是由于缺乏执政党的纪律约束,总统自己党派中的立法保守派放弃了对他的支持,站到了共和党一边。

这些分析涵盖了从产业和财政政策到对外经济和福利政策等一系列的政策领域。分析表明,国家体制的组织方式、政党、社会利益群体在某种程度上结合在一起的集中性,决定了国家政策的执行能力。尽管这些研究的重点不同,但是所有这些研究都突出表明了必须考察国家体制的碎片化特征,即政府行政部门和立法部门之间的分立及其各自内部的分歧,以及美国政党的非纲领性和非强制性特征,以此来理解政策结果。有的研究还强调了社会利益群体的组织方式在决定政策结果中的作用。

这些研究不仅展示了国家和社会的因素在决定政策结果中的重要性,而且表明,在美国的一些政策领域,这些结构以一种非常特别的方式影响着政策结果。所有这些研究都以这样或那样的方式表明,非纲领性政党和一个碎片化、渗透性的国家体制限制了政策制定者对政策工具的使用,常常延迟政策实施,频频妨碍政策协调,使政策实施变得困难重重。

尽管关于国家科学基金会的立法争论在许多方面有所不同,但仍然与我在前面提到的分析人士给出的论述具有相似性。正如我在整个研究中一直认为的那样,在许多关键时刻,正是美国的国家体制、政党结构,以及国家与社会的关系,通过碎片化的直接方式和促使立法延迟的间接方式,导致拟议成立的国家科学基金会在职责上越来越狭窄,还导致了立法的延迟通过,阻碍了政策协调。

已有的比较研究表明,国家体制、政党结构、国家与社会的关系和组织,是决定政策结果的重要因素或者自变量。那么因变量是什么?是政策结果吗?有人可能会说基尔戈的立法建议不可行,因为它在本质上是行不通的。这也再次说明,尽管这个困境不可能完全得到解决,但对一些国家的科学政策组织方式的研究揭示,基尔戈立法建议中的许多部分实际上是可行的,而且自二战以来确实已经在一些国家实施了。另外,虽然我无法用上述简要的研究来确定美国案例中的自变量的因果关系,但是至少可以表明,在国家、政党和社会组织与科学政策的特点之间存在相关性。

从整体来看,基尔戈的早期法案中有几个要素没有包含在最后的国家科学基金会立法中,而其他国家的研究政策(或者更广泛的科学政策)制定机构,却可以与之形成对比。第一,基尔戈建议成立一个单独的中央机构,而不是一系列机构,来负责科学技术政策制定。第二,基尔戈强调了**协调**不同科学技术政策要素的重要性,特别是与私营部门进行协调的重要性。第三,基尔戈强调了**计划**或**规划**的重要性。尽管这一要素在他的法案中没有详细阐述,但与国家利益相一致的重要优先研究领域制定,以及长期(相对于短期)的政策取向,却在根本上与基尔戈的新政传统完全相符。第四,基尔戈的一项早期法案提出,在研究政策制定中将重要的**社会利益群体**的作用制度化,这条建议非常重要。在这些利益群体中,基尔戈的立法建议特别提到了科学家、工人、企业和农民。

伦纳德·莱德曼(Leonard Lederman)在一个关于美国、法国、联邦德国、英国、瑞典和日本的科学技术政策跨国比较研究中指出,"人们普遍认为,美国的研发系统和组织结构在多元化、去中心化和市场导向的一端;法国则处于比较集中、有计划和战略目标导向的另一端;而英国、联邦德国、瑞典和日本则处于两者之间"(1987:1128)(参见表 6.6)。这是一个十分笼统的说明,但作为一个初步划分还是有意义的。实际上,这些国家中没有一个是将所有的科学技术政策制定交由单独的机构负责的。另一方面,在比较集中的一端,有些国家将科学技术政策集中在少数几个机构,有些国家则让一个或几个重要机构掌握更多责任和权力——超过了美国国家科学基金会在立法中被建议或实际拥有的责任和权力。

表 6.6　国家体制、社会结构和科学技术政策制定

国家	集中化程度		科学技术政策制定			
	国家体制	社会结构	集中化	协调	计划	社会利益群体的作用
法国	高		高	是	是	
日本	高	高	中	是	是	是
瑞典	高	高	低	是	是	是
美国	低	低	低	否*	否	否

注：* 表示肯尼迪政府开始致力于提高科学技术政策制定的协调性。

就科学技术政策制定的碎片化程度而言，日本的政策制定体制与二战后美国形成的体制对比鲜明。在日本，科学技术政策和研发资助的主要责任机构有文部省、科技厅（STA）和通产省（MITI）（Cheney and Grimes，1991：7；Ronayne，1984：210），其中，文部省负责支持日本大学的基础研究和应用研究，通产省负责支持自己实验室的研究并为有风险的商业应用相关的研究提供贷款和投资支持，科技厅则与日本科学技术委员会一起负责科学技术政策的协调。

法国与日本相似，相比美国的研究政策，其碎片化程度小得多。有两个机构对科学技术政策负主要责任：研究与高等教育部协调大学研究，并通过国家科研中心支持基础研究；工业、电信和旅游部为工业相关研究提供同样的服务（Lederman，1987：1128）。

在协调和规划方面，有几个国家的相关机构拥有比美国国家科学基金会或任何其他联邦机构更强的能力。在日本，如我所指出的，科技厅是协调国家科学技术工作的主要负责机构。科技厅的前身是 1948 年成立的国家研发协调机构——科技管理委员会。1956 年，该委员会被赋予更多的职责并升格为科技厅（Ronayne，1984：213）。科技厅的首脑是内阁级的大臣，负责编制并提交日本的国家科技预算。科技厅也协调除通产省以外的所有部委和政府机构的研发活动。该机构还协助确立长期发展的优先科学技术领域，以及促进国家"需要快速积极探索"的新领域的项目（Ronayne，1984：213；Cheney and Grimes，1991：9）。

在法国，自 1922 年国家科学研究与工业发明办公室成立之日起，研发政策的协调与规划开始步入正轨（National Research Council，1940：195）。该办公室旨在"刺激、协调和促进"所有类型的研究，尤其是在工业方面具有重要意义的研究（Gilpin，1968：156）。1933 年，在有社会主义倾向的科学家的要求下，科学研究高

级理事会增加了协调基础研究的职责(158)。接着,科学技术研究部际委员会——法国政府的科学技术协调机构——于1958年成立,负责对所有的研究政策提出建议,制定国家科学技术五年规划,并确定国家的研发重点(Gilpin,1975:116;Lederman et al.,1986:73)。法国有专门的科学预算,政府可以借此对科学资助有一个全面的了解,并据此调整资源配置。

虽然瑞典的研究政策制定体制比法国和日本的分散,但中央政府确实促进了科学技术政策的协调和规划。自20世纪40年代起,瑞典的一些机构开始提供研究资助(Dorfer,1975:172;Lederman,1985:138)。1962年,科学顾问委员会成立,旨在协调科学政策并促进科学政策和其他政策领域的整合。工业与教育部通过国家目标导向的部门政策,在研究政策的协调中起到一定作用(Dorfer,1975:174—179)。1979年,研究规划和协调理事会的成立更是促进了协调功能(Lederman,1987:1129),该理事会定期制定国家科学规划。

最后,美国缺乏一种以类似于基尔戈早期法案设想的方式,将社会利益群体的意见纳入科学技术政策制定过程的制度化机制,但至少日本具有这样的机制。首相科学技术综合会议是日本就研究政策向社会利益群体征询建议的最重要的部门。综合会议成员包括内阁大臣、资深教育家、工业管理者,以及科学家和工程师(Lederman,1987:1131)。而通产省的产业结构委员会所提出的建议,为国家层面的未来研发奠定了基础。该委员会包括30名成员,分别代表产业界、劳工组织和大学(Ronayne,1984:214)。此外,通产省聘请大批顾问委员会的顾问,与行业协会进行协商,确保政府开展和资助的研究能满足私营部门的利益(Lederman,1987:1131)。

当然,只有详尽的历史研究才能证明国家、党派和社会结构与研究政策制定的组织方式之间的因果关系。尽管如此,采用案例对比方法的历史研究还是有严重的方法论问题的。各国案例的比较可能不符合等值性和独立性原则(Sewell,即出:22—25)。现有文献表明,在美国占领日本期间,美国官员在决定日本战后研究政策制定的组织方面发挥了一定作用,因此美国和日本的案例也许不能被认为是相互独立的(Batholomew,1989:278)。但这至少可以表明,在战后时期,日本的国家体制、政党和社会利益群体与研究政策制定的组织之间有明确的相关性。正如我对论述战后研究政策制定机构建立所做的反事实案例分析,以及上述比较研究所揭示的,拥有集中化和相对不可渗透的国家体制,以及纲领性和纪律性较强的政党的国家——相比于二战后美国建立的研究政策制定体制——与基尔戈提议成立的研究政策制定组织具有更多共同点。

如威伦斯基与特纳所总结的(1987)，在日本和法国，国家体制是集权化的，其政党比美国更具纲领性和纪律性，日本和瑞典具有全国性集体谈判系统，而日本和法国有着相对集中的研究政策制定体制。在这三个国家中，协调和规划在研究政策制定中发挥着重要作用。在日本，广泛的社会利益群体拥有可以在研究政策制定中表达意见的制度保障。在瑞典，虽然许多科学政策只是将科学家和公务员的意见制度化，但是在战后时期，行业政策（其中包括研发政策）总是包含来自资方和全国性顶级劳工组织的意见(Martin，1985)。

结 论

在第五章中，我讨论了国家科学基金会立法迟迟未获通过的问题，这可以从国家体制的组织方式、国家与社会的关系，以及政党的特征等方面做出解释。国家体制的渗透性，以及民主党和行政部门缺乏纪律性导致了国家科学基金会立法在战后的约五年间悬而未决，如果以基尔戈提出的成立国家科学技术机构的最初法案为起点，则是延迟了约八年之久。

国家科学基金会立法的通过，不是这场事关塑造国家科学政策机构之争的结束；而是如本章所述，由基金会的延迟成立，我们可以看到重大的制度性影响。在缺少一个中央科学政策机构的情况下，各个分散的利益群体利用国家科学基金会立法的延迟通过，成立了几个新机构，并争取大量预算来执行其法定任务或其他特定职责。因此国家科学基金会立法的延迟通过，是二战后一个时期研究政策制定机构激增的最直接的原因，而国家体制的组织结构、国家与社会的关系和政党的特征又是立法被严重推迟的原因，因此也是研究政策制定机构激增的间接原因。一个渗透性国家体制允许一系列社会行动者对国家层面的科学立法产生影响，一个南方民主党人和共和党人的联盟在立法机构的委员会中可以屡次拖延立法。行政和立法部门的分立也是造成立法延迟的原因。在某种意义上，我们可以断定，碎片化的国家体制引起了进一步的碎片化。

国家体制的渗透性——这使得各社会利益群体容易进入国会委员会——和民主党没有能力强制其成员遵循任何纲领，导致在最终的立法中使用了模糊语言，并将法律施行权留给了杜鲁门政府和艾森豪威尔政府。但在这一点上，白宫遭到了新成立的或扩张后有自己利益群体和资助者的科学机构的反对。当国家科学基金会最终成立时,几个独立的科学机构背后的利益群体通过新的制度保障而得以巩固,而且他们反对基金会发挥广泛的作用。在对基金会主管的选择上,杜鲁门也遭到了反对,而他最终任命的主管却无意成立一个强大的中央科学政策机构。国家科学基金会立法的模糊语言和这种国家体制结构导致了对于该模糊语言的狭义解读,在这种体制结构下,几个科学机构的形成和国家体制内外的分歧,促使杜鲁门任命沃特曼为基金会主管。

在本章中,尽管详细的论证细节可能受到挑战,但总体分析则有我的比较分析作为支撑。碎片化的渗透性国家体制和非纲领性政党,写就了一段无法执行政策、延迟政策实施和难以协调政策的历史。从总体上说,如果有纲领性政党、较高组织化水平的社会利益群体,以及集权化程度更高的国家体制,那么这个国家的科学技术政策制定体制——相比美国在二战后的制度结构框架——将与基尔戈法案有更多相似之处。总之,很多证据表明,国家与社会的组织特征和国家科学技术政策制定框架之间具有相关性。

第七章

可能性与前景：新制度分歧下的研究政策

> 与其他国家不同,我们没有制定出统一连贯的国家层面的科学政策。其实,这个说法本身就让很多人感到不悦。在扩张和增长时期,自由企业的自由放任制度曾让我们受益颇多,但是在紧缩时期,如果要保留我们制度中最好的方面,我们就必须制定更加规范的科学政策。
>
> ——艾伦·布罗姆利（Allan Bromley）,美国科促会主席,1982 年[①]

> 当前,美国政府缺少一个能制定国家层面优先领域研发计划的完善机制。这是美国在全球市场未能展现出它应有的强大竞争力的原因之一。
>
> ——美国众议院科学、空间和技术委员会技术政策专项小组,1989 年

> 在技术方面,美国不能再把公共政策的重心放在基础研究和军事议题上,经济安全和产业竞争力方面的重要议题也应该考虑在内。
>
> ——博比·R. 英曼（Bobby R. Inman）和丹尼尔·伯顿,
> 竞争力理事会成员和执行副主席,1991 年

在整个研究过程中,我一直认为,各种被广泛视为国家危机的历史节点为政策制定机构和政策的变迁创造了机会。就美国研究政策制定体制的起源而言,二战就是这样一场危机。虽然危机使变迁成为可能,但就像我在国家科学基金会和战后联邦政府研究政策制定体制的案例中所讲的那样,变迁的本质在根本上是由国家与社会的组织特征,以及当时的主流话语形成的。

国家与社会的组织特征在过去的四十多年里并没有太大变化。国家的渗透性和碎片化特征,以及美国政党的无纲领性和无纪律性特点,仍然意味着**协调与规划**不太

---

① 布罗姆利是老布什政府的科学顾问和科学技术政策办公室（OSTP）负责人。

可能实现,反而会出现进一步碎片化,而成立一个负责协调和规划的集权化研究政策制定机构原本是基尔戈所希望的。但当前危机与战时危机存在本质区别,这意味着话语体系,以及各种利益群体和潜在盟友的改变。在财政紧缩和经济困难时期,纵然学术科学家仍有令人敬畏的符号资本(Kleinman and Kloppenburg, 1991),但他们将其转化为政策和国家组织变迁的能力正在减弱。相比之下,经济危机的说法却支撑了高技术产业界的符号资本。当国家与社会的组织特征可能会限制其推动科学技术政策协调和规划能力的时候,高技术产业界就可以把政策重点从基础研究推向通用技术和竞争前研发活动。反过来,科学家可能越来越需要将未来资助与高技术产业界的目标联系起来,并且摆脱"必须资助基础研究,因为它是国家经济福利的根基"的论调。

在本章中,我将探讨近期的科学技术政策争论,展望未来的政策走向。我将在本章第一节介绍一些关于冷战的重要历史背景——冷战是介于二战和当前竞争力危机之间的一场重大危机。在冷战的影响下,围绕着研究政策制定的国家体制构建继续进行,但成立的各个机构加剧了联邦政府研究政策制定体制的碎片化,对改善协调和规划作用并没有什么帮助。②

在本章第二节,我将讨论 20 世纪 80 年代末提出两项重要法案的两个案例。其中一个失败案例表明,联邦政府研究政策制定体制在加强政策协调和规划方面的努力具有原子化和碎片化特征。第二个案例则表明基尔戈法案的影响力依然存在,但不太可能促成政策制定的重大创新。

本章最后一节探讨了当前的政策制定环境。我详细阐述了上文提到的利益群体和联盟的重组,并将探究在缺乏协调和规划能力的碎片化国家体制下,这种重组对技术政策的未来有哪些意义。

我在讨论过程中将当代争论的焦点从狭义的研究政策转向更宽泛的技术政策范畴。之所以转换争论焦点,是基于近些年来政策讨论内容的变化。尽管基尔戈在其法案中明确表示其目的是推动基础研究、技术开发和商业化之间的转化——该法案显然是 20 世纪 80 年代和 90 年代技术政策建议的先行者,但是塑造二战至冷战结束期间的那套精英科学话语却在暗示美国经济福利只能依靠政府对基础研究的资助。有了联邦政府对基础研究的资助,这些研究发现将自动转化

---

② 关于科学密集型国家安全状况的讨论,请参见参考文献(McLauchlan, 1989)。

为实用技术。然而，精英科学话语的地位已经开始动摇，越来越多的人一致认为，如果美国要与欧洲和亚洲的贸易伙伴竞争，就一定要制定出一些积极且更加全面的技术政策。

组织创新和冷战

冷战提高了科学研究作为一种防御资源的信誉，即抵御那些看似敌对的国家。由于国家在竞争中的窘境，人们忧心忡忡，应对冷战的努力进一步加剧了研究政策制定体制的碎片化，对研究政策制定方面的协调也毫无帮助。

二战后的和平岁月没有维持多久，美国和苏联之间的冷战就打响了，这对塑造20世纪50年代末到60年代初美国联邦政府研究政策制定体制的格局发挥了核心作用。1957年10月，苏联人造卫星发射升空，这使苏联在刺激美国成立新的联邦机构方面扮演了一个具有象征意义的重要角色。在苏联人造卫星的影响下，美国政府官员号召发展美国的太空计划，强化国家安全利益（McDougall，1985：97）。万尼瓦尔·布什等科学家则以国家安全利益为由呼吁联邦政府加大科研资助（159）。

在苏联取得太空技术优势而引发全美焦虑的背景下，1958年10月，也就是苏联人造卫星发射一年后，美国国家航空航天局成立。该机构源于艾森豪威尔政府签署的一项法案，由一位局长负责管理，与军方共同实施太空计划。国防部将其研究范围限定在保密计划和直接军用计划（McDougall，1985：172，176）。

美国在苏联人造卫星发射后成立的第二个重要机构是国防部下属的高级研究计划局（ARPA）③。该机构的设想要归功于艾森豪威尔总统的科学顾问詹姆斯·基利安（James Killian）和国防部部长尼尔·麦克尔罗伊（Neil McElroy）。根据国防部的文件，成立该机构的一部分原因是为了回应军方高层对前景看好的长期研究项目的关注（U. S. House Task Force on Science Policy，1986b：51）。该机构的任务是探索先进技术。

自成立以来，高级研究计划局已经为重要技术创新做出了诸多贡献，涉足计算

---

③ 根据埃德尔森（Edelson）和斯特恩（Stern）的研究，"尽管苏联人造卫星发射是美国国防部高级研究计划局成立的直接原因，但重要的是要注意到有一些重要力量在推动成立一个集中式的军事研发部门，这包括二战期间和二战后军事上对高技术稳定增长的需要，以及大企业内部的集中式研发实体的不断演化。那么苏联人造卫星发射只是与国防部高级研究计划局成立的时间点和紧迫性相关，而国家对此类机构的一般需求还要到更广泛的历史因素中去寻找"（1989：4）。

机到材料科学的多个领域,隐形战机、巡航导弹、小型卫星、机器人技术和人工智能的重要进展也得益于该机构的支持(Broad,1991;Pollack,1989a)。该机构——已于 1972 年更名为国防高级研究计划局(DARPA)——没有自己的实验室,而是支持大学和企业开展研究。④ 一位评论人士称,"该机构的工作是搜寻有前景的研究想法,然后付钱给特定的企业和大学,将其推向高风险、高收益的科研前沿"(Broad,1991:B5)。该机构没有沉重的官僚主义包袱,它的成功在很大程度上归功于它的组织灵活性、充分的自由裁量权,以及几乎无附加条件的资源供应能力(Edelson and Stern,1989:8;Pollack,1989a)。

近年来,随着国家经济竞争力成为政策争论中的一个重要议题,国防高级研究计划局成了人们关注的焦点。鉴于该机构成功推动了关键技术的发展,人们开始要求它调整研究方向,加大军民两用技术的开发力度。在冷战前期,军事研发——尤其是该机构支持的研究——带来了民用衍生品,但它们多是不经意间产生的,而不是人为设计的(Pollack,1989a)。后来,可能是从 20 世纪 70 年代以来,越来越多的人——包括该机构的工作人员和外部其他人士——开始认识到,国家安全依赖于强大的经济,该机构应该支持关键技术的发展,以保持美国的产业竞争力(Pollack,1989a;Marshall,1991:22)。

如果说美国国家航空航天局解决了推动民用空间研究的难题,那么国防高级研究计划局的目标则是为国防相关的尖端技术研发做好协调工作。在苏联第一颗人造卫星发射后,行政部门为提高联邦政府研究政策制定能力所做的最重要的努力就是成立了隶属于总统行政办公厅的科学技术办公室。该办公室成立于 1962 年 6 月,当时肯尼迪总统的二号重组计划在没有国会反对的情况下生效(Pursell,1985:28)。

按照历史学家杰弗里·斯泰恩(Jeffrey Stine)所说,"科学技术办公室原计划要协调联邦政府科学政策——国家科学基金会没能履行的职责……前者承担了后者制定科学政策的职责,尽管后者仍有责任向前者提供人员支持、科学政策意见和建议"(Task Force on Science Policy,1986a:47,48;Brooks,1986:22)。科学技术办公室和另外两个行政机构,即联邦科学技术委员会(FCST)和总统科学顾问委员会(PSAC)共同开展协调工作。据密切关注 20 世纪 60 年代科学政策的一位评论者所言,曾有人质疑科学技术办公室在执行其协调任务方面是否特别有效(Green-

---

④ 随着其名称的变化,国防高级研究计划局被设立为一个隶属于国防部部长办公室的独立国防机构,并开始关注民用研究(Edelson and Stern,1989:6)。

berg，1967：18)。

根据理查德·尼克松(Richard Nixon)于1973年7月推出的机构重组方案，科学技术办公室被撤销。1976年5月，杰拉尔德·福特(Gerald Ford)签署了一项法案，成立了科学技术政策办公室，以取代科学技术办公室。新办公室负责就科学技术政策事宜向总统和行政高层提供建议。科学技术政策办公室旨在协助管理和预算局(前预算局)评估联邦政府研发计划的拟议预算，并推动科学事业中的各类参与者加强伙伴关系(Katz，1980：229)。

科学技术政策办公室曾与联邦科学技术委员会——后更名为联邦科学、工程与技术协调委员会(FCCSET)——共同负责研究政策的协调工作。然而，据一位分析人士说，该制度并不能有效促进政策协调。在1993年底被取代之前，上述两个机构的成员代表多个联邦机构，它们只能在共识的基础上(而不是协调好的国家政策)提出模糊建议(Katz，1980：234)。⑤ 此外，由于没有预算控制，科学技术政策办公室的协调和规划能力严重受限。事实上，一些资料表明，在老布什政府期间，该机构与控制财政资源的组织(即管理与预算局)发生过冲突(斯泰尔斯访谈，1992年1月29日)。

在苏联人造卫星发射后不久的那个时期，任何要求集中并协调研究政策的立法建议都没有通过，与哈利·基尔戈的经历如出一辙。1958年初，参议员休伯特·汉弗莱(Hubert Humphrey)提出了S.3126法案，题为《1958年科学技术法》，要求成立一个内阁级别的科学技术部，国家科学基金会、商务部专利局、技术服务办公室、国家标准局、原子能委员会和史密森学会的项目都将被移交到这个部门。S.3126法案提议在科学技术部下设几个国立科学研究院，每个研究院负责不同的基础研究领域。该部部长还享有应用研究经费的自由裁量权(Pursell，1985：19)。

汉弗莱在法案中建议"对目前分散的联邦政府科学活动展开协调和集中管理"，这是维护国家安全利益所迫切需要的(1960：27)。与多次**协调和集中**的努力一样，汉弗莱也失败了。这次努力遭到了多方反对：一心只想保护自己地盘的联邦机构、希望维持多元化资助体系的科学界，以及国家体制内外反对政府机构扩张的人们(House Task Force on Science Policy，1986b：45)。

或许除了美国国家航空航天局之外，了解这些冷战时期成立的机构的能力和局限，

---

⑤ 克林顿总统发布行政令，用国家科学技术委员会取代了联邦科学、工程与技术协调委员会(Holden，1993：1643)。

对于了解美国未来可能的研究政策非常重要。当时,国防高级研究计划局和科学技术政策办公室一直处于有关重组研究政策立法争论的中心。国防高级研究计划局无疑是一笔制度遗产;那些支持对研究政策开展大力协调、规划和政企合作的人士反复学习借鉴这笔遗产,而且还有可能继续如此。对于科学技术政策办公室来说,由于其没有协调政府各部门预算的能力,因此它的规划能力严重受限,在很大程度上取决于管理部门的利益所在。在卡茨(Katz)看来,科学技术政策办公室由福特推动,但在卡特(Carter)任内大不如前。卡茨认为,在卡特的领导下,"科学技术政策办公室受阻,无法发挥积极主动的作用……这在很大程度上是由于总统的高层顾问认为很多领域的科学技术具有政治敏感性,因此应该在政治层面上处理"(1980:230)。在老布什总统任内,科学技术政策办公室主任长期致力于推动更有效的协作和更积极的政策,但是他的行动能力明显受制于政府中的其他人。克林顿总统似乎全力支持他的科学技术政策办公室主任,所以该办公室能发布立场鲜明的技术政策声明(Clinton and Gore,1993)。

冷战话语意味着一种科学关乎国家声望和安全的政策导向。国家体制仍然束缚了联邦政府的政策协调能力。职责碎片化限制了科学技术政策办公室在研究政策制定体制中发挥重要的协调和规划能力。同时,因为历史上缺少制度化的责任分工,所以该办公室的政策制定职责随着后续几届政府的利益和倾向而增减。

20世纪80年代的机构变迁法案

20世纪80年代,国会审议了两项重要法案,要求重组联邦政府研究政策制定体制,让我们看到了自20世纪40年代基尔戈的早期法案提出以来的变与不变。1989年,民主党参议员约翰·格伦(John Glenn)提出一项法案,要求重组商务部,赋予其在推动民用技术发展中的核心责任。该法案要求成立一个国家非军方高级咨询委员会,就每一申请资助项目的技术和经济价值,以及是否需要产业界提供匹配资金,向商务部部长提供咨询意见。他要求该委员会的代表来自产业界、学术界、国家科学基金会、国防高级研究计划局,以及中央和地方政府。在评估相关机构提出的资助请求方面,该法案要求商务部部长协调对技术政策感兴趣的其他政府机构(U.S. Senate,1990:127—138)。该法案的动机在于去发现"是否迫切需要将那些与增强竞争力、技术进步和国家安全方面的政策联系起来"(92)。更具体地说,参议员格伦认为,"造成国家竞争力问题的原因之一是联邦政府的一些关键机构的组织结构和功能与近十年来美国经济和世界各国发生巨变的步调不一致"(1)。

格伦法案(即 S.1978 法案)要求在商务部内部成立先进民用技术局(AC-TA)——一个民用领域的高级研究计划局(*Science*，1989)。该法案明确了先进民用技术局的两个首要功能：第一，该机构有责任去推动和协助"先进产品、工艺和服务的发展"(U.S. Senate，1990：125—126)。第二，该机构应该支持企业、学术机构和私营部门的实验室开展的通用研发，以"推动民用技术开发，并在此基础上加快实现新产品、新工艺和新服务的商业化"(126)。先进民用技术局支持研发项目的形式多样，拨款、外包合同和合作协议均可。最终，为了效仿国防高级研究计划局的成功经验，该法案明确要求先进民用技术局的人员规模不能太大(只有 40 人)，主要从产业界招募员工，而且他们在该机构的工作期限不能太长。这个规定的要点似乎是为了保持组织的灵活性和促进创新。

就该法案举行的听证会主要关注的是其中关于成立先进民用技术局的建议。前政府官员、高技术产业界代表和参议员的证词总体来说都是积极的。一位听证陈述人评论说，"我认为迫切需要成立先进民用技术局。我希望这个先进民用技术局能应对 20 世纪 90 年代来自日本的技术挑战，如同 1958 年成立的国家航空航天局去应对苏联空间技术的挑战一样"(U.S. Senate，1990：29)。

出席听证会的陈述人确实有一些担心。有些人担心该机构的成立或许会变成一场"政治分肥"，另一些人则迫切要求该机构与政治隔离开来。在当时的环境下，产业政策已经与政府在"挑选产业赢家和输家"方面不可接受的角色关联在了一起。由于政府在组织经济方面扮演着重要角色，因此一些陈述人强调了说服保守派的重要性，即拟议成立的机构不会成为"产业政策的工具"(U.S. Senate，1990：66)。

尽管存在这些担心，而且政府不愿就该法案表明立场，但是格伦团队总体上对听证会感到满意。格伦的一名助手提到，听证会上出现了"对该法案非常有利的证词"(韦斯访谈，1992 年 1 月 30 日)。但是，鉴于国家体制的碎片化特征和美国政党缺乏自律与协作，在听证会之后针对该法案所发生的一切，透露了研究政策制定体制的组织变迁受阻的大量信息。格伦团队试图将该法案以附件的形式纳入综合贸易法案中，他们相信综合贸易法案能在国会讨论中更快通过，但是他们的努力被参议院商务委员会主席欧内斯特·霍林斯(Ernest Hollings)阻止了。格伦的一名助手认为这种反对是"圈地"的结果(韦斯访谈,1992 年 1 月 30 日)。格伦提议的机构改革正好属于霍林斯所在委员会的职责。

当该法案提交到参议院时,参议员霍林斯当场提出了一项修正案以回击先进民用技术局条款,那就是先进民用技术局的成本过于昂贵(韦斯访谈,1992 年 1 月 30 日)。参议员们以压倒性的投票结果从该法案中删掉了先进民用技术局的条款,但保留了几个改善商用技术发展的项目。格伦的助手伦纳德·韦斯对于这次失败给出了如下评价:

> 对于那些对特定议题所知不多的人来说,很多时候投票去反对一个耗费金钱的项目比投票去支持它更容易。特别是当霍林斯这样的强势委员会主席为其宣传,并且有多位商务委员会议员参与法规制定时,更是如此。他有很多可以利用的政治筹码,所以能轻而易举地取胜。(韦斯访谈,1992 年 1 月 30 日)

韦斯的言论真实地揭露了美国政策制定的本质。尽管人们普遍承认美国经济存在严重的结构性问题,但对于该做些什么,并没有达成共识,甚至在民主党议员内部也没有统一意见。韦斯认为,这可能是因为其他议员不想当着霍林斯的面提出法案从而冒犯他,这一观点表明了国会政策制定向所有人开放的特征。但他们并没有料到民主党会预先支持将综合贸易法案提交到参议院讨论。国会政治是原子化的,每个委员会主席都有足够的权力以一己之力阻止立法工作。当然,即使格伦的法案在参众两院获得通过,但他仍要面对另一个针对创新的结构性障碍:共和党总统原则上反对政府在经济中扮演任何重要角色,即便在技术政策没有遭到总统否决的情况下也是如此。一个重要的例证是:老布什总统在数年内都拒绝实施已经通过立法流程的重要技术政策。

关于 20 世纪 80 年代末研究政策制定体制重组的第二次努力,人们更多谈论的是政策传统的益处与局限,而不是分权国家体制强加于政策创新的束缚。1987 年,众议院科学委员会主席、民主党人乔治·布朗(George Brown)建议成立两个新的科学技术政策机构。布朗在 S. 2164 法案中提议成立一个联邦科学技术部,旨在通过这个新的部门来"促进国家的繁荣和福利"(U. S. House of Representatives, 1987: 542)。该部门由国家科学基金会和商务部的一部分组建而成,负责推动技术转移和开发,亦在数据搜集和分析方面负有重要责任,即评估新技术的社会影响、政策与其他因素如何影响技术开发,以及怎样为技术开发适当配置资源(552—554)。在推进技术开发方面,该部门将采用拨款项目、外包合同和合作协议的方式,并且在得到授权后将它的政策和项目与联邦政府的其他项目相协调,同样也与私营部门、州政府和地方政府相协调(563)。

布朗提议成立的新部门包括一个高级研究计划管理局,该管理局的政策由国家技术委员会制定,而委员会由总统任命的 24 名委员组成,他们都是来自"工商、劳工、科研、新产品开发、工程、法律、教育、管理咨询、环境、国际关系和公共事务等领域的杰出人士"(U.S. House of Representatives,1987:554)。该管理局在法案中有时也被称为高级研究项目基金会,旨在推进科研"和其他活动,为美国工业开发,以及使用先进、创新的制造和工艺技术奠定基础"(558)。该管理局支持的研究和其他活动将与美国产业联盟共同开展,目的是解决特定产业的一般问题,使这些产业更具竞争力(558)。

在提出该法案的同时,布朗还提议成立一个国家政策与技术基金会(S.2165法案)。该基金会的目标是改善和促进政策制定,努力改善全体国民的生活质量、国家的经济绩效和贸易竞争力。和他提议成立的联邦科学技术部类似,该基金会负有数据搜集和分析的重要职责。搜集的数据可用于评估已有的和拟议成立的公共和私营部门政策的长期结果(U.S. House of Representatives,1987:289)。该基金会的一个重要目标是建立**统一连贯的、高度透明的政策**。跟布朗拟议成立的政府部门相似的是,该基金会的政策制定也要采纳来自工商界、劳工界、学术界和政府部门代表的意见。可成立几个独立的理事会来提供政策建议,成立一个代表广泛社会利益群体的委员会来制定基金会的各项政策,评审基金会的预算和项目,批准或否决所有大额资助项目及合同,并向总统和国会汇报工作(343—347)。

像提议成立联邦科学技术部的法案一样,该法案在某种程度上是对组织碎片化效应,以及关系到国家经济社会福利的科学技术政策缺乏连贯性的回应。为了纠正机构组织方式碎片化的问题,该法案要求各政府部门和机构——包括国家科学基金会、商务部和国防部——把涉及应用研究和技术开发的项目全部移交给该基金会。该法案也期望该基金会在国家比较优势、未来产业、支撑美国比较优势的基础技术和研发、通用科学技术,以及与经济相关的研发合作伙伴关系等方面,制定**国家中长期政策**(U.S. House of Representatives,1987:323—330)。

与参议员格伦不同的是,众议员布朗从来不指望他的法案得以颁布。按照当时布朗所在的众议院科学、空间和技术委员会立法主任威廉·斯泰尔斯的说法,布朗"有意处处超出现实5—10年，我不认为他在提出法案时对联邦科学技术部的成功设立抱有任何想法"（访谈，1992年1月29日）。反而，通过推动他的法案和举行听证会，布朗及其团队想要扩大国会和公众的争议。斯泰尔斯评论道，"布朗为了扩大争议，一直乐于在这些事情和各种需要他提出建议的事情上打掩护，这些事情……都在可能成为现实的范围之外"（访谈，1992年1月29日）。

尽管如此，布朗的努力还是很有意思的，因为他重提了哈利·基尔戈留下的建议。与基尔戈的努力相似的是，布朗法案要求成立一个强有力的中央机构去协调政策制定。和基尔戈提出的法案一样，布朗强调长期规划的重要性，建议考虑技术对社会经济发展的影响。最终，或许比基尔戈更进一步，布朗法案强调政策倡议中社会共识的必要性，并呼吁技术政策制定中将广泛的社会利益群体代表发声的渠道制度化。

从老布什到克林顿政府的技术转移政策

自从国家科学基金会成立以来，一直有人努力实现研究政策制定的集中化（Dupree，1963；Pursell，1985）。苏联人造卫星发射之后，参议员休伯特·汉弗莱提议成立科学技术部，但是后来成立的却不止一个，而是多个新机构。今天的这种情形——进一步分权或者说延续制度遗产——看上去和二战后，以及苏联人造卫星发射后的情形非常相似，几乎没有制度上的变化。各政党并不坚持具体的资助计划，也不要求强化政党纪律，国会议员个人可以单独行事。而且正如格伦法案这个例子所表明的，国会政治本身是高度分散化的，任何人都可以参加。同样，在行政和立法部门之间，以及行政部门内部的分歧，使得专项计划的设置也不可能实现。

在老布什总统任内，由分散的原子化国家体制所施加的限制非常明显。来自国会和工商界的新技术政策倡导者指出，有两项主要措施能够加强国家的经济竞争力。一是成立关键技术研究所（CTI），这是民主党议员杰夫·宾格曼（Jeff Binghaman）的主意。关键技术研究所依据《1990年国防授权法》成立，部分目标在于使联邦政府支持关键技术的研究得以合理化。为了实现这一目标，关键技术研究所的首要任务是开列一个对美国经济竞争力和国家安全来说至关重要的技术清单，并且每两年更新一次，而这项任务原本是科学技术政策办公室的法定职责。除了开列上述清单之外，该法还为研究所设定了一项职责，即协助科学技术政办公室完成关键技术的联邦政府投资战略(Hamilton,1990)。该研究所的监管工作由一个21人的委员会负责,该委员会由科学技术政策办公室主任主持,成员来自联邦政府主要科学部门和机构(国家航空航天局、国家科学基金会、国防部、商务部、能源部,以及卫生与公共服务部)。此外,该委员会还应该包括10名产业界和学术界的代表。

老布什领导下的白宫最初反对成立关键技术研究所,1991年7月,老布什的科学顾问艾伦·布罗姆利要求国会收回为研究所提供的500万美元拨款(Science,1991:1343)。布罗姆利认为,"显然……国会考虑的是制定关键技术的政策路线图。我们感到由私营部门而不是由科学技术政策办公室来制定路线图可能更合适"(Lepkowski,1991:4)。最终,行政部门改变了对成立关键技术研究所的态度,老布什总统最后提交的预算向这一项目提供了100万美元拨款。按照一名白宫官员的说法,行政部门在其日渐衰微的日子里的观点是,"我们不妨试试,看它能为我们做什么"(佩罗尔访谈,1992年1月31日)。

美国电子商联会高级管理人员丹尼丝·米歇尔认为,来自参议员宾格曼和电子商联会的压力导致行政部门改变了看法。但是这里似乎一直还有至少一个干扰因素:白宫中关于科学政策议题的权力的移交。科学技术政策办公室副主任佩罗尔认为,先前的总统办公厅主任约翰·苏努努拥有科学背景,并在白宫的科学政策制定中发挥了有益的作用,而且行政管理和预算局主管达曼(Darman)对技术政策贡献颇多(访谈,1992年1月31日)。但是苏努努、达曼和总统的经济顾问米凯尔·博斯金(Michael Boskin)被普遍视为在技术政策上偏好政府不干涉的自由放任政策(Branscomb,1991)。事实上,国防高级研究计划局局长克雷格·菲尔茨(Craig Fields)——发展经济战略技术的倡导者——于1990年4月遭到解聘(Corcoran,1990:82)。

随着苏努努被解聘,老布什政府技术政策的权力中心发生了转移,而且从来不主张对研究政策采取自由放任政策的艾伦·布罗姆利似乎在白宫获得了更重要的地位。这出政治戏码再次表明了个人权力在一个分权的原子化国家体制中所能发挥的作用。只要总统重用的人发生变化,就能够决定一个国会授权计划的成败。

新技术政策的支持者在其提出的第二项措施里看到了希望,这项政策将推动通用技术的发展,即成立国家标准与技术研究院(NIST),特别是该院的先进技术计划(ATP)。国家标准与技术研究院的前身是国家标准局,但是作为《1988年综合贸易及竞争法》的结果,国家标准局由于工作重点的变化而更名。除了作为标准和测量领域的国家实验室之外,国家标准与技术研究院还增加了推动国家产业竞争力的职责(U.S. House of Representatives,1988:930)。先进技术计划通过向一家企业或企业联盟拨款和其他资助形式,支持开展"超出基础研究阶段但是又处于新产品商业化之前"的研究(Ember,1990:17)。这一想法是推动开发可能会遇到资金不足问题的技术(McClenahen,1990:51),这些技术通常是通用技术或处于竞争前阶段的技术。⑥ 由于企业担心无法收回在这些技术上的投资,因此这些领域的研究可能得不到支持。与对待关键技术研究所的态度一样,老布什政府对先进技术计划表现得很冷淡。美国电子商联会的丹尼丝·米歇尔说,行政部门反对先进技术计划,即便其已经依法成立,但是约有两年时间,白宫都拒绝为其拨款。米歇尔认为,政府中的一些人将先进技术计划看作产业政策,一个挑选产业中"赢家和输家"的项目(访谈,1992年1月31日)。

先进技术计划的命运与关键技术研究所差不多。老布什政府反对这一计划多年,直到接近其任期结束的时候才开始支持。老布什的核定预算提出该计划经费增长36%(Bromley,1992:10)。美国电子商联会的米歇尔把这一政策的变化归功于她所在的组织和一个叫作先进技术联盟的商业机构组成的联盟。她认为美国电子商联会和该联盟"迫使……他们投降……我相信当局走到这一步,应该已经认识到这是一个败局,继续反对的代价会多于所得。我想他们有点松懈了对产业政策的关心"(访谈,1992年1月31日)。

我们并不清楚产业界的压力是否对这一政策转变负有责任,然而可以肯定的是,政府中技术政策(不限于研发税收抵免)的支持者和反对者之间的权力交接,道出了行政部门分权且散漫的特征的太多内涵。行政部门中行动者权力的稳定性基础没有制度保障,而且政府并不拘于履行一党的纲领,因此更容易被行政部门内部的强势行动者或者外部利益群体的压力所左右。这些影响因素发生变化,政策就会随之变化。

1992年11月新一届政府选举,标志着从老布什政府广泛的自由放任政策走

---

⑥ 在1991年的一份报告中,竞争力理事会把通用技术定义为"一项有可能广泛应用于产品或过程的概念、构件、工艺或对科学现象的进一步研究"。这样的技术"可能需要为商业应用开展进一步研发"。竞争前研发是"直到技术的不确定性被降低到允许对其商业潜力进行初步评估,或者开发出有特定应用的商业样机这个阶段之前的活动"。研究过程中的这个阶段"在不降低对各企业基于成果开发商业化的产品,或者工艺激励的情况下,研究成果可以在一个可能包括潜在竞争者的联盟内共享"(Council on Competitiveness,1991:17)。

向高技术产业界提倡的冷战后的公私合作技术政策。确实,如布洛克(Bloch)和切尼(Cheney)所说,克林顿政府将技术政策带向了"国家经济政策议程的中心"(1993:55)。这届新政府向先进技术计划提供了空前高水平的资金支持(Anderson,1993:1245;Cramer,1993;Mervis et al.,1993)。此外,随着冷战结束,克林顿政府计划让国防高级研究计划局在国防转型和军民两用技术发展中扮演核心角色。与其扩大的职责相一致,政府支持国防高级研究计划局恢复为国防部下属机构的原来的名称,即高级研究计划局(该名称表明其支持的前沿研究不限于国防用途。——译者注),这一更名依据《1993年国防拨款法》而生效(Branscomb and Parker,1993:89)。⑦

在1992年总统大选期间,比尔·克林顿提议成立一个新机构,即一个与格伦法案提议成立机构相似的先进民用技术局,以促进关键技术的开发和商业化(Chapman,1992:47—48)。但是这一提议在1993年2月政府的第一份技术政策声明中并没有提及(Clinton and Gore,1993)。克林顿的科学顾问杰克·吉本斯(Jack Gibbons)认为,现在的计划是让类似于国防高级研究计划局的项目遍及政府的各个部门(Anderson and Norman,1993:1116)。

在关于美国技术政策未来发展的讨论中,布兰斯科姆认为,"美国人对制度创新的态度相当实际,大家更乐于去适应现有制度和新政策,而不是试图重组政府"(1993b:282)。但是这种实用主义尚不能解释克林顿在竞选中涉及民用技术的类似于国防高级研究计划局提议的变化;反而,**政治**实用主义似乎更能部分解释克林顿的决定。例如,我在此前章节中所阐明的,考虑到美国的国家与社会结构,要构建新的,特别是综合性联邦机构是很艰巨的任务。在现有的机构中推动渐进式变迁更容易一些,并且这基本上是克林顿政府决定去做的。

在我之前对老布什政府的讨论中,考虑到行政部门的结构,我提出了个人在政策制定中的重要性。在这里我要再一次重申,克林顿的选择和政策导向的相关变化与本书大的主题是一致的,而且其本身就是很有趣的问题。克林顿选择了技术专家劳拉·泰森(Laura Tyson)来领导他的经济顾问理事会。前电子技术领域管理人员和五角大楼官员威廉·佩里(William Perry)则被任命为主管高级研究计划

---

⑦ 有大量文献讨论了克林顿政府技术政策及其替代法案的发展。重要文献来源包括《科学》《科学技术问题》(Issues in Science and Technology)和《技术评论》(Technology Review)上刊载的相关研究。关于当前技术政策问题尤为详尽的探讨请参见参考文献(Branscomb,1993)。评估各类技术政策的有效性超出了本章的范围。这里要再次指出,布兰斯科姆(Branscomb)于1993年的研究非常有用,同时也可参考科恩等人于1991年的研究,以及兰布赖特(Lambright)和拉姆(Rahm)于1992年的研究,还有沙普利和罗伊于1985年的研究。

局的国防部副部长。佩里长期以来一直支持用军方预算推进军民两用技术,并且赞成将国防高级研究计划局中的"国防"二字拿掉(Marshall,1993a:1818)。最后要说的是,尽管博比·R. 英曼最终被提名为国防部部长,以取代被撤换的莱斯·阿斯平(Les Aspin),但是他也一直公开支持政府推动军民两用技术(Bingaman and Inman,1992;Inman and Burton,1991),克林顿最终选择了佩里担任国防部部长。

科学技术政策的变与不变

如果说美国的国家体制结构、政党,以及国家与社会的关系在组织特征上并没有什么变化,那么现在所谓的"竞争力危机"已经改变了一些行动者的利益,并因此形成行动者之间可能的联盟,最终可能改变行动者之间权力关系的平衡。当二战接近尾声时,科学精英开始寻求政府支持基础研究的保证。万尼瓦尔·布什和他的科学先锋队提出,基础研究是保障经济强大的必要基础,并且,由于战时科学研发局(当然还有曼哈顿工程)的成功经验,科学家的这一主张得到了广泛支持。鉴于他们曾有涉足工商界的背景,布什及其同事和他们的工商界盟友的意见一致,认为政府没有必要支持应用研究或技术研究。确实,他们相信支持此类研究将造成对政府资源的不当使用,因为这会使得政府直接与企业竞争。尽管来自具备研究能力的企业代表赞同基础研究是国家经济福利的重要基础,并拥护政府支持基础研究,由于支持基础研究对企业来说并不会盈利,因为他们不能阻止有人靠"搭便车"来从他们所支持的研究中获益。

今天,许多科学精英的领袖提出了与约半个世纪前万尼瓦尔·布什相似的论点。在1991年1月发布的一份报告中,时任美国科促会主席,同时也是诺贝尔物理学奖获得者的利昂·莱德曼认为,学术研究正处于危机中。在其报告《科学——前沿的终结?》中,莱德曼展示了一个对学术同行的非正式调查的结果。他发现,他们的士气普遍低落,不满的来源是研究经费不足——现在的研究由于体量扩大,比过去的小规模研究的花费要大得多。

通过这个标题可以发现,该报告显然打算让人们将二战后令人兴奋的日子与现在的科学氛围做一个对比,同时也让我们重新想起科学曾为这个国家带来的无数贡献。莱德曼断言,"美国通过科学技术进步生存和发展得很好"(1991:4)。他提出,"我们将经济维系在我们所能打造的最好的科研体系上,结果是获得了繁荣"(4)。

和万尼瓦尔·布什等那些明确提出"基础"研究是经济发展的基石的人们不同,莱德曼似乎小心地不去过多强调基础研究的长处,他担心有人以此与"应用"研究相对立。但是这位科促会前主席对"学院科学"的强调,以及对"理解自然"和"新研究"的重要性的暗示,很清楚地表明了他在代表谁讲话(4,17)。莱德曼呼吁政府增加对基础研究的支持,通过说明"学院科学"(可以解读为基础科学)将在改善国家经济社会福利中发挥作用,这一大声疾呼显得很有道理。

像万尼瓦尔·布什一样,莱德曼似乎认为,支持科研的理想环境是由科学家控制资源分配。莱德曼坚持的首选状态是"任何一个有天赋的科学家只要有好的想法,都能获得资金支持,并能应对合理的审查和监管"(1991:14)。他将这一体制与由政府机构官员确定哪些科学领域得到资助的体制相对比。凭借这一对比的暗示,我们必然会推测莱德曼想要由科学家同行去决定什么才是好的想法。

莱德曼的观点在1993年由美国国家科学院、工程院和医学院共同发布的报告中得到了回应,尽管有一些细微差别。后一份报告指出,当代科学技术发展的背景与布什写下《科学——无尽的前沿》的时代已经不同了,同时,报告起草委员会承认,科学技术并非保证进步的充分条件而是必要条件。而且,同科学精英的话语保持一致的是,这份报告主张基础研究中科学发现的偶然性和运气成分的重要性,意味着将此类研究加以目标导向最终将不利于国家繁荣(National Academy of Sciences et al., 1993:18)。继续沿着这一逻辑,该报告指出美国将在"所有重要的科学领域"成为世界的领导者,因为当研究人员"在所有学科都处于世界一流水平时,他们能带来最好的可用知识,并将之用于解决与国家目标相关联的问题,即便这种知识以不可预期的方式出现在传统上与那些目标并无联系的领域"(19)。同样,与科学精英立场一致的是,该报告认为科学家同行应该评估研究绩效。报告起草委员会写道,"专注于特定领域的科学家最有资格去评估已完成研究工作的真正质量,去鉴别最有前景和振奋人心的研究进展,去规划研究领域的未来"(22)。

与莱德曼报告不同的是,这个由科学精英撰写并获得科学家利益群体认可的报告并不打算单单反映国家科学院这个国家最精英的科学家群体的观点,也包括杰出工程师的意见,因此该报告的第二部分聚焦于技术发展。该报告认识到自从《科学——无尽的前沿》发布以来科学技术所处环境的变化。虽然承认联邦政府在商用技术发展中的作用,但报告认为私营部门担负着主要责任

(National Academy of Sciences et al.，1993：35)。

第三个有趣的案例来自哈罗德·瓦默斯（Harold Varmus）和马克·基施纳（Marc Kirschner）。这个案例讲述了科学家怎样试图在一个变化的政治环境中保持不变。哈罗德·瓦默斯是诺贝尔奖获得者和现任国立卫生研究院院长，马克·基施纳是美国细胞生物学会前主席。在《纽约时报》的评论文章中，这两位卓越的科学家反对设定优先领域和开展目标导向的研究，认为这不是发现治愈灾难性疾病的最佳途径。相反，和莱德曼及其之前的万尼瓦尔·布什相似的是，瓦默斯和基施纳表明，"改善健康最有效的长远办法在于增进我们对基因和人体组织的理解的研究"(1992：A15)。⑧

但是这些科学精英现在所主张的立场比起二战结束时缺少说服力。一些科学界领袖确实认识到他们的全盛期可能已经过去，因此提议缩减开支。当莱德曼要求联邦政府科学预算在随后几年中翻倍时，科学界的部分人士和群体却追随国家科学院院长弗兰克·普雷斯（Frank Press）的建议，要求科学家制定优先领域，以防止公共部门在优先领域的制定中发挥作用。天文学家约翰·巴考尔（John Bahcall）说道，"天文学家认识到，如果他们自己不制定优先领域，那么资助机构和国会官员将会为他们制定"(1991：1412)。面临美国国家航空航天局预算可能被削减的局面，空间科学家于1992年开会确定了他们自己领域的优先课题（Marshall，1992：527）。

对于产业界而言，很多人显然知道，他们最需要的不是大力支持基础研究，而是支持那些能带来显著经济效益的研究，特别是通用技术研究。回想一下本章开头引述的英曼与伯顿的一句话，"在技术方面，美国不能再把公共政策的重心放在基础研究和军事议题上，经济安全和产业竞争力方面的重要议题也应该考虑在内"(1991：A19)。

和万尼瓦尔·布什及其盟友当时所意识到的产业界资助基础研究的问题一样，企业对自己支持竞争前研究也表现出迟疑，因为他们不太可能从此类研究中获取独家利益。此外，美国企业的短期取向使得任何长期投资都显得不明智和无利可图。

正是产业界，特别是高技术产业界，才是关键技术研究所和先进技术计划背后

---

⑧ 关于这一声明更详尽的版本，请参见毕晓普（Bishop）等人于1993年的研究。

的首要社会利益群体。美国电子商联会旗下的先进技术联盟是一个力争政府支持一项综合性技术政策的重要贸易集团,它批评美国的技术政策制定体系是"分散的、临时性的……[并且,这样]使美国无法最有效地聚集资源和……树立长远的国家目标"。在写给当时的总统办公厅主任约翰·苏努努和老布什总统的其他幕僚成员的一封信中,该联盟呼吁白宫支持针对关键技术"相互协同的长期研究计划"。⑨

虽然产业界并不反对增加对基础研究的资助(事实上,先进技术联盟和竞争力理事会都呼吁增加对国家科学基金会的支持),但是他们显然另有关注点。在1991年的一份报告中,企业主导的竞争力理事会明确要求打破1945年布什报告中的理念基础(Council on Competitiveness,1991:16)。⑩ 该理事会的这份报告建议政府制定一个五年计划,以增加对关键通用技术的支持。他们建议加强政企合作,国防高级研究计划局要关注军民两用技术,联邦实验室要根据国家技术需求去重新定位,加大技术政策的协调力度,以及完善采购政策。此外,该理事会还呼吁政府帮助创造一个促进技术投资和创新的环境,包括涉及审查影响业务时间范围的政策,推广有利于降低重点技术开发成本的政策,以及消除全行业合作的障碍(45—48)。

随着比尔·克林顿当选新一届美国总统,曾主导战后大多数科学与研究政策讨论的基础研究话语显然被美国高技术产业界明确表达的技术政策话语取代了。克林顿政府首次就其主要科学技术政策发表声明的一份报告明确要求破除战后科学技术政策的基本理念,这与竞争力理事会的立场一致:

美国的技术必须朝着增强经济实力和刺激经济增长的新方向发展。联邦政府

---

⑨ 美国电子商联会主席J.理查德·艾弗森和其他六个贸易集团的领导人写给老布什总统办公室主任约翰·苏努努的信可从美国电子协会获得。

⑩ 在近年来人们普遍明确地呼吁政策要打破源于《科学——无尽的前沿》的理念之时,沙普利和罗伊于1985年出版的著作却认为,政策变化无须从根本上打破布什报告的理念,而只需摆脱该报告发布之后的一段时间内人们解读该报告的方式。对这个报告的大多数解读,包本研究在内,都认为该报告呼吁支持基础研究:基础研究是"产业发展进步"的基础(Bush,[1945] 1960:18)。对该报告的这种诠释是战后的政策制定者和历史学家的共识,最终导致了假定基础研究会不可避免地流向技术的政策。

沙普利和罗伊认为,布什报告"并没有把基础研究当作与外界隔绝的真空,而是视之为探索之链的环节之一"(1985:7)。尽管布什及其同事可能意识到自觉建立基础研究与技术开发之间联系的重要性,但在布什报告中并没有文本证据表明他们的这种认识。在《科学——无尽的前沿》中,基础研究作为所有科学和技术进步的源泉被反复提到。这个报告很少提到应用研究,而且也没有对基础研究转移到工业产品与工艺的机制进行详尽讨论。

在技术发展中的传统作用仅限于国防部和国家航空航天局等机构的基础研究和任务导向型研究。这种战略适合上一代人所处的环境，但不适用于应对今天的深刻挑战。我们不能指望国防技术在私营部门的偶然应用。我们必须直面这些新挑战，集中精力把握我们面前的新机遇，认识到政府可以成为私营企业的重要助力者，帮助它们依靠创新实现发展和营利。（Clinton and Gore, 1993：1）

该报告符合老布什政府时期高技术产业界代表所明确要求的逻辑，同时也符合基尔戈要求对联邦政府科学技术政策加强协调和规划的一贯努力。克林顿要求"所有政府部门……对技术进行协调管理，在产业界……各级政府、劳动者和大学之间建立更紧密的合作伙伴关系"，并在全国范围内集中精力发展关键技术(1)。

在高技术产业方面，政府并不打算削减基础研究经费。事实上，该报告中的一句话无疑温暖了利昂·莱德曼和哈罗德·瓦默斯等人的心，它呼吁重申"我们对基础研究的承诺，所有技术进步最终都建立在基础研究这块基石之上"（Clinton and Gore, 1993：1, 24）。与此同时，该报告断然否定了这样一种观点：经济进步要归功于一种技术政策，而该政策主张全力支持不受任何约束的基础研究。和万尼瓦尔·布什不同的是，该报告并没有把科学看作经济增长的"引擎"，而是提出技术将为提高美国人的生活水平奠定基础(7)。克林顿的报告呼吁全体人民"利用技术改善［美国人的］生活质量和我们国家的经济实力"(2)。⑪

利昂·莱德曼清楚地认识到，美国将研究转化为重要的经济成果时面临着困难(1991：18—19)。虽然产业界也认同基础研究的重要性，但是企业和学术科学家的利益没能像二战后那样契合。对于产学联盟的未来和每个集团的政治权力，这种利益分歧到底意味着什么都还是未知数。但是当前的竞争力危机显然不同于二战这种危机，这表明科学界和产业界的关系可能已经发生了重组。科学家可以宣称他们有能力解决或化解战时危机。当前的危机不能归咎于科学家，但也没有证据表明莱德曼等人的言论对公众或政策制定者有说服力。另一方面，产业界当然也要为当前的经济危机负部分责任，但美国经济前景中为数不多的几个亮点都是高技术（尤其是计算机和生物技术）进步的结果。白宫到国会的政策制定者们显然都在从

---

⑪ 今天关于要在基础研究与技术开发之间建立联系的呼吁已经司空见惯，请参见参考文献（Branscomb, 1993; Shapley and Roy, 1985），也见于其他参考文献。

高技术视角展望未来。因此，虽然在成立国家科学基金会一事上，科学家——或至少是一支科学先锋队——在产业界的影响和渗透下，显然成了产学联盟中的高级合伙人，但是今天的学术科学家可能会发现自己只是一个新联盟中的初级合伙人。为了国家经济福利而支持基础研究的言论可能会越来越缺乏说服力。

结　论

从二战到苏联人造卫星发射，再到现在美国经济的竞争力危机，很显然，被广泛视为危机的历史节点可以激发组织变迁。但同样明显的是，美国的国家结构、国家与社会的关系和政党结构特征限制了组织变迁的可能性。自二战以来，美国国家与社会的结构性特征几乎没什么变化，所有证据都表明，在不久的将来，美国不太可能成立一个单独的强有力的新机构，或者大幅度增强政策的协调和规划力度。从二战到苏联人造卫星发射，再到今时今日，危机促成了渐进的、临时的、碎片化的组织变迁。各单独的机构往往是为了有限的目标而成立的；行政部门的组织形式导致政策制定体制不稳定，并且限制了规划能力。

与早前几个时期相对比，在研究政策领域，有一件事似乎正在发生变化，那就是谁是重要的行动者。二战后，万尼瓦尔·布什和他的科学先锋队对塑造国家科学基金会的组织形式——成立强有力的中央机构——几乎无能为力。他们受到了我反复提及的各种组织因素的限制。然而，凭借强大的符号资本、国家体制的渗透性特征，以及他们在国家体制内占据一席之地的能力，布什及其同事能够奠定战后研究政策制定体制的思想基础。同工商界盟友一起，布什及其同事力争政府对基础研究的支持和科学家的控制权。如果克林顿政府早期推动的技术政策显现了某些迹象的话，那么在这一"竞争力危机"持续期间，成功的政策措施可能在很大程度上受到高技术产业界的影响。这意味着政商联盟将越来越倾向于支持通用技术开发（而不是基础研究），以及工商界利益群体在新的研究政策框架下确定优先领域时发挥制度化的作用，但这并不意味着美国的研究政策制定的集中化程度更高，协调和规划能力更强。

参考文献

Abbott, Andrew. 1988. *The System of Professions: An Essay on the Division of Expert Labor* (Chicago: University of Chicago Press).

Abraham, John. 1994. "Interests, Presuppositions and the Science Policy Construction Debate," *Social Studies of Science* 24: 123–32.

Abramson, Rudy. 1971. "Patron on the Potomac: the National Science Foundation," *Challenge* (May–June): 38–43.

Adams, Walter. 1972. "The Military-Industrial Complex and the New Industrial State." In Carroll Pursell (ed.), *The Military-Industrial Complex* (New York: Harper & Row), 81–94.

Alpert, Harry. 1955. "The Social Science and the NSF: 1945–55," *American Sociological Review* 12 (December): 653–67.

Amenta, Edwin and Theda Skocpol. 1988. "Redefining the New Deal: World War II and the Development of Social Provision in the United States." In Margaret Weir, Ann Orloff, and Theda Skocpol (eds.), *The Politics of Social Policy in the United States* (Princeton, NJ: Princeton University Press), 81–122.

American Association for the Advancement of Science. 1943. "Resolution of the Council on the Science Mobilization Bill (S. 702)," *Science* 98: 135–37.

American Institute of Physics. 1943. "The Mobilization of Science," *Science* 97: 482–83.

Amsterdamska, Olka. 1990. "Surely You Are Joking, Monsieur Latour!" *Science, Technology, and Human Values* 15(4): 495–504.

Anderson, Christopher. 1993. "Clinton's Technology Policy Emerges," *Science* 259 (February 26): 1244–45.

Anderson, Christopher and Colin Norman. 1993. "Jack Gibbons: Plugging into the Power Structure," *Science* 259 (February 19): 1115–16.

Atkinson, Michael M. and William D. Coleman. 1988. "Strong States and Weak States: Sectorial Policy Networks in Advanced Capitalist Economies." Unpublished paper, Department of Political Science, McMaster University, Hamilton, Ontario, Canada.

Auerbach, Lewis E. 1965. "Scientists in the New Deal: A Pre-war Episode in the Relations between Science and Government in the United States," *Minerva* 3 (summer): 457–82.

Axt, Richard G. 1952. *The Federal Government and Financing Higher Education* (New York: Columbia University Press).

Bahcall, John N. 1992. "Prioritizing Scientific Initiatives," *Science* 251 (March 22): 1412–13.

Barnes, Barry. 1974. *Scientific Knowledge and Sociological Theory* (London: Routledge & Kegan Paul).

Barrows, Clyde W. 1990. *Universities and the Capitalist State: Corporate Liberalism and the Reconstruction of Higher Education, 1894–1928* (Madison: University of Wisconsin Press).

Bartholomew, James R. 1989. *The Formation of Science in Japan: Building a Research Tradition* (New Haven, CT: Yale University Press).

Baumol, William J. 1989. "Is There a U.S. Productivity Crisis?" *Science* 243 (February 3): 611–15.

Baxter, James P. 1946. *Scientists against Time* (Cambridge, MA: MIT Press).

Bijker, Wiebe E., Thomas P. Hughes, and Trevor Pinch. 1989. *The Social Construction of Technological Systems* (Cambridge, MA: MIT Press).

Bingaman, Jeff and Bobby R. Inman. 1992. "Broadening Horizons for Defense R&D," *Issues in Science and Technology* (fall): 80–85.

Birr, Kendall. 1979. "Industrial Research Laboratories." In Nathan Reingold (ed.), *The Sciences in the American Context: New Perspectives* (Washington, D.C.: Smithsonian Institution Press), 193–207.

Birr, Kendall. 1966. "Science in American Industry." In David Van Tassel and Michael Hall (eds.), *Science and Society in the United States* (Homewood, IL: Dorsey Press), 35–80.

Bishop, J. Michael, Marc Kirschner, and Harold Varmus. 1993. "Science and the New Administration," *Science* 259 (January 22): 444–45.

Bloch, Erich and David Cheney. 1993. "Technology Policy Comes of Age," *Issues in Science and Technology* (summer): 55–60.

Block, Fred. "The Ruling Class Does Not Rule: Notes on the Marxist Theory of the State." In Fred Block, *Revising State Theory: Essays in Politics and Postindustrialism* (Philadelphia: Temple University Press), 51–68.

Bloor, David. 1976. *Knowledge and Social Imagery* (London: Routledge & Kegan Paul).

Blume, Stuart S. 1974. *Toward a Political Sociology of Science* (New York: Free Press).

Bourdieu, Pierre. 1991. "The Peculiar History of Scientific Reason," *Sociological Forum* 6(1): 3–26.

Bourdieu, Pierre. 1988. *Homo Academicus* (Stanford, CA: Stanford University Press).

Bourdieu, Pierre. 1984. *Distinction: A Social Critique of the Judgement of Taste* (Cambridge, MA: Harvard University Press).

Bourdieu, Pierre. 1975. "The Specificity of the Scientific Field and the Social conditions for the Progress of Reason," *Social Science Information* 14(5): 19–47.

Boyer, Paul. 1989. "'Some Sort of Peace': President Truman, the American People, and the Atomic Bomb." In Michael J. Lacey (ed.), *The Truman Presidency* (Cambridge, England: Cambridge University Press), 174–202.

Branscomb, Lewis M. 1993b. "Empowering Technology Policy." In Lewis M. Branscomb (ed.), *Empowering Technology: Implementing a U.S. Strategy* (Cambridge, MA: MIT Press), 266–94.

Branscomb, Lewis M. 1993c. "The National Technology Policy Debate." In Lewis M. Branscomb (ed.), *Empowering Technology: Implementing a U.S. Strategy* (Cambridge, MA: MIT Press), 1–35.

Branscomb, Lewis M. 1991. "Toward a U.S. Technology Policy," *Issues in Science and Technology*" (summer): 50–55.

Branscomb, Lewis M. and George Parker. 1993. "Funding Civilian and Dual-Use Industrial Technology." In Lewis M. Branscomb (ed.), *Empowering Technology: Implementing a U.S. Strategy* (Cambridge, MA: MIT Press), 64–102.

Brinkman, W. F. 1990. "A National Engineering and Technology Agency," *Science* 247 (February 23): 901.

Broad, William J. 1991. "Pentagon Wizards of Technology Eye Wider Civilian Role," *New York Times*, October 22, pp. B5, B9.

Broadhead, Robert S. and Ray C. Rist. 1976. "Gatekeepers and the Social Control of Social Research," *Social Problems* 23(3): 325–36.

Bromley, Allan. 1992. "Research and Development in the President's FY 1993 Budget." Statement of the Assistant to the President for Science and Technology, January 29. Copy available through the Office of Science and Technology Policy.

Bronk, Detlev W. 1975. "The National Science Foundation: Origins, Hopes, and Aspirations," *Science* 188: 409–14.

Bronk, Detlev W. 1974. "Science Advice in the White House," *Science* 186 (October 11): 116–21.

Brooks, Harvey. 1986. "An Analysis of Proposals for a Department of Science," *Technology in Society* 8: 19–31.

Brooks, Harvey. 1979. "The Problem of Research Priorities." In Gerald Holton and Robert Morison (eds.), *Limits of Scientific Inquiry* (New York: Norton), 171–90.

Brown, George E. 1988. "A New Institution for Science and Technology Policy-Making." In William T. Golden (ed.), *Science and Technology Advice to the President, Congress, and Judiciary* (New York: Pergamon), 65–70.

Brown, Harold and John Wilson. 1992–93. "A New Mechanism to Fund R&D," *Issues in Science and Technology* (winter): 36–41.

Bruce, Robert V. 1987. *The Launching of Modern American Science* (New York: Knopf).

Bulletin of the Atomic Scientists. 1950a. "FAS Statement on Science Foundation Bill," *Bulletin of the Atomic Scientists* 6 (June): 190.

Bulletin of Atomic Scientists. 1950b. "The National Science Foundation Act of 1950 [text of the Act]," *Bulletin of Atomic Scientists* 6 (June): 186–90.

Bulletin of Atomic Scientists. 1949. "Federation of American Scientists Announces Policy Decisions," *Bulletin of Atomic Scientists* 5 (June/July): 184–85.

Burch, Phillip H. Jr. 1973. "The NAM as an Interest Group," *Politics and Society* 4(1): 97–130.

Burton, Daniel F. Jr. 1992. "A New Model for U.S. Innovation," *Issues in Science and Technology* (summer): 52–59.

Bush, George. 1992. "Text of Bush's Message: Heating Up the Economy, and Looking Beyond," *New York Times*, January 29, p. A16.

Bush, Vannevar. 1970. *Pieces of the Action* (New York: Morrow).

Bush, Vannevar. [1945] 1960. *Science—The Endless Frontier: A Report to the President on a Program for Postwar Scientific Research* (Washington, D.C.: National Science Foundation).

Bush, Vannevar. 1943. "The Kilgore Bill," *Science* 98: 571–77.

Business Week. 1982. "A Technology Lag that May Stifle Growth," *Business Week* (October 11): 126–30.

Business Week. 1945. "Scientists Gain in Congressional Fight," *Business Week* (October 20): 7.

Cambrosio, Alberto, Camile Limoges, and Denyse Pronovost. 1991. "Analyzing Science Policy-making: Political Ontology or Ethnography? A Reply to Kleinman," *Social Studies of Science* 21: 775–81.

Cambrosio, Alberto, Camile Limoges, and Denyse Pronovost. 1990. "Representing Biotechnology: An Ethnography of Quebec Science Policy," *Social Studies of Science* 20: 195–227.

Cambrosio, Alberto, Camile Limoges, and Denyse Pronovost. 1991. "Analyzing Science Policy-Making: Political Ontology or Ethnography?: A Reply to Kleinman," *Social Studies of Science* 21: 775–82.

Campbell, John L. 1988. *Collapse of an Industry: Nuclear Power and the Contradictions of U.S. Policy* (Ithaca, NY: Cornell University Press).

Carey, William D. 1986. "An Idea Whose Time Has Not Come," *Technology in Society* 8: 77–82.

Carnoy, Martin. 1984. *The State and Political Theory* (Princeton, NJ: Princeton University Press).

Cawson, Alan. 1986. *Corporatism and Political Theory* (London: Basil Blackwell).

Chalkley, Lyman. 1951. "Prologue to the U.S. National Science Foundation (1942–1951)." Unpublished manuscript available in the Kilgore Papers, A&M 967, series 8, box 1, folder 1, University of West Virginia, Morgantown, West Virginia.

Chapman, Gary. 1992. "Push Comes to Shove on Technology Policy," *Technology Review* (November/December): 43–49.

Chemical Engineering. 1947. "Who Sank S. 526?" *Chemical Engineering* 54 (September): 134.

Chemical Engineering News. 1947. "Inter-Society Committee for a NSF," *Chemical and Engineering News* 25 (April 7): 972.

Cheney, David W. and William W. Grimes. 1991. *Japanese Technology Policy: What's the Secret?* (Washington, D.C.: Council on Competitiveness).

Clinton, William J. and Albert Gore. 1993. *Technology for America's Economic Growth, A New Direction to Build Economic Strength* (Washington, D.C.: U.S. Government Printing Office).

Coben, Stanley. 1979. "American Foundations as Patrons of Science: The Commitment to Individual Research." In Nathan Reingold (ed.), *The Sciences in the American Context: New Perspectives* (Washington, D.C.: Smithsonian Institution Press), 229–47.

Cohen, Linda R., Roger G. Noll, Jeffrey S. Banks, Susan A. Edelman, and William M. Pegram. 1991. *The Technology Pork Barrel* (Washington, D.C.: Brookings Institution).

Cohen, Stephen S. and John Zysman. 1988. "Manufacturing Innovation and American Industrial Competitiveness," *Science* 239 (March 4): 1110–15.

Compton, Karl T. 1943. "Organization of American Scientists for the War," *Science* 98 (2534): 71–76.

Congressional Quarterly. 1982. *Guide to Congress*, 3rd ed. (Washington, D.C.: Congressional Quarterly).

Corcoran, Elizabeth. 1993. "Computing's Controversial Plan," *Science* 260 (April 2): 20–22.

Corcoran, Elizabeth. 1990. "Talking Policy: The Administration Devises an Industrial Policy—Sort of," *Scientific American* (June): 82, 84.

Corson, Dale R. 1988. "The United States Has No Adequate Mechanism to Set

Long-Range." In William T. Golden (ed.), *Science and Technology Advice to the President, Congress, and Judiciary* (New York: Pergamon), 95–103.

Council on Competitiveness. 1994. *Critical Technologies: Update 1994* (Washington, D.C.: Council on Competitiveness).

Council on Competitiveness. 1991. *Gaining New Ground: Technology Priorities for America's Future* (Washington, D.C.: Council on Competitiveness).

Cozzens, Susan E. and Thomas F. Gieryn (eds.). 1990. *Theories of Science in Society* (Bloomington: University of Indiana Press).

Cramer, Jerome. 1993. "NIST: Measuring Up to a New Task," *Science* 259 (March 26): 1818–19.

Crane, Diana. 1965. "Scientists at Major and Minor Universities: A Study of Productivity and Recognition," *American Sociological Review* 30(5): 699–714.

Crawford, Mark. 1988. "Applied R & D Key for U.S. Trade," *Science* 241 (September 16): 1425.

Crease, Robert P. 1991. "Pork: Washington's Growth Industry," *Science* 254 (November 1): 640–43.

Culliton, Barbara J. 1989a. "NIH: The Good Old Days," *Science* 244 (June 23): 1437.

Culliton, Barbara J. 1989b. "Science Advisor Gets First Formal Look," *Science* 245: (July 21): 247–48.

Current Biography. 1940. "Bush, Vannevar," *Current Biography* 1(9): 13–14.

Curti, Merle and Roderick Nash. 1965. *Philanthropy in the Shaping of American Higher Education* (New Brunswick, NJ: Rutgers University Press).

Davis, Lance E. and Daniel J. Kevles. 1974. "The National Research Fund: A Case Study in the Industrial Support of Academic Science," *Minerva* 12 (April): 207–20.

Dickson, David. 1988. "Setting Research Goals Not Enough, Says OECD," *Science* 241 (August 19): 898.

Dickson, David. 1984. *The New Politics of Science* (New York: Pantheon).

DiMaggio, Paul J. and Walter W. Powell. 1983. "The Iron Cage Revisited: Institutional Isomorphism and Collective Rationality in Organizational Fields," *American Sociological Review* 48 (April): 147–60.

Domhoff, G. William. 1990. *The Power Elite and the State* (New York: Aldine De Gruyter).

Domhoff, G. William. 1983. *Who Rules America Now? A View for the '80s* (New York: Simon & Schuster).

Domhoff, G. William. 1979. *The Powers that Be: Process of Ruling Class Domination in America* (New York: Vintage).

Domhoff, G. William. 1974. *The Bohemian Grove and Other Retreats: A Study in Ruling-Class Cohesiveness* (New York: Harper & Row).

Dorfer, Ingemar N.H. 1975. "Science and Technology Policy in Sweden." In

T. Dixon Long and Christopher Wright (eds.), *Science Policies of Industrial Nations: Case Studies of the United States, Soviet Union, United Kingdom, France, Japan, and Sweden* (New York: Praeger), 169–90.

Dowd, Maureen. 1990. "Bush Appoints 13 to Science Panel," *New York Times*, February 3, p. 12.

Dubinskas, Frank. 1985. "The Culture Chasm: Scientists and Managers in Genetic Engineering Firms," *Technology Review* (May/June): 24–30 and 74.

Dubridge, Lee A. 1977. "Twenty-five Years of the National Science Foundation," *Proceedings of the American Philosophical Society* 121 (June 15): 191–94.

Dupree, A. Hunter. 1972. "The Great Insaturation of 1940: The Organization of Scientific Research for War." In Gerald Holton (ed.), *The Twentieth Century Sciences* (New York: Norton), 443–67.

Dupree, A. Hunter. 1965. "The Structure of the Government-University Partnership after World War II," *Bulletin of the History of Medicine* 39: 245–51.

Dupree, A. Hunter. 1963. "Central Scientific Organization in the United States Government," *Minerva* 1 (summer): 453–69.

Dupree, A. Hunter. 1957. *Science in the Federal Government* (Cambridge, MA: Belknap).

Edelson, Burton I. and Robert L. Stern. 1989. *The Operations of DARPA and Its Utility as a Model for a Civilian ARPA* (Washington, D.C.: Johns Hopkins Foreign Policy Institute). Reprinted in U.S. Senate, 1990, *Hearings before the Committee on Governmental Affairs on S. 1978*, 101st Congress, Second Session (Washington, D.C.: U.S. Government Printing Office).

Ember, Lois. 1990. "Commerce to Fund Advanced Technologies," *Chemical and Engineering News* (August 27): 17.

Encyclopedia Britannica, The New. 1991. "Radar," v.26, 15th Edition (Chicago: Encyclopedia Britannica).

England, J. Merton. 1982. *A Patron for Pure Science* (Washington, D.C.: National Science Foundation).

England, J. Merton. 1976. "Dr. Bush Writes a Report: 'Science—The Endless Frontier,'" *Science* 191 (January 9): 41–47.

England, J. Merton. 1970. "Interesting Times—The NSF since 1960," *Mosaic* 1: 3–7.

Epstein, Steven. 1991. "Democratic Science? AIDS Activism and the Contested Construction of Knowledge," *Socialist Review* 91(2): 35–64.

Ergas, Henry. 1987. "Does Technology Policy Matter?" In Bruce R. Guile and Harvey Brooks (eds.), *Technology and Global Industry* (Washington, D.C.: National Academy Press), 191–245.

Etzkowitz, Henry. 1983. "Entrepreneurial Scientists and Entrepreneurial Universities in American Academic Science," *Minerva* 21: 198–233.

Evans, Peter B., Dietrich Rueschemeyer, and Theda Skocpol. 1985. "On the

Road Toward a More Adequate Understanding of the State." In Peter B. Evans et al. (eds.), *Bringing the State Back In* (New York: Cambridge University Press), 347–66.

Feister, Irving. 1947. "Wanted: An Integrated Science Foundation," *Nation* 165 (October 25): 456–57.

Fisher, Donald. 1980. "American Philanthropy and the Social Sciences: The Reproduction of a Conservative Ideology," *Sociological Review* 28(2): 277–315.

Forman, Paul. 1987. "Behind Quantum Electronics: National Security as the Basis for Physical Research in the United States, 1940–1960," *Historical Studies in the Physical and Biological Sciences* 18(1): 149–229.

Fortune. 1946. "The Great Science Debate," *Fortune* (June): 116–20, 236, 239–40, 242, 245.

Friedman, Robert S. and Renee C. Friedman. 1988. "Science American Style: Three Cases in Academe," *Policy Studies Journal* 17(1): 41–61.

Fuchs, Stephan. 1992. *The Professional Quest for Truth: A Social Theory of Science and Knowledge* (Albany: State University of New York Press).

Furedy, John J. 1987. "Melding Capitalist versus Socialist Models of Fostering Scientific Excellence." In Douglas Jackson and J. Philippe Ruhton (eds.), *Scientific Excellence: Origins and Assessment* (Newbury Park, CA: Sage), 284–306.

Gable, Richard W. 1953. "NAM: Influential Lobby or Kiss of Death," *Journal of Politics* 15(2): 254–73.

Geiger, Roger L. 1993. *Research and Relevant Knowledge: American Research Universities since World War II* (New York: Oxford University Press).

Geiger, Roger L. 1986. *To Advance Knowledge: The Growth of American Research Universities, 1900–1940* (New York: Oxford University Press).

Genuth, Joel. 1988. "Microwave Radar, the Atomic Bomb, and the Background to U.S. Research Priorities in World War II," *Science, Technology, and Human Values* 13(3–4): 276–89.

Genuth, Joel. 1987. "Groping towards Science Policy in the United States in the 1930s," *Minerva* 25: 238–68.

Gibbs, Lois Marie. 1982. *Love Canal: My Story* (Albany, NY: SUNY Press).

Gilbert, Jess and Carolyn Howe. 1990. "Beyond 'State vs. Society': Theories of the State and New Deal Agricultural Policies," *American Sociological Review* 56: 204–20.

Gilpin, Robert G., Jr. 1975. "Science, Technology, and French Independence." In T. Dixon Long and Christopher Wright (eds.), *Science Policies of Industrial Nations: Case Studies of the United States, Soviet Union, United Kingdom, France, Japan, and Sweden* (New York: Praeger), 110–32.

Gilpin, Robert. 1968. *France in the Age of the Scientific State* (Princeton, NJ: Princeton University Press).

Glass, Bentley. 1960. "The Academic Scientist: 1940–1960," *Science* 132: (September 2): 598–603.
Gold, David, Clarence Lo, and Erik Wright. 1975. "Recent Developments in Marxist Theories of the State," *Monthly Review* (October): 29–43; (November): 36–51.
Gourevitch, Peter. 1986. *Politics in Hard Times*. (Ithaca, NY: Cornell University Press).
Graham, Margaret B. W. 1985. "Industrial Research in the Age of Big Science," *Research on Technological Innovation, Management and Policy* 2: 47–79.
Greenberg, Daniel S. 1967. *The Politics of Pure Science* (New York: New American Library).
Greenberg, Daniel S. 1963. "Civilian Technology: Program to Boost Industrial Research Heavily Slashed in House," *Science* 140 (June 28): 1380–83.
Greenhouse, Steven. 1987. "When the World's Growth Slows," *New York Times*, 27 December, section 3, p. 1.
Gruber, Carol. 1975. *Mars and Minerva: World War I and the Uses of Higher Education in America* (Baton Rouge: Louisiana State University).
Gummett, Philip J. and Geoffrey L. Price. 1977. "An Approach to the Central Planning of British Science: The Formation of the Advisory Council on Scientific Policy," *Minerva* 25(2): 119–43.
Hagstrom, Warren. 1965. *The Scientific Community* (London: Feffer & Simons).
Hall, Peter. 1986. *Governing the Economy: The Politics of State Intervention in Britain and France* (Cambridge, England: Polity Press).
Hamilton, David P. 1992. "National Science Board Sounds Wake-Up Call," *Science* 257 (August 21): 1039.
Hamilton, David P. 1991. "Industrial R&D Plea," *Science* 253 (September 20): 1350.
Hamilton, David P. 1990. "Technology Policy: Congress Takes the Reins," *Science* 250 (November 9): 747.
Hoch, Paul K. 1988. "The Crystallization of a Strategic Alliance: The American Physics Elite and the Military in the 1940s." In E. Mendelsohn, M. R. Smith, and P. Weingart, *Science, Technology, and the Military*, vol. 12 (Dordrecht, The Netherlands: Kluwer Academic Publishers) 87–116.
Hodes, Elizabeth. 1982. "Precedents for Social Responsibility among Scientists: The American Association of Scientific Workers and the Federation of American Scientists, 1938–1948." Unpublished Ph.D. dissertation, University of California, Santa Barbara.
Holden, Constance. 1993. "Clinton's New Policy: More Is Less," *Science* 262 (December 10): 1643.
Holton, Gerald. 1979. "From the Endless Frontier to the Ideology of Limits." In

Gerald Holton and Robert Morison (eds.), *Limits of Scientific Inquiry* (New York: Norton), 227–41.

Hooks, Gregory. 1991. *Forging the Military-Industrial Complex: World War II's Battle of the Potomac* (Chicago: University of Illinois Press).

Hooks, Gregory. 1990a. "From an Autonomous to a Captured State Agency: The Decline of the New Deal in Agriculture," *American Sociological Review* 55(1): 29–43.

Hooks, Gregory. 1990b. "The Rise of the Pentagon and U.S. State-Building: The Defense Program as Industrial Policy," *American Journal of Sociology* 96: 358–404.

Humphrey, Hubert H. 1960. "The Need for a Department of Science," *Annals of the American Academy of Political and Social Sciences* 327 (January): 27–35.

Hunt, James B. 1982. "State Involvement in Science and Technology," *Science* 215 (February 5): 4533.

Ikenberry, John G. 1988. "Conclusion: An Institutional Approach to American Foreign Economic Policy," *International Organization* 42(1): 219–43.

Inman, B. R. and Daniel F. Burton. 1991. "Rx: A Technology Policy," *New York Times*, January 17, p. A19. (advertisement)

Jessop, Bob. 1982. *The Capitalist State* (New York: New York University Press).

Joint Economic Committee. 1992. *Technology and Economic Performance*. Hearing before the Joint Economic Committee, Congress of the United States, 102nd Congress, First Session, September 12 (Washington, D.C.: Government Printing Office).

Jones, Kenneth M. 1976. "The Endless Frontier," *Prologue* 8 (spring): 35–46.

Jones, Kenneth M. 1975. "Science, Scientists, and Americans: Images of Science and the Formation of Federal Science Policy." Unpublished Ph.D. dissertation, Cornell University, Ithaca, New York.

Kaempffert, Waldemaer. 1943. "The Case for Planned Research," *American Mercury* 57 (October): 442–47.

Kantrowitz, Arthur. 1975. "Controlling Technology Democratically," *American Scientist* 63 (September–October): 505–09.

Kargon, Robert and Elizabeth Hodes. 1985. "Karl Compton, Isaiah Bowman, and the Politics of Science in the Great Depression," *Isis* 76: 301–18.

Katz, James E. 1980. "Organizational Structure and Advisory Effectiveness: The Office of Science and Technology Policy." In William T. Golden (ed.), *Science Advice to the President* (New York: Pergamon), 229–44.

Katzenstein, Peter J. (ed.). 1978. *Between Power and Plenty: Foreign Economic Policies of Advanced Industrial States* (Madison: University of Wisconsin Press), 295–336.

Kevles, Daniel J. 1990. "Principles and Politics in Federal R&D Policy, 1945–1990: An Appreciation of the Bush Report." In Vannevar Bush, *Science—The*

Endless Frontier [40th anniversary reissue] (Washington, D.C.: National Science Foundation), ix–xxxiii.

Kevles, Daniel J. 1988a. "American Science." In Nathan O. Hatch (ed.), *The Professions in American History* (Notre Dame, IN: Notre Dame University Press), 107–25.

Kevles, Daniel J. 1988b. "Cold War and Hot Physics: Reflections on Science, Security and the American State." *Humanities Working Paper* 135. (Pasadena, California Institute of Technology).

Kevles, Daniel J. 1987. *The Physicists: The History of a Scientific Community in Modern America* (Cambridge, MA: Harvard University Press).

Kevles, Daniel J. 1978. "Notes on the Politics of American Science: Commentary on Papers by Alice Kimball Smith and Dorothy Nelkin," *Science, Technology, and Human Values* 24: 40–44.

Kevles, Daniel J. 1977. "The National Science Foundation and the Debate over Postwar Research Policy," *Isis* 68: 5–26.

Kevles, Daniel J. 1975. "Scientists, the Military, and the Control of Postwar Defense Research: The Case of the Research Board for National Security," *Technology and Culture* 16: 20–47.

Kevles, Daniel J. 1974. "FDR's Science Policy," *Science* 183: 798–800.

Kilgore, Harley. 1943. "Discussion: The Science Mobilization Bill," *Science* 98 (2537): 151–52.

Kleinman, Daniel Lee. 1991. "Conceptualizing the Politics of Science: A Response to Cambrosio, Limoges and Pronovost," *Social Studies of Science* 21(4): 769–74.

Kleinman, Daniel Lee and Jack R. Kloppenburg Jr. 1991. "Aiming for the Discursive High Ground: Monsanto and the Biotechnology Controversy," *Sociological Forum* 6: 427–47.

Kleppner, Daniel. 1991. "The Ending Frontier: The Lederman Report and Its Critics," *Issues in Science and Technology* (spring): 32–37.

Kloppenburg, Jack R. Jr. 1988. *First the Seed: The Political Economy of Plant Biotechnology, 1492–2000* (New York: Cambridge University Press).

Knorr-Cetina, Karin. 1983. "The Ethnographic Study of Scientific Work—Towards a Constructivist Interpretation of Science." In Karin Knorr Cetina and Michael Mulkay (eds.), *Science Observed: Perspectives on the Social Study of Science* (London: Sage), 115–40.

Kohler, Robert E. 1991. *Partners in Science: Foundations and Natural Scientists, 1900–1945* (Chicago: University of Chicago Press).

Kohler, Robert E. 1987. "Science, Foundations, and American Universities in the 1920s," *Osiris* 2(3): 135–64.

Kohler, Robert E. 1979. "Warren Weaver and the Rockefeller Foundation Program in Molecular Biology: A Case Study in the Management of Science." In

Nathan Reingold (ed.), *The Sciences in the American Context: New Perspectives* (Washington, D.C.: Smithsonian Institution Press), 249–93.

Koistinen, Paul A. C. 1972. "The Military-Industrial Complex in Historical Perspective: The Interwar Years." In Carroll Pursell (ed.), *The Military-Industrial Complex* (New York: Harper & Row), 31–50.

Koshland, Daniel E. 1988. "Setting Priorities in Science," *Science* 240: (May 20): 4855.

Koshland, Daniel E. 1985. "A Department of Science?," *Science* 227 (February 8): 4687.

Krasner, Stephen. 1984. "Approaches to the State: Alternative Conceptions and Historical Dynamics," *Comparative Politics* 16 (January): 223–46.

Krasner, Stephen D. 1978. *Defending the National Interest* (Princeton, NJ: Princeton University Press).

Krimsky, Sheldon. 1982. *Genetic Alchemy: The Social History of the Recombinant DNA Controversy* (Cambridge, MA: MIT Press).

Kuznick, Peter J. 1987. *Beyond the Laboratory: Scientists as Political Activists in 1930s America* (Chicago: University of Chicago Press).

Kwa, Chunglin. 1987. "Representation of Nature Mediating between Ecology and Science Policy: The Case of the International Biological Programme," *Social Studies of Sciences* 17: 413–42.

Lambright, W. Henry and Dianne Rahm (eds.). 1992. *Technology and U.S. Competitiveness: An Institutional Focus* (New York: Greenwood).

Lapp, Ralph E. 1965. *The New Priesthood: The Scientific Elite and the Uses of Power* (New York: Harper & Row).

Larson, Magali Sarfatti. 1984. "The Production of Expertise and the Constitution of Expert Power." In Thomas Haskell (ed.), *The Authority of Experts* (Bloomington: Indiana University Press), 28–80.

Larson, Magali Sarfatti. 1977. *The Rise of Professionalization: A Sociological Analysis* (Berkeley: University of California Press).

Lasby, Clarence. 1966. "Science and the Military." In David Van Tassel and Michael Hall (eds.), *Science and Society in the United States* (Homewood, IL: Dorsey), 251–82.

Latour, Bruno. 1987. *Science in Action: How to Follow Scientists and Engineers through Society* (Cambridge, MA: Harvard University Press).

Latour, Bruno and Steve Woolgar. 1979. *Laboratory Life: The Social Construction of Scientific Facts* (Beverly Hills: Sage).

Lederman, Leon. 1991. *Science: The End of the Frontier?* (Washington, D.C.: American Association for the Advancement of Science).

Lederman, Leonard. 1987. "Science and Technology Policies and Priorities: A Comparative Analysis," *Science* 237 (September 4): 1125–33.

Lederman, Leonard L. 1985. "Science and Technology in Europe: A Survey," *Science and Public Policy* 12(3): 131–43.

Lederman, Leonard L., Rolf Lehming, and Jennifer S. Bond. 1986. "Research Policies and Strategies in Six Countries: A Comparative Analysis," *Science and Public Policy* 13(2): 67–76.

Lepkowski, Wil. 1991. "Critical Technologies: White House Stalls Institute's Creation," *Chemical and Engineering News* (September 16): 4–5.

Leslie, Stuart W. 1993. *The Cold War and American Science: The Military-Industrial-Academic Complex at MIT and Stanford* (New York: Columbia University Press).

Leslie, Stuart W. 1987. "Playing the Education Game to Win: The Military and Interdisciplinary Research at Stanford," *Historical Studies in the Physical Sciences* 18(1): 55–88.

Lessing, Lawrence P. 1954. "The National Science Foundation Takes Stock," *Scientific American* (March): 29–33.

Leuchtenburg, William E. 1963. *Franklin D. Roosevelt and the New Deal* (New York: Harper & Row).

Levine, Rhonda. 1988. *Class Struggle and the New Deal: Industrial Labor, Industrial Capital and the State* (Lawrence: University of Kansas Press).

Lieberson, Stanley. 1992. "Einstein, Renoir, and Greeley: Some Thoughts About Evidence in Sociology." *American Sociological Review* 57: 1–15.

Lindberg, Leon. 1985. "Political Economy, Economic Governance, and the Coordination of Economic Activities," *Wissenschaftskolleg Jahrbuch* (1984/85): 241–55.

Lindberg, Leon. 1982. "The Problems of Economic Theory in Explaining Economic Performance," *Annals of the American Academy of Political and Social Sciences* 459 (January): 14–27.

Lindberg, Leon, Fritz Scharpt, and Gunter Engelhardt. 1987. "Economic Policy Research: Challenges and a New Agenda." In Meinolf Dierkes, Hans Weiler, and Ariane Berthorn Antal (eds.), *Comparative Policy Research: Learning from Experience* (New York: St. Martins), 347–78.

Lomask, Milton. 1976. *A Minor Miracle: An Informal History of the National Science Foundation* (Washington, D.C.: National Science Foundation).

Lomask, Milton. 1973. "Historical Footnote," *Science* 182 (October 12): 116.

Long, T. Dixon. 1975. "The Dynamics of Japanese Science Policy." In T. Dixon Long and Christopher Wright (eds.), *Science Policies of Industrial Nations: Case Studies of the United States, Soviet Union, United Kingdom, France, Japan, and Sweden* (New York: Praeger), 133–68.

Lowi, Theodore J. 1967. "Party, Policy, and Constitution in America." In William Nisbet Chambers and Walter Dean Burnham (eds.), *The American Party Systems* (New York: Oxford University Press), 238–76.

MacKenzie, Donald and Graham Spinardi. 1988a: "The Shaping of Nuclear Weapon System Technology: U.S. Fleet Ballistic Missile Guidance and Navigation. I: From Polaris to Poseidon," *Social Studies of Science* 18: 419–63.

MacKenzie, Donald and Graham Spinardi. 1988b. "The Shaping of Nuclear Weapon System Technology: U.S. Fleet Ballistic Missile Guidance and Navigation. II: 'Going for Broke'—The Path to Trident II," *Social Studies of Science* 18: 581–624.

Maddox, Robert F. 1981. *The Senatorial Career of Harley Martin Kilgore* (New York: Garland).

Maddox, Robert F. 1979. "The Politics of World War II Science: Senator Harley M. Kilgore and the Legislative Origins of the National Science Foundation," *West Virginia History* 41(1): 20–39.

Mann, Michael. 1988. *States, War and Capitalism: Studies in Political Sociology* (New York: Basil Blackwell).

Mansfield, Edwin. 1988. "Industrial Innovation in Japan and the United States," *Science* 241 (September 30): 1769–74.

Markusen, Ann and Joel Yudken. 1992. "Building a New Economic Order," *Technology Review* (April): 23–30.

Marshall, Eliot. 1993a. "R&D Policy that Emphasizes the 'D,'" *Science* 259 (March 26): 1816–19.

Marshall, Eliot. 1993b. "Swords to Plowshares Plan Boosts R&D," *Science* 259 (March 19): 1690.

Marshall, Eliot. 1992. "Space Scientists Heed Call to Set Priorities," *Science* 255 (January 31): 527–28.

Marshall, Eliot. 1991. "U.S. Technology Strategy Emerges," *Science* 252 (April 5): 20–24.

Martin, Andrew. 1985. "Wages, Profits, and Investment in Sweden." In Leon Lindberg and Charles Maier (eds.), *The Politics of Inflation and Economic Stagnation* (Washington, D.C.: Brookings Institution), 403–66.

Mazuzan, George T. 1987. *The National Science Foundation: A Brief History* (Washington, D.C.: National Science Foundation).

McClenahen, John S. 1990. "Standards Czar Eyes Technology," *Industry Week* (July 2): 51.

McCune, Robert P. 1971. *Origins and Development of the National Science Foundation and Its Division of Social Sciences, 1945–1961*. Ph.D. dissertation, Ball State University; University Microfilms, Ann Arbor Michigan.

McDougall, Walter A. 1985. . . . *The Heavens and the Earth: A Political History of the Space Age* (New York: Basic Books).

McLauchlan, Gregory. 1989. "World War, the Advent of Nuclear Weapons, and Global Expansion of the National Security State." In Robert K. Schaeffer (ed.), *War in the World-System* (New York: Greenwood), 83–97.

Meigs, Montgomery Cunningham. 1982. "Managing Uncertainty: Vannevar Bush, James B. Conant and the Development of the Atomic Bomb." Unpublished Ph.D. dissertation, University of Wisconsin–Madison.

Merton, Robert K. 1973. *The Sociology of Science: Theoretical and Empirical Investigations* (Chicago: University of Chicago Press).

Mervis, Jeffrey. 1993. "Lane's Strategy on Strategic Research," *Science* 262 (November 12): 983.

Mervis, Jeffrey, Christopher Anderson, and Eliot Marshall. 1993. "Better for Science than Expected," *Science* 262 (November 5): 836–39.

Miliband, Ralph. 1983. "State Power and Class Interests," *New Left Review* 138 (March–April): 57–68.

Miliband, Ralph. 1969. *The State in Capitalist Society* (New York: Basic Books).

Mills, C. Wright. 1956. *The Power Elite* (London: Oxford University Press).

Moore, John Robert. 1967. "The Conservative Coalition in the United States Senate, 1942–1945," *Journal of Southern History* 33 (August): 368–76.

Mosaic. 1970. "A Visit with Vannevar Bush," *Mosaic* 1: 9–12.

Mowery, David C. 1993. "Whither DARPA?" *Issues in Science and Technology* (summer): 6.

Mowery, David C. 1983. "The Relationship between Intrafirm and Contractual Forms of Industrial Research in American Manufacturing, 1900–1940," *Explorations in Economic History* 20: 351–74.

Mulkay, Michael. 1980. "Interpretation and the Use of Rules: The Case of Norms in Science." In Thomas Gieryn (ed.), *Science and Social Structure: A Festschrift for Robert K. Merton* (New York: New York Academy of Science), 111–25.

National Academy of Sciences, National Academy of Engineering, and Institute of Medicine. 1993. *Science, Technology, and the Federal Government: National Goals for a New Era* (Washington, D.C.: National Academy Press).

National Research Council. 1940. *Research a National Resource. II. Industrial Research* (Washington, D.C.: U.S. Government Printing Office).

Needell, Allan A. 1987. "Preparing for the Space Age: University-Based Research, 1946–1957," *Historical Studies in the Physical and Biological Sciences* 18(1): 89–109.

Nelkin, Dorothy. 1984. "Science and Technology Policy and the Democratic Process." In James C. Petersen (ed.), *Citizen Participation in Science Policy* (Amherst, MA: University of Massachusetts Press), 18–39.

Nelson, William Richard. 1965. "Case Study of a Pressure Group: The Atomic Scientists." Unpublished Ph.D. dissertation, University of Colorado, Department of Political Science.

Nettl, J. P. 1968. "The State as a Conceptual Variable," *World Politics* 20: 559–92.

New Republic. 1947. "The Ivy League Lobby," *New Republic* 117 (August 4): 10.

New York Times. 1992. "Industrial Policy as Sloppy Slogan," February 12, p. A12.

New York Times. 1945. "Truman Aid Asked for Magnuson Bill," November 27, p. 15.

Nichols, David. 1974. "The Associational Interest Groups of American Science." In Albert H. Teich (ed.), *Scientists and Public Affairs* (Cambridge, MA: MIT Press), 123–70.

Nielsen, Waldemar A. 1989. *The Golden Donors: A New Anatomy of the Great Foundations* (New York: Truman Talley).

Nielsen, Waldemar A. 1972. *The Big Foundations: A Twentieth Century Fund Study* (New York: Columbia University Press).

Noble, David. 1984. *Forces of Production: A Social History of Industrial Automation* (New York: Knopf).

Noble, David. 1983. "Academia Incorporated," *Science for the People* (January/February): 7–11, 50–52.

Noble, David. 1977. *America by Design: Science, Technology, and the Rise of Corporate Capitalism* (New York: Oxford University Press).

Norman, Colin. 1992. "Science Budget: Selective Growth," *Science* 255 (February 7): 672–75.

Norman, Colin. 1990. "Defense Research after the Cold War," *Science* 247 (January 19): 272–73.

Norman, Colin. 1988. "Technology Legislation Previewed," *Science* 242 (November 11): 861.

Office of Science and Technology Policy. 1992. "Technology for a Productive America—Fact Sheet." Unpublished document (Washington, D.C.: Executive Office of the President, OSTP).

Office of Science and Technology Policy. 1990. *U.S. Technology Policy* (Washington, D.C.: Executive Office of the President, OSTP).

Office of Technology Assessment. 1991. *Federally Funded Research: Decisions for a Decade*, summary and complete report (Washington, D.C.: U.S. Government Printing Office).

Orloff, Ann Shola. 1988. "The Political Origins of America's Belated Welfare State." In Margaret Weir, Ann Orloff, and Theda Skocpol (eds.), *The Politics of Social Policy in the United States* (Princeton, NJ: Princeton University Press), 37–80.

Orloff, Ann Shola, and Theda Skocpol. 1984. "'Why Not Equal Protection?': Explaining the Politics of Social Spending in Britain, 1900–1911 and the United States, 1880s–1920," *American Sociological Review* 49: 726–50.

Owens, Larry. 1987. "Straight-Thinking: Vannevar Bush and the Culture of American Engineering." Unpublished Ph.D. dissertation, Princeton University, Princeton, New Jersey.

Palca, Joseph. 1992a. "Congress Queries Hallowed Principles," *Science* 257 (September 18): 1620.

Palca, Joseph. 1992b. "Massey Seeks to Broaden NSF's Role," *Science* 257 (August 21): 1035.

Palca, Joseph. 1991. "OTA Challenges Dogma on Research Funding," *Science* 251 (March 29): 1555.

Palmer, Archie. 1948. "Industry Supported University Research," *Chemical and Engineering News* 26 (July 12): 2042–45.

Parsons, Talcott. 1946. "The Science Legislation and the Role of the Social Sciences," *American Sociological Review* 11 (December): 653–66.

Penick, James L., Carroll W. Pursell Jr., Morgan B. Sherwood, and Donald C. Swain (eds.). 1972 [1965]. *The Politics of American Science* (Cambridge, MA: MIT Press).

Perazich, George and Philip M. Field. 1940. *Industrial Research and Changing Technology* (Philadelphia, PA: Works Projects Administration).

Perez, Carlota. 1986. "Structural Changes and the Assimilation of New Technologies in the Economic and Social System." In Christopher Freeman (ed.), *Design, Innovation and Long Cycles in Economic Development* (New York: St. Martin's), 27–47.

Petersen, James C. 1984. "Citizen Participation in Science Policy." In James C. Petersen (ed.), *Citizen Participation in Science Policy* (Amherst: University of Massachusetts Press), 1–17.

Piore, Michael and Charles Sabel. 1984. *The Second Industrial Divide: Possibilities for Prosperity* (New York: Basic Books).

Pious, Richard M. 1979. *The American Presidency* (New York: Basic Books).

Polanyi, Michael. 1962. "The Republic of Science," *Minerva* 1 (autumn): 54–73.

Polanyi, Michael. 1951. *The Logic of Liberty: Reflections and Rejoinders* (Chicago: University of Chicago Press).

Pollack, Andrew. 1990. "High Tech Business Loses a Friend at the Pentagon," *New York Times*, April 29, section 4, p. 5.

Pollack, Andrew. 1989a. "America's Answer to MITI," *New York Times*, March 5, Business, p. 1.

Pollack, Andrew. 1989b. "Panel Asks Strong U.S. Push to Develop Superconductors," *New York Times*, January 4, section 1, pp. 1, 27.

Powers, Phillip. 1947. "The Organization for Science in the Federal Government, *Bulletin of Atomic Scientists* 3 (April/May): 122–23, 126.

Prechel, Harland. 1990. "Steel and the State: Industry Politics and Business Policy Formation, 1940–1989," *American Sociological Review* 55(5):

President's Scientific Research Board (John R. Steelman, Chair). 1947. *Science and Public Policy*, 5 vols. (Washington, D.C.: U.S. Government Printing Office).

Press, Frank. 1988. "The Dilemma of the Golden Age," *Science, Technology, and Human Values* 13: 224–31.

Price, Don K. 1979. "Endless Frontier or Bureaucratic Morass." In Gerald Holton and Robert Morison (eds.), *Limits of Scientific Inquiry* (New York: Norton), 75–92.

Price, Don K. 1965. *The Scientific Estate* (Cambridge, MA: Belknap).

Pursell, Carroll. 1985. "The Search for a Department of Science: An Historical Overview." Unpublished paper prepared for the National Science Foundation, Washington, D.C.

Pursell, Carroll. 1979a. "Government and Technology in the Great Depression," *Technology and Culture* 20(1): 162–74.

Pursell, Carroll. 1979b. "Science Agencies in World War II: The OSRD and its Challengers." In Nathan Reingold (ed.), *The Sciences in the American Context: New Perspectives* (Washington, D.C.: Smithsonian Institution Press), 359–78.

Pursell, Carroll. 1976. "Alternative American Science Policies during World War II." In James E. O'Neill and Robert W. Krauskopf (eds.), *World War Two: An Account of Its Documents* (Washington, D.C.: Howard University Press), 151–62.

Pursell, Carroll. 1971. "American Science Policy during World War II," *International Congress on the History of Science* 13(2): 274–78.

Pursell, Carroll. 1966. "Science and Government Agencies." In David Van Tassel and Michael Hall (eds.), *Science and Society in the United States* (Homewood, IL: Dorsey), 223–49.

Pursell, Carroll. 1965. "Anatomy of a Failure: The Science Advisory Board, 1933–1935," *Proceedings of the American Philosophical Society* 109(6): 342–51.

Quadagno, Jill. 1991. "Who Rules Sociology Now?" *Contemporary Sociology* 20(4): 563–65.

Quadagno, Jill and Madonna Harrington Meyer. 1989. "Organized Labor, State Structures, and Social Policy Development: A Case Study of Old Age Assistance in Ohio, 1916–1940," *Social Problems* 36(2): 181–96.

Rabinowitch, Eugene. 1946. "Science, A Branch of the Military?" *Bulletin of Atomic Scientists* 2 (November 1): 1.

Rankin, William L., Stanley M. Nealey, and Barbara Desow Melber. 1984. "Overview of National Attitudes toward Nuclear Energy: A Longitudinal Analysis." In William R. Freudenburg and Eugene A. Rosa (eds.), *Public Reaction to Nuclear Power* (Boulder, CO: Westview), 41–68.

Redmond, Kent. 1968. "World War II, a Watershed in the Role of the National Government in the Advancement of Science and Technology." In Charles Angoff (ed.), *The Humanities in the Age of Science* (Rutherford, NJ: Fairleigh Dickinson University Press), 166–80.

Reingold, Nathan. 1987. "Vannevar Bush's New Deal for Research: Or the Triumph of the Old Order," *Historical Studies in the Physical Sciences* 17(2): 299–344.

Reingold, Nathan. 1977. "The Case of the Disappearing Laboratory," *American Quarterly* 29: 79–101.

Research Technology Management. 1991. "First Grants for Key Industrial Technologies" 34: 3.

Restivo, Sal. 1988. "Modern Science as a Social Problem," *Social Problems* 35(3): 206–25.

Rhodes, Frank H. T. 1988. "A System to Set Science Priorities," *Technology Review* 91: 21–25.

Rhodes, Richard. 1986. *The Making of the Atomic Bomb* (New York: Simon & Schuster).

Roland, Alex. 1985a. *Model Research: The National Advisory Committee on Aeronautics, 1915–1958* (Washington, D.C.: National Aeronautics and Space Administration).

Roland, Alex. 1985b. "Science and War," *Osiris* 2(1): 247–72.

Ronayne, J. 1984. *Science in Government: A Review of the Principles and Practice of Science Policy* (London: Edward Arnold).

Rosenberg, Nathan and Claudio R. Frischtak. 1986. "Technological Innovation and Long Waves." In Christopher Freeman (ed.), *Design, Innovation and Long Cycles in Economic Development* (New York: St. Martin's), 5–26.

Rosenzweig, Robert M. 1988. "Thinking about Less," *Science, Technology, and Human Values* 13 (summer and autumn): 219–23.

Rossiter, Margaret W. 1980. "American Science in the 1970s [a Review of Nathan Reingold (ed.), *The Sciences in the American Context*]," *Reviews in American History* (December): 547–52.

Roth, William V. 1993. "Whither DARPA?" *Issues in Science and Technology* (summer): 5.

Rothwell, Roy and Walter Zegveld. 1985. *Reindustrialization and Technology* (Essex, England: Longman).

Roush, Wade. 1990. "Science and Technology in the 101st Congress," *Technology Review* (November/December): 59–69.

Rowan, Carl Milton. 1985. "Politics and Pure Research: The Origins of the National Science Foundation, 1942–1954." Unpublished Ph.D. dissertation, Miami University, Oxford, OH.

Salzman, Harold and G. William Domhoff. 1980. "The Corporate Community and Government: Do They Interlock?" In G. William Domhoff (ed.), *Power Structure Research* (Beverly Hills: Sage), 227–54.

Sapolsky, Harvey. 1990. *Science and the Navy: The History of the Office of Naval Research* (Princeton, NJ: Princeton University Press).

Sapolsky, Harvey. 1979. "Academic Science and The Military: The Years Since the Second World War." In Nathan Reingold (ed.), *The Sciences in the American*

Context: New Perspectives (Washington, D.C.: Smithsonian Institution Press), 379–99.
Schaffter, Dorothy. 1969. *The National Science Foundation* (New York: Praeger).
Schmitt, Roland W. 1986. "Improving International Competitiveness: The Federal Role," *Technology in Society* 8: 129–36.
Schooler, Dean Jr. 1971. *Science, Scientists, and Public Policy* (New York: Free Press).
Schriftgiesser, Karl. 1951. *The Lobbyists: The Art and Business of Influencing Lawmakers* (Boston: Little, Brown).
Science. 1991. "Going Critical over CTI," *Science* 253 (September 20): 1343.
Science. 1990. "Bad News from the Competitiveness Front," *Science* 248 (June 8): 1185.
Science. 1989. "Glenn Proposes Civilian DARPA," *Science* 245: (December 8): 1252.
Science. 1946. "Obituary: NSF, 1946," *Science* 104 (August 2): 97–98.
Science. 1943. "The Mobilization of Science" [text of S. 702], *Science* 97 (May 7): 407–12.
Sewell, William H. Forthcoming. "Three Temporalities: Toward an Eventful Sociology." In Terrence J. McDonald (ed.), *The Historic Turn in the Human Sciences* (Ann Arbor: University of Michigan Press).
Shapley, Deborah and Rustum Roy. 1985. *Lost at the Frontier: U.S. Science and Technology Policy Adrift* (Philadelphia: ISI Press).
Shefter, Martin. 1978. "Party, Bureaucracy, and Political Change in the United States." In Louis Maisel and Joseph Cooper (eds.), *Political Parties: Development and Decay* (Beverly Hills: Sage), 211–66.
Shefter, Martin. 1977. "Party and Patronage: Germany, England, and Italy," *Politics and Society* 7(4): 403–52.
Sherwood, Morgan. 1968. "Federal Policy for Basic Research: Presidential Staff and the National Science Foundation, 1950–1956," *Journal of American History* 55: 599–615.
Shonfield, Andrew. 1965. *Modern Capitalism: The Changing Balance of Public and Private Power* (New York: Oxford University Press).
Skocpol, Theda. 1985. "Bringing the State Back In: Strategies of Analysis in Current Research." In Peter Evans, Dietrich Rueschemeyer, and Theda Skocpol (eds.), *Bringing the State Back In* (New York: Cambridge University Press), 3–37.
Skocpol, Theda. 1984. "Emerging Agendas and Recurrent Strategies in Historical Sociology." In Theda Skocpol (ed.), *Vision and Method in Historical Sociology* (New York: Cambridge University Press), 356–91.
Skocpol, Theda. 1980. "Political Responses to Capitalist Crisis: Neo-Marxist

Theories of the State and the Case of the New Deal," *Politics and Society* 10(2): 155–201.

Skocpol, Theda and Kenneth Finegold. 1982. "State Capacity and Economic Intervention in the Early New Deal," *Political Science Quarterly* 97: 255–78.

Skowronek, Stephen. 1982. *Building the New American State: The Expansion of National Administrative Capacities, 1877–1920* (New York: Cambridge University Press).

Smith, Alice Kimball. 1978. "Scientists and the Public Interest—1945–46," *Science, Technology, and Human Values* 24: 24–32.

Smith, Alice Kimball. 1970. *A Peril and a Hope: The Scientists' Movement in America: 1945–47* (Cambridge, MA: MIT Press).

Smith, Bruce L. R. 1990. *American Science Policy since World War II* (Washington, D.C.: Brookings Institution).

Smith, John K. and David A. Hounshell. 1985. "Wallace H. Carothers and Fundamental Research at Du Pont," *Science* 229 (August 2): 436–42.

Steel. 1946. "Kilgore Injects Conservatism into New Science Program Bill," *Steel* 118 (January 21): 58–60.

Stewart, Irvin. 1948. *Organizing Scientific Research for the War: The Administrative History of the Office of Scientific Research and Development* (Boston, MA: Little, Brown).

Stone, Richard. 1993. "Congress Gunning for Science Cuts," *Science* 262 (November 12): 979.

Strickland, Stephen P. 1972. *Politics, Science, and the Dread Disease* (Cambridge, MA: Harvard University Press).

Strong, Elizabeth. 1982. "Science and the Early New Deal," *Synthesis* 5(2): 44–63.

Study Group, Washington Association of Scientists. 1947. "Toward a National Science Policy," *Science* 106 (October 24): 385–87.

Sturchio, Jeffrey L. 1984. "Chemistry and Corporate Strategy at Du Pont," *Research Management* 27(1): 10–15.

Swain, Donald. 1962. "The Rise of a Research Empire: NIH, 1930–1950," *Science* 138: 1233–37.

Swan, John P. 1988. *Academic Scientists and the Pharmaceutical Industry: Cooperative Research in Twentieth Century America* (Baltimore: Johns Hopkins University Press).

Szelenyi, Ivan and Bill Martin. 1988. "The Three Waves of New Class Theories," *Theory and Society* 17: 645–67.

Technology Policy Task Force, Committee on Science, Space and Technology, U.S. House of Representatives. 1988. *Technology Policy and Its Effects on the National Economy* (Washington, D.C.: U.S. Government Printing Office).

Tedlow, Richard S. 1976. "The National Association of Manufacturers and Public Relations during the New Deal," *Business History Review* 50(1): 25–55.

Teich, Albert. 1990. "Scientists and Public Officials Must Pursue Collaboration to Set Research Priorities," *Scientist* (February 5): 10, 19.

Tilly, Charles. 1990. *Coercion, Capital, and European States, AD 990–1990* (Cambridge, MA: Basil Blackwell).

Tilly, Charles. 1975. "Reflections on the History of European State-Making." In Charles Tilly (ed.), *The Formation of National States in Western Europe* (Princeton, NJ: Princeton University Press), 2–83.

Tour, Sam. 1948. "Industry Supported University Research," *Chemical and Engineering News* 26 (July 12): 2046–48.

U.S. House of Representatives, Committee on Science, Space, and Technology. 1992. *Report of the Task Force on the Health of Research*, 102nd Congress, Second Session (Washington, D.C.: U.S. Government Printing Office).

U.S. House of Representatives, Committee on Science, Space, and Technology, Subcommittee on Science, Research and Technology. 1987. *The Role of Science and Technology in Competitiveness* (hearings). 100th Congress, First Session, April 28, 29, 30 (Washington, D.C.: U.S. Government Printing Office).

U.S. House of Representatives, Committee on Science and Technology, Task Force on Science Policy [cited as U.S. House Task Force on Science Policy]. 1986a. *Science Policy Study Background Report Number 1: A History of Science Policy in the United States, 1940–1985*. 99th Congress, Second Session (Washington, D.C.: U.S. Government Printing Office).

U.S. House of Representatives, Committee on Science and Technology, Task Force on Science Policy [cited as U.S. House Task Force on Science Policy]. 1986b. *Science Policy Study Background Report No. 8: Science Support by the Department of Defense*, 99th Congress, Second Session (Washington, D.C.: U.S. Government Printing Office).

U.S. House of Representatives, Committee on Science and Technology, Task Force on Science Policy. 1985. *Science Policy Study—Hearings Volume 8: Science in the Political Process*, 99th Congress, First Session (Washington, D.C.: U.S. Government Printing Office).

U.S. House of Representatives, Committee on Science and Technology, Task Force. on Scipence Policy. 1988. *Omnibus Trade and Competitiveness Act of 1988: Conference Report to Accompany H.R. 3* (Washington, D.C.: U.S. Government Printing Office).

U.S. House of Representatives. 1980. *Toward the Endless Frontier: History of the Committee on Science and Technology, 1959–79* (Washington, D.C.: U.S. Government Printing Office).

U.S. House of Representatives. 1949. *Hearings before a Subcommittee of the Committee on Interstate and Foreign Commerce on H.R. 12, S. 247, and H.R. 359*, 81st

Congress, 1st Session, March 31, April 1, 4, 5, 26 (Washington, D.C.: U.S. Government Printing Office).

U.S. House of Representatives. 1948. *Hearings before the Committee on Interstate and Foreign Commerce on H.R. 6007 and S. 2385,* 80th Congress, Second Session, June 1 (Washington, D.C.: U.S. Government Printing Office).

U.S. House of Representatives. 1947a. *Hearings before the Committee on Interstate and Foreign Commerce on H.R. 942, H.R. 1815, H.R. 1830, H.R. 1834, and H.R. 2027,* 80th Congress, First Session, March 6 and 7 (Washington, D.C.: U.S. Government Printing Office).

U.S. House of Representatives. 1947b. *House of Representatives Report Number 1020,* 80th Congress, 1st Session (Washington, D.C.: U.S. Government Printing Office).

U.S. House of Representatives. 1946. *Hearings before a Subcommittee of the Committee on Interstate and Foreign Commerce on H.R. 6448,* 79th Congress, Second Session, May 28 and 29 (Washington, D.C.: U.S. Government Printing Office).

U.S. Senate. 1990. *Hearings before the Committee on Governmental Affairs on S. 1978,* 101st Congress, Second Session (Washington, D.C.: U.S. Government Printing Office).

U.S. Senate. 1948. *Senate Report Number 1151* (National Science Foundation), 80th Congress, 2nd Session (Washington, D.C.: U.S. Government Printing Office).

U.S. Senate. 1945/6. *Hearings before a Subcommittee of the Committee on Military Affairs Pursuant to S. Res. 107 (78th Congress) and S. Res. 146 (79th Congress),* 79th Congress, 1st and 2nd Sessions, October 8–12, October 15–19, October 22–26, October 29–31, November 1–2, 1945, March 5, 1946, Parts 1–6 (Washington, D.C.: U.S. Government Printing Office).

U.S. Senate, 1945a. *The Government's Wartime Research and Development, 1940–44.* Report from the Subcommittee on War Mobilization to the Committee on Military Affairs. Part II. Findings and Recommendations. July (Washington, D.C.: U.S. Government Printing Office).

U.S. Senate. 1945b. *Legislative Proposals for the Promotion of Science: The Texts of Five Bills and Excerpts from Reports* (Washington, D.C.: U.S. Government Printing Office).

U.S. Senate. 1943/4. *Hearings before a Subcommittee of the Committee on Military Affairs Pursuant to S. Res. 107 and on S. 702,* 78th Congress, 1st and 2nd Sessions, March 30, April 3, 9, 27, June 4, 17, October 14, 15, 21, November 4, 8, 24, December 9, 1943, February 8, 10–12, May 19, August 17, August 29, September 7, 8, 12, 13, 1944, Parts 7–16 (Washington, D.C.: U.S. Government Printing Office).

U.S. Senate. 1942. *Hearings before a Subcommittee of the Committee on Military*

Affairs Pursuant on S. 2721, 77th Congress, 2nd Session, October 13, 21, 22, 27, November 17, 18, 20, 25, 27, December 4, 10, 11, 12, 14, 17, 18, 19 Volumes 1–3 (Washington, D.C.: U.S. Government Printing Office).

U.S. Senate 1943. "The Mobilization of Science" (S. 702), *Science*, 97 (2523): 407–12.

Varmus, Harold E. and Marc W. Kirschner. 1992. "Don't Undermine Basic Research," *New York Times*, September 29, p. A15.

Vig, Norman J. 1975. "Policies for Science and Technology in Great Britain: Postwar Development and Reassessment." In T. Dixon Long and Christopher Wright (eds.), *Science Policies of Industrial Nations: Case Studies of the United States, Soviet Union, United Kingdom, France, Japan, and Sweden* (New York: Praeger), 59–109.

Waterman, Alan. 1960. "The National Science Foundation: A Ten Year Resume," *Science* 131 (May 6): 1341–54.

Waterman, Alan. 1951a. "The National Science Foundation Program," *Science* 114 (August 31): 251–52.

Waterman, Alan. 1951b. "Present Role of NSF," *Bulletin of Atomic Scientists* 7 (June): 165–67.

Waterman, Alan. 1949. "Government Support of Science," *Science* 110 (December 30): 701–7.

Weart, Spencer R. 1979. "The Physics Business in America, 1919–1940: A Statistical Reconnaissance." In Nathan Reingold (ed.), *The Sciences in the American Context: New Perspectives* (Washington, D.C.: Smithsonian Institution Press), 295–358.

Weinstein, James. 1968. *The Corporate Ideal in the Liberal State, 1900–1918* (Boston: Beacon Press).

Weir, Margaret. 1988. "The Federal Government and Unemployment: The Frustration of Policy Innovation from the New Deal to the Great Society." In Margaret Weir, Ann Orloff, and Theda Skocpol (eds.), *The Politics of Social Policy in the United States* (Princeton, NJ: Princeton University Press), 149–90.

Weir, Margaret, Ann Shola Orloff, and Theda Skocpol. 1988. "Understanding American Social Politics." In Margaret Weir, Ann Orloff, and Theda Skocpol (eds.), *The Politics of Social Policy in the United States* (Princeton, NJ: Princeton University Press), 3–35.

Weir, Margaret and Theda Skocpol. 1985. "State Structures and the Possibilities for 'Keynesian' Responses to the Great Depression in Sweden, Britain, and the United States." In Peter Evans, Dietrich Rueschemeyer, and Theda Skocpol (eds.), *Bringing the State Back In* (New York: Cambridge University Press), 107–63.

Whalley, Peter. 1986. "Markets, Managers, and Technical Autonomy," *Theory and Society* 15: 223–47.

White, Robert M. 1989. "Toward a U.S. Technology Policy," *Issues in Science and Technology* (spring): 35–36.

Whitley, Richard. 1984. *The Intellectual and Social Organization of the Sciences* (Oxford, England: Clarendon).

Wilensky, Harold L. and Lowell Turner. 1987. *Democratic Corporatism and Policy Linkages* (Berkeley: Institute of International Studies, University of California, Berkeley).

Wise, George. 1985. "Science and Technology," *Osiris*, 2nd series, 1: 229–46.

Wise, George. 1980. "A New Role for Professional Scientists in Industry: Industrial Research at General Electric, 1900–1916," *Technology and Culture* 21 (July): 408–29.

Wolfe, Dael. 1957. "NSF: The First Six Years," *Science* 126 (August 23): 335–43.

Wolfe, Dael. 1947. "The Inter-Society Committee for a NSF: Report for 1947," *Science* 106 (December 5): 529–33.

Wright, Erik Olin. 1985. *Classes* (London: Verso).

Wright, Erik Olin. 1978. *Class, Crisis and the State* (London: Verso).

Wynne, Brian. 1992. "Representing Policy Constructions and Interests in SSK," *Social Studies of Science* 22: 575–80.

Yamauchi, Ichizo. 1986. "Long Range Strategic Planning in Japanese R&D." In Christopher Freeman (ed.), *Design, Innovation and Long Cycles in Economic Development* (New York: St. Martin's), 169–85.

York, Herbert F. and G. Allen Greb. 1977. "Military Research and Development: A Postwar History," *Bulletin of Atomic Scientists* (January): 13–26.

Young, James H. 1980. "Merck, George Wilhelm." In John A. Garraty (ed.), *Dictionary of American Biography, Supplement Six, 1956–1960* (New York: Scribner's), 447–48.

Young, John A. 1988. "Technology and Competitiveness: A Key to the Economic Future of the United States," *Science* 241 (July 15): 313–15.

馆藏档案来源

华盛顿哥伦比亚特区国会图书馆,万尼瓦尔·布什文件,手稿集;纽约州海德公园,富兰克林·德拉诺·罗斯福总统图书馆,罗斯福文件;西弗吉尼亚州摩根城,西弗吉尼亚大学,基尔戈文件;特拉华州威尔明顿市,哈格利博物馆与图书馆,全国制造商协会文件;新泽西州普林斯顿市,普林斯顿大学,亚历山大·史密斯文件。

索　引

说明:索引中的页码为英文原著页码,即本书中的边码。

Actor-network theory 行动者网络理论,9—11. See also Cambrosio, Alberto, et al.;亦见:阿尔贝托·康布罗西奥等;Latour, Bruno 布鲁诺·拉图尔

Advanced Civilian Technology Agency(ACTA) 先进民用技术局,179—180

Advanced Research Projects Agency(ARPA) 高级研究计划局,175,187. See also Defense Advanced Research Projects Agency(DARPA)亦见:国防高级研究计划局

Advanced Technology Program(ATP)先进技术计划,186

Amenta, Edwin 埃德温·阿门塔,91

American Association for the Advancement of Science(AAAS)美国科学促进会(简称美国科促会),2,86—87,126,189

American Association of Scientific Workers (AASCW)美国科学工作者协会,81,86,108

American Electronics Association(AEA)美国电子商联会,185

American Institute of Physics 美国物理学会,87

American state 美国国家体制,13—15,29,97—99,133—134,146—147,151—152,161—163,188,194—195;compared to other nation states 与其他国家体制比较下的美国国家体制,159—169;fragmentation of 美国国家体制的碎片化,13—14,22,92,102—107,112,124,127—128,133—134,139—141,152,157,164,169—171. See also Political parties 亦见:政党

American Telephone and Telegraph(ATT)美国电话电报公司,29,41,57—58

Amsterdamska, Olga 奥尔加·阿姆斯特丹姆斯卡,9

Applied research 应用研究,51,90—91,101,113,125,189

Army Corps of Engineers 陆军工程兵团,65,70

Atomic bomb 原子弹,65,67,69—71

Atomic Energy Commission(AEC)原子能委员会,22,146—149,152,177

Basic Research 基础研究,28,45,51,71,75,90—91,94—96,101,108—109,111,113,125,130—131,135,147,154—156,177,188—189,191—193

Bell Telephone Laboratories 贝尔电话实验室,21,57,93,113—114

Binghaman, Jeff 杰夫·宾格曼,184

Boundary elite 跨界精英,58,94. See also Scientists, elite 亦见:科学精英

Bourdieu, Pierre 皮埃尔·布尔迪厄,1,8,55,60

Bowman, Isaiah 以赛亚·鲍曼,57—58,93—96,123,132

Bromley, Allan 艾伦·布罗姆利,172,184—185

Brown, George 乔治·布朗,181—183

Buckley, Oliver 奥利弗·巴克利, 21, 93—94

Bush, George 乔治·布什（常称为老布什）, 184—187, 193—194

Bush, Vannevar 万尼瓦尔·布什, 2, 6, 10—15, 17—22, 31, 39, 45, 49, 51, 52—73, 100—103, 109—118, 120—144, 150, 154, 157, 175, 188—194

Business elites 工商界精英, 4, 20—21, 98—99, 142. See also Directors of Industrial Research (DIR) 亦见：工业研究主管协会；National Association of Manufacturers (NAM) 全国制造商协会

Cambrosio, Alberto, et al. 阿尔贝托·康布罗西奥等, 10—11, 75

Capitals 资本：cultural 文化资本, 27, 39, 51, 55; institutional 制度资本, 55, 65; social 社会资本, 25, 53, 55, 65, 112; symbolic 符号资本, 53, 55, 65, 69, 88—89, 97, 99, 108, 173, 194

Carey, William 威廉·凯里, 156

Carnegie, Andrew 安德鲁·卡内基, 28, 35

Carnegie Corporation 卡内基公司. See Carnegie Endowment 参见：卡内基基金会

Carnegie Endowment 卡内基基金会, 30, 32, 70; and Vannevar Bush 和万尼瓦尔·布什, 56—57, 61, 68

Carnegie Institute 卡内基研究所. See Carnegie Endowment 参见：卡内基基金会

Carter, Jimmy 吉米·卡特, 178

Chalkley, Lyman 莱曼·乔克利, 79—80

Civil War 内战, 27, 46—48, 141

Clinton, Bill 比尔·克林顿, 3, 187—188, 192—195

Cold War 冷战, 29, 146, 150, 173—174, 176, 187

Committee for a National Science Foundation 支持国家科学基金会委员会, 124

Compton, Karl 卡尔·康普顿, 56—57, 61, 68, 81, 112, 128, 153

Conant, James 詹姆斯·科南特, 57—58, 61, 65, 68, 128—129, 153—154

Congressional Office of Technology Assessment (OTA) 国会技术评估办公室, 4

Council on Competitiveness 竞争力理事会, 192—193

Cox, Oscar 奥斯卡·考克斯, 60—61, 92

Crisis of competitiveness 竞争力危机, 2, 22—23, 193—195

Critical Technologies Institute (CTI) 关键技术研究所, 184—186, 191

Curti, Merle 默尔·柯蒂, 35—36

Defense Advanced Research Projects Agency (DARPA) 国防高级研究计划局, 175—176, 178—179, 187, 192. See also Advanced Research Projects Agency (ARPA) 亦见：高级研究计划局

Department of Science and Technology 科学技术部, 177, 181—183

Directors of Industrial Research (DIR) 工业研究主管协会, 21, 93—94, 112—116, 129

Domhoff, William 威廉·多姆霍夫, 15, 59

DuPont Corporation 杜邦公司, 41, 110

Dupree, Hunter 亨特·杜普里, 67

Edison, Thomas 托马斯·爱迪生, 49

Einstein, Albert 阿尔伯特·爱因斯坦, 54, 60

Eisenhower, Dwight D. 德怀特·D.艾森豪威尔, 155, 158, 170, 175

Executive Order 10521 10521号行政令, 156, 158

Federal Coordinating Council for Science, Engineering, and Technology (FCCSET) 联邦科学、工程与技术协调委员会, 177

Federal Council for Science and Technology (FCST) 联邦科学技术委员会, 176—177

Ford, Gerald 杰拉尔德·福特, 176

Forman, Paul 保罗·福曼, 70—71

Forrestal, James 詹姆斯·福里斯特尔, 66

France 法国, 159—160, 165—169

Franklin, Benjamin 本杰明·富兰克林, 27

Geiger, Roger 罗杰·盖格, 30—31
General Electric 通用电气公司, 41, 153
Gibbons, Jack 杰克·吉本斯, 187
Gibbs, Josiah Willard 乔赛亚·威拉德·吉布斯, 27
Glenn, John 约翰·格伦, 179—181, 183, 187
Graham, Frank P. 弗兰克·P.格雷厄姆, 153, 157
Great Britain 英国, 159—160, 162—163, 165

Hall, Peter 彼得·霍尔, 159—160
Harvard University 哈佛大学, 27
Hatch Act 哈奇法, 29
Hollings, Ernest 欧内斯特·霍林斯, 180—181
Hopkins, Harry 哈里·霍普金斯, 60
House bill 6448 (Mills bill) 众议院 S.6448 法案（米尔斯法案）, 126—127
Humphrey, Hubert 休伯特·汉弗莱, 177
Hunter, Robert 罗伯特·亨特, 82

Ikenberry, John G. 约翰·G.伊肯伯里, 12
Industrial Research 工业研究, 39—45, 94, 108
Inman, Bobby R. 博比·R.英曼, 172, 188
Institute of Medicine 医学院, 189
Institutions 制度: and change 和制度变迁, 4—5, 18—19, 48—49, 73; definition of 制度定义, 16

Japan 日本, 3, 161, 165—169, 180
Jewett, Frank 弗兰克·朱伊特, 57—58, 61, 82—83, 113, 126—127, 136
Johns Hopkins University 约翰·霍普金斯大学, 27, 57, 70—93
Joint Research and Development Board (JRDB) 联合研发委员会, 146, 149, 152

Katzenstein, Peter 彼得·卡岑施泰因, 161

Kennedy, John F. 约翰·F.肯尼迪, 176
Kevles, Daniel 丹尼尔·凯夫利斯, 56, 145
Kilgore, Harley 哈利·基尔戈, 6—7, 10—14, 17—22, 30, 74—99, 100—103, 107—110, 113, 116—126, 128, 130, 135, 137—138, 140—141, 145, 150, 152, 156—159, 165, 169, 173, 177—178, 183
Killian, James 詹姆斯·基利安, 175
Kirschner, Marc 马克·基施纳, 190—191
Kohler, Robert E. 罗伯特·E.科勒, 24
Kuznick, Peter 彼得·库兹尼克, 54—55

La Guardia, Fiorello 菲奥雷洛·拉瓜迪亚, 1, 5
Land grant universities 赠地大学, 28—29, 47, 131
Larson, Magali Sarfatti 马加利·萨尔法蒂·拉森, 53—54
Latour, Bruno 布鲁诺·拉图尔, 9. See also Actor-network theory 亦见：行动者网络理论; Cambrosio, Alberto, et al. 阿尔贝托·康布罗西奥等
Lawrence, Ernest 欧内斯特·劳伦斯, 38
Lederman, Leon 利昂·莱德曼, 2, 189—191
Lindberg, Leon 利昂·林德伯格, 16

McElroy, Neil 尼尔·麦克尔罗伊, 175
Magnuson, Warren 沃伦·马格努森, 117, 120—121, 128
Marxist theory 马克思主义理论, structuralist 结构主义者, 14—15. See also American state 亦见：美国国家体制; Orloff, Ann Shola 安·索拉·奥尔洛夫; Skocpol, Theda 西达·斯考切波; State building 国家体制构建; Weir, Margaret 玛格丽特·韦尔
Massachusetts Institute of Technology (MIT) 麻省理工学院, 29, 61, 67—68; and Vannevar Bush 和万尼瓦尔·布什, 56—57
Medical research 医学研究, 150—151
Merck and Company 默克公司, 57, 113—114, 129

Merton, Robert K. 罗伯特·K.默顿, 8
Michel, Denise 丹尼丝·米歇尔, 185—186
Miliband, Ralph 拉尔夫·米利班德, 15
Mills, Wilbur 威尔伯·米尔斯, 120, 126—127
Morrill Act 莫里尔法, 28

Nash, Roderick 罗德里克·纳什, 35—36
National Academy of Engineering 国家工程院, 189
National Academy of Sciences 国家科学院, 4, 17, 30, 47—48, 95, 112—113, 131, 136, 189—191
National Advisory Committee for Aeronautics (NACA) 国家航空咨询委员会, 49, 57, 60
National Aeronautic and Space Administration (NASA) 美国国家航空航天局, 175—176, 178, 191
National Association of Manufacturers (NAM) 全国制造商协会, 88—89, 106, 110—115, 122, 127, 135
National Bureau of Mines 国家矿务局, 48
National Bureau of Standards 国家标准局, 48, 177, 185
National Cancer Institute 国家癌症研究所, 151
National Defense Research Committee (NDRC) 国防研究委员会, 19, 59—62, 64—65
National Dental Research Institute 国家牙科研究所, 151
National Heart Institute 国家心脏研究所, 151
National Institute(s) of Health (NIH) 国立卫生研究所(院), 48, 150—152
National Institute of Mental Health 国家精神卫生研究所, 151
National Institute of Standards and Technology (NIST) 国家标准与技术研究院, 185
National Institutes of Science Research 国立科学研究院, 177
National Inventors Council 国家发明者委员会, 82

National Research Council (NRC) 国家研究理事会, 30, 36, 41, 45, 49—51, 57—59, 93—94, 112
National Research Foundation (NRF) 国家研究基金会, 7, 95—97
National Science Board (NSB) 国家科学委员会, 153, 157
National Science Foundation (NSF) 国家科学基金会, 7, 10, 69, 85, 102, 173; Act of 1950 1950年国家科学基金会法, 10, 119, 137—138, 146, 153; delay in passage of 国家科学基金会的延迟通过, 145—151, 164—165, 169—170; early history of 国家科学基金会的早期历史, 151—158; formation of 国家科学基金会成立, 11—14, 16, 20, 53, 102—144; fragmentation of 国家科学基金会的碎片化, 146—151, 170—171; military influence on 国家科学基金会的军事影响, 154—155; policymaking ability of 国家科学基金会的政策制定能力, 154—158. See also Research policy 亦见：研究政策
Naval Consulting Board 海军咨询委员会, 49
Nelkin, Dorothy 多萝西·内尔金, 4—5
Nelson, Donald 唐纳德·纳尔逊, 80
Neo-Marxist analyses 新马克思主义分析, 13
New Deal 新政, 6, 19, 30, 45, 75—76, 84—85, 91, 98, 118—119, 163
New York's Century Club 纽约世纪俱乐部, 59, 61, 113
Nielsen, Waldemar 沃尔德马·尼尔森, 34—35
Nixon, Richard 理查德·尼克松, 176

Office of Naval Research (ONR) 海军研究办公室, 22, 146, 148—150, 152
Office of Science and Technical Mobilization 科学技术动员局. See S. 702 (Science Mobilization bill) 参见：S. 702 (科学动员法案)
Office of Science and Technology (OST) 科学技术办公室, 176
Office of Science and Technology Policy (OS-

TP)科学技术政策办公室,176—178,184

Office of Scientific Research and Development (OSRD)科学研究与发展局(简称科学研发局),6,19—20,22,31,38,49,51,52,64—70,81—82,88,92—93,112,117,123,149—150,154

Office of Technical Services 技术服务办公室,177

Office of Technological Mobilization 技术动员局. See Technological Mobilization Act 参见:技术动员法

Orloff, Ann Shola 安·索拉·奥尔洛夫,106,163

Owens, Larry 拉里·欧文斯,56

Patent policy 专利政策,6,17,76—77,79,82,96,121,124—126,130,132,135,138,143

Perry, William 威廉·佩里,188

Piore, Michael 米凯尔·皮奥里,3

Polanyi, Michael 米凯尔·波拉尼,59

Political parties 政党: structure of 政党结构,14,97—99,106—107,134,141,146—147,152,164,170,188,194—195; undisciplined Democratic party 缺乏纪律的民主党,102—103,118—119,127—128,133,139,157. See also American state 亦见:美国国家体制

Political sociology 政治社会学,7—11

President's Science Advisory Committee (PSAC)总统科学顾问委员会,176

Press, Frank 弗兰克·普雷斯,191

Professionalization of science 科学职业化,53—55

Public Health Service (PHS)公共卫生署,133,146,150—151

Pursell, Carroll 卡罗尔·珀塞尔,68—69,146

Raytheon Company 雷神公司,56—57

Research Development Board (RDB)研究与发展委员会(简称研发委员会),146

Research policy 研究政策: business role in 研究政策的商业作用,107—108,113—114,191; centralization and coordination of 研究政策的集中和协调,6—7,18,47—48,50,71,77—78,80—81,87—88,90—91,95,99,108,121,135,159,173—174,183—184; concentration of resources 研究政策资源的集中,77,80,90,107,121,125,127,135; definition of 研究政策的定义,5; democratic/public control of 研究政策的民主/公共管理,6,75,83,91,99,108,123,144,159; establishment of 研究政策的确立,15—21,30,45—51,53,73,100—102,107—144; fragmented system 研究政策的碎片化体系,7,99,135,173—178; military role in 研究政策的军事作用,22,55,61—62,64—71,82,116—117,122—123,135,147—150,174—178; scientists' control of 科学家对研究政策的控制,18—19,26—27,87—88,50,54,62,67,75,95,101,135,143; United States compared to other countries 美国与其他国家研究政策的对比,159—169. See also National Science Foundation 亦见:国家科学基金会

Rhodes, Richard 理查德·罗兹,57

Rockefeller, John D. 约翰·D. 洛克菲勒,28,35

Rockefeller Foundation 洛克菲勒基金会,30,32—39

Rockefeller General Education Board 洛克菲勒普通教育委员会,31,37

Roosevelt, Franklin D. 富兰克林·D. 罗斯福,141,153,164; and Harley Kilgore 和哈利·基尔戈,6,76,82,97—98; and Vannevar Bush 和万尼瓦尔·布什,19,60—62,64—66,92,97—98,117

S. 247 (final NSF compromise 国家科学基金会最终的折中法案),136—138

S. 526 (Smith bill 史密斯法案),130—135

S. 702（Science Mobilization bill 科学动员法案），83—89，108

S. 1285（Magnuson bill 马格努森法案），120—124

S. 1297（Kilgore bill 基尔戈法案），120—124

S. 1720（Compromise bill 折中法案），124—125

S. 1850（Kilgore-Magnuson Compromise bill 基尔戈—马格努森折中法案），125—128，130—131

S. 2385（Smith-Kilgore Compromise bill 史密斯—基尔戈折中法案），134—136，138，154

S. 3126（Science and Technology Act of 1958 1958 年科学技术法），177

Sabel, Charles 查尔斯·萨贝尔，3

Schimmel, Herbert 赫伯特·席梅尔，124，145

Science：The Endless Frontier《科学——无尽的前沿》（亦称为布什报告），2，19—21，94—98，120，123，142，189—190，192

Science Advisory Board（SAB）科学顾问委员会，57，93

Science-based Industry 科技型企业，17—18，21，29—30，39—45

Science Mobilization bill 科学动员法案. *See* S. 702（Science Mobilization bill）参见：S. 702（科学动员法案）

Science policy 科学政策，3—4. *See also* National Science Foundation 亦见：国家科学基金会；Research policy 研究政策；Technology policy 技术政策

Scientific field 科学场域：establishment of 科学场域的确立，24—25，58—59；foundations and 基金会与科学场域，26，28—39，41，46；science-based industry 科学技术产业的科学场域，26，29—30，39—45，94；the state and 国家与科学场域，26，28—30，34，45—51；universities and 大学与科学场域，26—31

Scientists, elite 科学精英，2—5，13，15—16，19—21，26，30，34，51，87—89，95，98，113，116，130，137—138，141—143，188—190；boundary elite 跨界精英，58，94；World War Ⅱ and 第二次世界大战和科学精英，55，62，65，71—73

Senate Subcommittee on War Mobilization 参议院战争动员小组委员会，98

Shefter, Martin 马丁·舍夫特，105

Shonfield, Andrew 安德鲁·肖恩菲尔德，104

Skocpol, Theda 西达·斯考切波，13—15，91，104—106，118

Skowronek, Stephen 斯蒂芬·斯科夫罗内克，18—19

Smith, H. A. A. H. 史密斯，21，113，115，116—118，125，128—130，133—134

Smithsonian Institution 史密森学会，46—47，52，57

Social construction of knowledge 知识的社会建构，8—11

Sociology of science 科学社会学，7—11

Soviet Union 苏联，174—175，180

Sputnik 苏联人造卫星，174—175，177，194

State-centered theory 国家中心论，13—14

State building 国家体制构建，10，20，53，73，140—141

Stimson, Henry 亨利·史汀生，66

Sununu John 约翰·苏努努，185，191

Sweden 瑞典，162，165—166，168—169

Technology Mobilization Act 技术动员法，78—83

Technology policy 技术政策，3—4，175，179—195. *See also* National Science Foundation 亦见：国家科学基金会；Research policy 研究政策；Science policy 科学政策

Teeter, John 约翰·蒂特，117，126，129，136

Temporary National Economic Committee 国家临时经济委员会，41

Thomas, Elbert 埃尔伯特·托马斯，130

Truman, Harry S. 哈里·S. 杜鲁门，71，127，133—134，136—137，140，153—154，157，170；and Harley Kilgore 和哈利·基尔戈，

6，13，117，123；and Vannevar Bush 和万尼瓦尔·布什，66，98，117—118

Turner, Lowell 洛厄尔·特纳，161—162

Tyson, Laura 劳拉·泰森，187—188

United States Department of Agriculture (USDA)美国农业部，29，47

Universities, elite 精英大学，31—33，62—63，68. *See also* Research policy: concentration of resources 亦见：研究政策：资源的集中

Universities, research 研究型大学：contracting and 与研究型大学签订合同，46，50，62；establishment of 研究型大学的确立，26—31；foundational support of 基金会对研究型大学的支持，31—39

Varmus, Harold 哈罗德·瓦默斯，190—191，193

Wallace, Henry 亨利·华莱士，86

Waterman, Alan T. 艾伦·T.沃特曼，153—158，170

Weaver, Warren 沃伦·韦弗，37—38

Weir, Margaret 玛格丽特·韦尔，105，118

West Germany 联邦德国，159—160

Whitley, Richard 理查德·惠特利，36

Wiener, Norbert 诺伯特·威纳，56

Wilensky, Howard 霍华德·威伦斯基，161—162

Woolgar, Steve 史蒂夫·伍尔加，9

World War Ⅰ 第一次世界大战（简称一战），18，28，30—31，34，36，38，44—46，50，60

World War Ⅱ 第二次世界大战（简称二战）. *See especially* Chapter 1 尤见：第一章；Chapter 3 第三章

Yale University 耶鲁大学，27

译 后 记

我国科学界对布什报告或许并不陌生,21世纪以来先后有商务印书馆(《科学——没有止境的前沿》,2004)和中信出版集团(《科学——无尽的前沿》,2021)的两个中译本面世(本书采用相对简明且使用广泛的后者的书名译法)。关注国际上久负盛名的研究资助机构——美国国家科学基金会——的科学家,对于布什报告和基金会成立之间的渊源可能也饶有兴趣。但布什报告的影响远不限于促成美国成立国家科学基金会,它不仅凝聚了二战结束之初美国科学精英的科学观念与研究政策理念,而且形塑了基于国家科学基金会立法争论之上的美国战后研究政策,其影响甚至延续到"当前人们对重组战后联邦政府研究政策制定体制所付出的艰苦努力"(见本书第五页)。

如果说"政治是可能性的艺术",那么,对美国战后研究政策制定体制的形成进行科学政治学分析的《美国战后的研究政策——无尽的前沿的政治学》,就是考察以布什为代表的科学精英如何将研究政策理念从可能变为现实的过程。本书回顾了19世纪下半叶以来美国科学场域及其行动者的变迁与互动,解析了战后联邦政府研究政策制定体制形成的主要因素。特别是生动地展现了在二战这场被称为科学家的战争中,布什等科学家群体作为跨界精英(横跨科学、经济、政治等多个领域)如何声名鹊起,从而提升了科学界的社会地位和科学家的符号资本,也极大地增强了科学精英在政治博弈中的话语权,最终为科学界在战后赢得科研资源控制权奠定了基础,令人印象深刻,不禁掩卷长思。

在本书独特的视角下,读者会看到美国分权且高度渗透性的国家体制与纪律缺乏的政党特征及其导致的后果——国会围绕着国家需要怎样的研究政策制定体制,尤其是成立一个怎样的国家科学基金会而展开的立法争论历时数年;布什等科学精英的政策理念与基尔戈等民粹派的政治主张大相径庭,前者坚持科研自由和科学共同体自治,后者要求由社会公众代表集中管理与协调科研资源及成果;持续多年的立法争论波及广泛,科学界、产业界、政界和军方均参与了多轮立法较量。与此同时,职责彼此分割的多个联邦机构组成的碎片化的战后美国研究政策制定体制已悄然形成,最终成立的国家科学基金会与布什和基尔戈的各自设想相比,其职责已大幅度缩减,但布什等在《科学——无尽的前沿》中所坚持的科学共同体自治的政策理念,却成为国家科学基金会贯彻至今的核心特质。本书作者还揭示了立法过程中双方政策理念如何得到充分阐述,并产生广泛且深远的影响,致使在战后的相关研究政策立法争论中仍能听到这两种余音,带给后人丰富的思想资源和深刻的历史反思。

值得注意的是,本书既是新科学政治学的代表性著作,同时也是丹尼尔·李·克莱因曼教授的成名作。作者善用大量不同来源的历史文献(档案文件、国会听证会证言、个人访谈材料等),娴熟运用政治社会学、科学社会学和科学社会史等领域的理论方法和最新成果,其"完整、连贯和令人信服"的原创分析与系统论述,堪称综合性学科交叉研究的典范。因此也给本书的翻译增加了不小的难度。加之种种原因,以致翻译与译著出版竟然也延迟数年。我翻译了致谢和第一章,李正风教授翻译了第七章,李正风教授在其主持的"科学社会学与科技政策"课程中,先后组织清华大学原科技与社会研究所的研究生江梦皎、刘翘楚、武晨箫、朱晨、李淑敏、尹雪慧、李秋甫参与第二至六章的初译工作,我和李正风教授重译了其中大部分内容,最后由我对全书进行统稿和审校。中国科学院文献情报中心刘细文研究员作为《科学技术政策译丛》的项目负责人,给予本书翻译工作很大的支持,中国人民大学赵延东教授在社会学相关术语翻译上为我们提供了专业意见,本书特约编辑杨兰鋆和责任编辑班文静两位老师为提高译稿质量提供了难得的帮助,在此一并致谢。

英文原著中部分不同词汇的含义可能有交叉,有时可互换,译者出于尊重原著的考虑,未做统一处理,而是保留了译法上的不同表述(如产业界和工商界)。此外,本书人名中译均以《世界人名翻译大辞典》为准,特予说明。由于我们的水平有限,错误之处在所难免,恳请读者批评指正。

龚　旭

2023 年 5 月 20 日